Java 深度调试技术

张民卫◎编著

内 容 简 介

Java系统越来越复杂，且很多系统不允许停机维护，这就给问题的定位带来了巨大的困难。本书将重点介绍问题定位技巧，借助这些技巧，读者可以快速找到解决问题的突破口。

本书共有15章，内容涉及Java线程堆栈分析、性能瓶颈分析、内存泄漏分析和堆内存设置、并发和多线程、幽灵代码、常见的Java陷阱、数据库、字符集与编码、JVM运行参数、常用问题定位工具、计算架构与存储架构、开发语言等的选择、设计软件系统、工程实践、常见案例等内容。

本书内容较为专业，适合有一定Java编程经验的人员阅读，尤其是高级程序员、系统架构师等学习使用。本书对提升读者的工作效率有较大的帮助。

图书在版编目(CIP)数据

Java深度调试技术 / 张民卫编著. — 北京：北京大学出版社，2020.8
ISBN 978-7-301-31360-2

Ⅰ. ①J… Ⅱ. ①张… Ⅲ. ①JAVA语言－程序设计 Ⅳ. ①TP312.8

中国版本图书馆CIP数据核字(2020)第101495号

书　　名 Java深度调试技术
Java SHENDU TIAOSHI JISHU

著作责任者 张民卫　编著

责任编辑 张云静

标准书号 ISBN 978-7-301-31360-2

出版发行 北京大学出版社

地　　址 北京市海淀区成府路205 号　100871

网　　址 http://www.pup.cn　　新浪微博：@ 北京大学出版社

电子信箱 pup7@ pup.cn

电　　话 邮购部 010-62752015　发行部 010-62750672　编辑部 010-62570390

印 刷 者 北京飞达印刷有限责任公司

经 销 者 新华书店

787毫米×1092毫米　16开本　23.5印张　455千字

2020年8月第1版　2020年8月第1次印刷

印　　数 1-4000册

定　　价 89.00 元

前　言

目前，市面上已经出现了许多关于 Java 语言的书，但绝大多数都是聚焦 Java 语言开发的，系统介绍 Java 问题定位的书却很少。本书系统地介绍了 Java 问题定位技术，读者掌握了正确的使用方法后，就可以极大地提高工作效率。

采用 Java 语言开发的应用系统越来越大、越来越复杂，很多系统大量地集成了第三方的开发库与代码，使整个系统看起来像一个黑盒子。系统运行遭遇问题时，如系统停止响应、运行越来越慢，或者性能低下，甚至系统核心转储（core dump），如何迅速找到问题是颇具挑战性的任务。特别是有些非功能性的问题只能在生产环境中重现，而生产环境又不允许进行停机维护，这就给问题定位带来了巨大的困难。本书将重点介绍这类问题的定位技巧，借助这些技巧读者可以快速找到解决问题的突破口。

本书将 Java 问题定位的方法体系化，提供一种以黑盒子方式进行问题定位的思路，比如，如何使用线程堆栈进行性能瓶颈分析？如何分析内存泄漏？如何分析系统挂死？掌握本书所介绍的方法后，在很多情况下可不需要源代码，甚至无须了解系统就可以对这类问题进行定位。本书介绍的定位技术主要有内存泄漏定位、线程堆栈分析等，内存泄漏定位套路比较固定，但线程堆栈分析则需要长期的经验积累。在可靠性和稳定性的问题定位中，线程堆栈分析是最有力的武器，掌握了这个定位工具，可大大增强自己的“内功”。

本书除介绍“事后”定位技术外，同时还介绍了相应的“事前”预防技术，对一些严重影响稳定性或者可靠性问题的“陷阱”进行了深入分析，它们正是对系统稳定性和可靠性有巨大影响的暗礁，如果能在系统的设计和编码阶段就采取预防措施，就不需要再付出高额的维护成本了。

另外，软件系统的持续性管理也是一个容易被忽视的问题。一旦问题出现，则会造成巨大的时间成本与巨额投资的浪费。如何选择开发框架及开源库，将对系统产生持续而深远的影响。从近 25 年的软件发展史来看，有些开发语言（如 Delphi、VB）和开发框架（如 EJB）曾经如日中天，但今天已难寻踪影，究其原因，要么是语言或者框架技术过时了，要么是语言与框架所依托的开发团队解散，或者企业倒闭（如 Borland）。如何让软件不受这些外部因素影响，是每个大型系统都需要面对的问题。那么，哪些才是可信赖的语言与框架？如何在项目一开始就规避这些潜在风险？这些问题也是本书深入探讨的内容。

编　者

目 录

第1章

Java 线程堆栈分析

对于一个从 C++/C 语言转到 Java 语言的程序员来说，线程堆栈（thread trace stack）或者线程转储（thread dump）技术应该不陌生，但对于原生的 Java 程序员来说，却有很多人不清楚这项秘门绝技。线程堆栈也称线程调用堆栈。Java 线程堆栈是虚拟机中线程（包括锁）状态的一个瞬间快照，即系统在某个时刻所有线程的运行状态，包括每一个线程的调用堆栈、锁的持有情况等信息。每一种 Java 虚拟机（SUN JVM、IBM JVM、JRockit、GNU JVM 等）都提供了线程转储的后门，通过这个后门可以将那个时刻的线程堆栈打印出来。虽然各种 Java 虚拟机在线程堆栈的输出格式上有一些不同，但是线程堆栈的信息都包含了以下内容。

（1）线程的名字、ID、数量等。

（2）线程的运行状态，锁的状态（锁被哪个线程持有，哪个线程在等待锁等）。

（3）调用堆栈（函数的调用层次关系）。调用堆栈包含完整的类名、执行的方法，以及源代码的行号。

打印的堆栈信息内容的多少依赖于用户系统的复杂程度，通常有几十行到上万行不等。借助线程堆栈的内容可以分析出许多问题，如线程死锁、锁争用 / 锁竞争、死循环、识别耗时操作等。对于在多线程场合下的稳定性和可靠性问题，利用线程堆栈分析是最有效的方法，在多数情况下甚至无须了解系统就可以进行相应的分析。

由于线程堆栈是系统某个时刻的线程运行状况（瞬间快照），对于已经消失且没留痕迹的信息，线程堆栈是无法进行历史追踪的。这种情况下，只能结合日志进行分析，如连接池中的连接被哪些线程使用且没有被释放等。尽管如此，线程堆栈仍是多线程类应用程序非功能型问题定位的最有效手段。线程堆栈善于分析的问题类型如下。

- CPU 的使用率无缘故过高。
- 系统挂起，无响应。
- 系统运行速度越来越慢。
- 性能瓶颈（如无法充分利用 CPU 等）。
- 线程死锁、死循环等。
- 由于线程数量太多导致系统运行失败（如无法创建线程等）。

借助线程堆栈可迅速缩小问题的范围，找到突破口，直接命中目标。本章将对线程堆栈进行详细介绍，包括内容如下。

- 打印线程堆栈。
- 解读线程堆栈。
- 借助线程堆栈进行问题分析。

● 解决线程堆栈不能分析什么类型的问题。

本书之所以首先介绍线程堆栈技术，是因为在分析可靠性、稳定性等性能问题时，大约有 90% 以上该类问题可以通过堆栈分析得到快速精确定位。同时由于很多时候线程堆栈分析并不需要源代码，这些无疑使其具有无可比拟的优势。下面就开始线程堆栈之旅吧。

1.1 打印线程堆栈

Java 虚拟机提供了线程转储的后门，通过这个后门就可以将线程堆栈打印出来。向 Java 进程发送一个 QUIT 信号，Java 虚拟机收到该信号之后，可将系统当前的 Java 线程调用堆栈打印出来。有的虚拟机（如 SUN JDK）能将堆栈信息打印在屏幕上，而有的虚拟机（如 IBM JDK）可直接将线程堆栈打印到一个文件中，从当前的运行目录下可以找到该文件。当 JDK 将线程堆栈打印在屏幕上时，由于调用的堆栈信息量太大（一般可能有几千行或者几万行），经常会超出控制台缓冲区的最大行数限制，从而造成信息丢失，因此最好手工将其重定向到一个文件中。在 Windows 和 UNIX / Linux 下，可向 Java 进程请求堆栈输出，命令行方式如下。

● Windows： 在运行 Java 的控制台窗口上按 <ctrl> + <break> 组合键。

● UNIX / Linux： 使用 kill -3 <java pid>[①]。

在 AIX 上用 IBM 的 JVM 时，需要设置以下的环境变量 ,kill -3 才可以进行有效线程转储。

```
export IBM_HEAPDUMP=true
export IBM_HEAP_DUMP=true
export IBM_HEAPDUMP_OUTOFMEMORY=true
export IBM_HEAPDUMPDIR=<directory path>
```

同时应确保 Java 命令行中没有 DISABLE_JAVADUMP 运行选项，再按照上述方法进行操作，就可以打印线程堆栈了。

在 UNIX/Linux 下如果是以后台方式启动的 Java 进程，打印的线程堆栈就会和其他屏幕输出一样，当控制台被关闭时，这些信息将无法“捡”回。因此为了避免出现这种情况，启动系统时最好进行重定向。两个重定向的符号如下。

>　将屏幕输出写入文件

>>　将屏幕输出添加到文件末尾

---

① 在 UNIX/Linux 下，kill -3 是指向 Java 进程发送 QUIT 信号。

特别说明，在 UNIX/Linux 下进行重定向的方式如下。

```
myrun.sh > run.log 2>&1 ①
```

提示：JDK1.5 以上的版本，可以在 Java 程序中通过 Thread.getStackTrace() 控制堆栈自动打印。通过这种方式，线程堆栈在打印时可编程。在满足某些条件时，可通过手工编程将线程堆栈进行自动打印。

1.2 解读线程堆栈

下面通过一个实例对线程堆栈进行详细解读，掌握了该方法就可以对线程堆栈进行深入剖析了。

1.2.1 线程堆栈的解读

一段 Java 源代码程序如下。

```
public  class  MyTest {
Object  obj1  =  new  Object();
Object  obj2  =  new  Object();
public  void  fun1()
{
    synchronized(obj1){
        fun2();
    }
}
public  void  fun2()
{
    synchronized(obj2){
        while(true){  -->  为了演示需要，该函数永不退出
            System.out.print("");
        }
```

---

① 在操作系统中，0 代表输入流，1、2 代表输出流，其含义如下。
0 表示标准输入，即 C 中的 stdin，或者 C++ 中的 cin，或者 Java 中的 System.in；
1 表示标准输出，即 C 中的 stdout，或者 C++ 中的 cout，或者 Java 中的 System.out；
2 表示错误输出，即 C 中的 stderr，或者 C++ 中的 cerr，或者 Java 中的 System.err。
因此，这里提到的“2>&1”表示将错误输出“2”重定向到标准输出流“1”中，即将标准输出和错误输出都重定向到一个文件中。

```
        }
    }
    public static void main(String[] args) {
        MyTest  aa  =  new MyTest();
        aa.fun1();
    }
```

运行该程序：Java MyTest, 通过第 1.1 节中介绍的方法进行打印，打印的线程堆栈如下（Linux 下）①。

```
Full thread dump Java HotSpot(TM) Client VM (1.5.0_08-b03 mixed mode,
sharing):
"Low Memory Detector" daemon prio=1 tid=0x080a5848  nid=0xd2e runnable
--> 第 (1) 个线程
"CompilerThread0" daemon prio=1 tid=0x080a42a0 nid=0xd2d waiting on
condition--> 第 (2) 个线程
"Signal Dispatcher" daemon prio=1 tid=0x080a31d8 nid=0xd2c runnable
--> 第 (3) 个线程
"Finalizer" daemon prio=1 tid=0x0809c660 nid=0xd2b    in Object.wait()
--> 第 (4) 个线程
at  java.lang.Object.wait(Native Method)
- waiting on <0xc8bf06c8> (a  java.lang.ref.ReferenceQueue$Lock)
at  java.lang.ref.ReferenceQueue.remove(ReferenceQueue.java:116)
- locked <0xc8bf06c8> (a java.lang.ref.ReferenceQueue$Lock)
at  java.lang.ref.ReferenceQueue.remove(ReferenceQueue.java:132)
at  java.lang.ref.Finalizer$FinalizerThread.run(Finalizer.java:159)
"Reference Handler" daemon prio=1 tid=0x0809b970 nid=0xd2a in Object.
wait() --> 第 (5) 个线程
at   java.lang.Object.wait(Native  Method)
-waiting on <0xc8bf05d8> (a java.lang.ref.Reference$Lock)
at   java.lang.Object.wait(Object.java:474)
at   java.lang.ref.Reference$ReferenceHandler.run(Reference.java:116)
-locked <0xc8bf05d8> (a  java.lang.ref.Reference$Lock)
"main" prio=1 tid=0x0805c988 nid=0xd28 runnable
[0xfff65000..0xfff659c8]  --> 第 (6) 个线程
at   java.lang.String.indexOf(String.java:1352)
at   java.io.PrintStream.write(PrintStream.java:460)
```

① 由于版面限制，此处将某些线程的地址信息省略了，因为这些信息在问题分析中用处不大，如 "Reference Handler"daemon prio=1 tid=0x0809b970 nid=0xd2a in Object.wait ()[0xf26d9000..0xf26da0b0]，后面 [] 中的信息就被省略了。

```
-locked  <0xc8bf87d8>  (a java.io.PrintStream)
at java.io.PrintStream.print(PrintStream.java:602) at MyTest.
fun2(MyTest.java:16)
-locked <0xc8c1a098> (a java.lang.Object) at MyTest.fun1(MyTest.java:8)
-locked <0xc8c1a090> (a java.lang.Object) at MyTest.main(MyTest.java:26)
"VM Thread" prio=1 tid=0x08098d88  nid=0xd29 runnable   -->第(7)个线程
"VM Periodic Task Thread" prio=1 tid=0x080a6d30  nid=0x2f  waiting on
condition-->第(8)个线程
```

从这段堆栈输出中可以看出，当前系统共有 8 个线程：Low Memory Detector、CompilerThread0、Signal Dispatcher、Finalizer、Reference Handler、main、VM Thread、VM Periodic Task Thread，具体说明如下。

- Low Memory Detector：低内存检测线程，用于检测当前可用堆内存（HEAP）是否到达下限，以启动垃圾回收工作。
- CompilerThread0：编译线程，即将频繁调用的热字节码编译成本地代码（JIT），以提高运行效率。
- Signal Dispatcher：信号分发线程，如从终端控制台接收的各种 kill 信号（QUIT 信号）等。
- Finalizer：善后线程。
- Reference Handler：引用计数线程。
- main：主线程，即执行用户 main () 函数的线程。
- VM Thread：VM 线程。
- VM Periodic Task Thread：VM 周期任务处理线程，如 Timer 线程等。

其中只有 main 线程属于 Java 用户线程，其他七个线程都是由虚拟机自动创建的，如果是 Java 界面程序，虚拟机还会自动创建事件分发线程 awt-eventqueue 等。在实际分析过程中，大多数情况下只要关注 Java 用户线程即可。

从 main 线程中可以看出，线程堆栈中最直观的信息是当前线程调用的上下文 (context)，即从哪个函数调用到哪个函数中（从下往上看），正执行到哪个类的哪一行等，借助这些信息，就可以对当前系统的运行情况一目了然了。线程堆栈在分析问题中的作用将在后续章节进行详细介绍，其中一个线程的某层调用含义如下[①]。

① 如果括号中没有显示 Java 源代码文件名，可能是由于系统运行期间启动了 JIT。

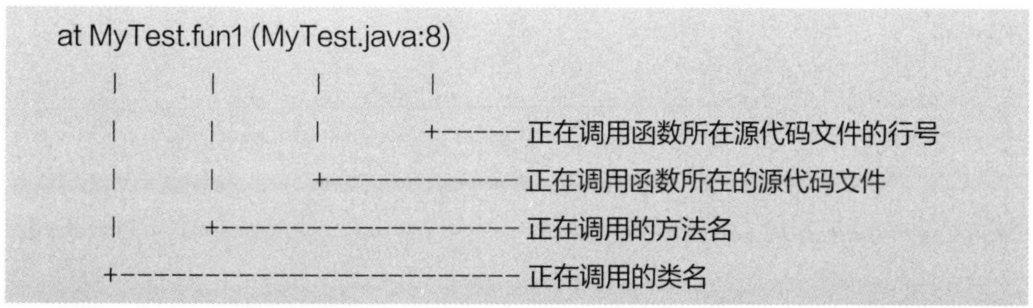

```
at MyTest.fun1 (MyTest.java:8)
     |       |        |       |
     |       |        |       +----- 正在调用函数所在源代码文件的行号
     |       |        +------------ 正在调用函数所在的源代码文件
     |       +------------------ 正在调用的方法名
    +---------------------- 正在调用的类名
```

另外，在 main 线程的堆栈中，有“- locked <0xc8c1a090> (a java.lang.Object)”语句，这表示该线程（main 线程）已经占有了锁 <0xc8c1a090>，其中 0xc8c1a090 表示锁的 ID，它是系统自动产生的，在每次打印的堆栈时，只要知道同一个 ID 表示同一个锁即可[①]。每个线程堆栈的第一行含义如下。

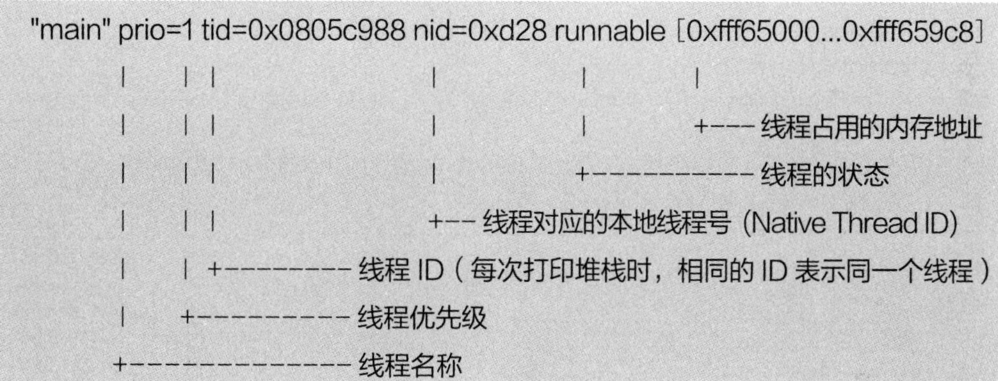

```
"main" prio=1 tid=0x0805c988 nid=0xd28 runnable [0xfff65000...0xfff659c8]
     |    | |              |         |          |
     |    | |              |         |          +--- 线程占用的内存地址
     |    | |              |         +---------- 线程的状态
     |    | |              +-- 线程对应的本地线程号 (Native Thread ID)
     |    | +-------- 线程 ID（每次打印堆栈时，相同的 ID 表示同一个线程）
     |    +--------- 线程优先级
    +------------- 线程名称
```

其中，“线程对应的本地线程号”的“本地线程”是指该 Java 线程所对应虚拟机中的本地线程。由于 Java 是解析型语言，执行的实体是 Java 虚拟机，因此 Java 语言中的线程是“依附于”Java 虚拟机中的本地线程来运行的，实际是本地线程在执行 Java 线程代码。在 Java 代码中通过 new Thread () 创建一个线程，表示当虚拟机在运行期间执行到该创建线程的字节码时，就创建一个对应的本地线程（Java 代码生成的字节码指导真正的执行实体虚拟机创建一个物理线程，即 Native Thread），而这个本地线程才是真正的线程实体。为了更加深入地理解本地线程和 Java 线程的关系，在 UNIX/Linux 下，可以把 Java 虚拟机的本地线程打印出来，其方式如下。

（1）使用 ps -ef | grep java 获得 Java 进程的 ID。

（2）使用 pstack[②] <java pid> 可获得 Java 虚拟机本地线程的堆栈。本例中获取的本地线程堆栈如下。

---

① 在有的虚拟机实现中，即使是同一个锁变量，当多次打印堆栈时，每次堆栈打印的锁 ID 也可能是不同的。

② pstack 可以打印本地程序的线程堆栈，在有的操作系统下，打印本地堆栈的命令是 gstack。

```
Thread 8 (Thread 4067802000 (LWP 3369)):
#0  0xffffe402 in   kernel_vsyscall ()
#1 0x0082042c in pthread_cond_timedwait@@GLIBC_2.3.2 ()
#2 0x008208d5 in pthread_cond_timedwait@GLIBC_2.0 () from /lib/
libpthread.so.0
#3  0xf7ab9e4c in os::Linux::safe_cond_timedwait ()
#4  0xf7aa5d71 in Monitor::wait ()
#5  0xf7b5c25b in VMThread::loop ()
#6  0xf7b5bec0 in VMThread::run ()
#7  0xf7ababe8 in _start ()
#8  0x0081c3db in start_thread () from /lib/libpthread.so.0
#9 0x0077c06e in clone () from /lib/libc.so.6 Thread 7 (Thread
4067273616 (LWP 3370)):
#0  0xffffe402 in   kernel_vsyscall ()
#1 0x008201a6 in pthread_cond_wait@@GLIBC_2.3.2 () from /lib/
libpthread.so.0
#2 0x0082085e in pthread_cond_wait@GLIBC_2.0 () from /lib/libpthread.
so.0
#3  0xf7ab9cee in os::Linux::safe_cond_wait ()
#4  0xf7aafcef in ObjectMonitor::wait ()
#5  0xf7b06176 in ObjectSynchronizer::wait ()
#6  0xf7a02b03 in JVM_MonitorWait ()
#7  0xf287a4db in ?? ()
#8  0x0809ba30 in ?? ()
#9  0xf26d9fcc in ?? ()
#10 0x00000000 in ?? ()
Thread 6 (Thread 4066745232 (LWP 3371)):
#0  0xffffe402 in   kernel_vsyscall ()
#1 0x008201a6 in pthread_cond_wait@@GLIBC_2.3.2 () from /lib/
libpthread.so.0
#2 0x0082085e in pthread_cond_wait@GLIBC_2.0 () from /lib/libpthread.
so.0
#3  0xf7ab9cee in os::Linux::safe_cond_wait ()
#4  0xf7aafcef in ObjectMonitor::wait ()
#5  0xf7b06176 in ObjectSynchronizer::wait ()
#6  0xf7a02b03 in JVM_MonitorWait ()
#7  0xf287a4db in ?? ()
#8  0x0809c720 in ?? ()
#9  0xf2658f1c in ?? ()
#10 0x00000000 in ?? ()
Thread 5 (Thread 4063869840 (LWP 3372)):
#0  0xffffe402 in   kernel_vsyscall ()
#1 0x008221ae in sem_wait@GLIBC_2.0 () from /lib/libpthread.so.0
```

```
#2 0xf7abb046 in check_pending_signals ()
#3   0xf7ab7f4d  in  os::signal_wait ()
#4  0xf7ab5285 in signal_thread_entry ()
#5 0xf7b233d3 in JavaThread::run ()
#6   0xf7ababe8 in _start ()
#7  0x0081c3db in start_thread () from /lib/libpthread.so.0
#8 0x0077c06e in clone () from /lib/libc.so.6 Thread 4 (Thread
4063341456 (LWP 3373)):
#0   0xffffe402 in    kernel_vsyscall ()
#1 0x008201a6 in pthread_cond_wait@@GLIBC_2.3.2 () from /lib/
libpthread.so.0
#2 0x0082085e in pthread_cond_wait@GLIBC_2.0()from /lib/libpthread.so.0
#3  0xf7ab9cee in os::Linux::safe_cond_wait ()
#4   0xf7aa5e34 in Monitor::wait ()
#5 0xf793658e in CompileQueue::get ()
#6 0xf7938242 in CompileBroker::compiler_thread_loop ()
#7  0xf7b28da6 in compiler_thread_entry ()
#8 0xf7b233d3 in JavaThread::run ()
#9   0xf7ababe8 in _start ()
#10 0x0081c3db in start_thread () from /lib/libpthread.so.0
#11 0x0077c06e in clone () from /lib/libc.so.6 Thread 3 (Thread
4062813072 (LWP 3374)):
#0   0xffffe402 in    kernel_vsyscall ()
#1 0x008201a6 in pthread_cond_wait@@GLIBC_2.3.2 () from /lib/
libpthread.so.0
#2 0x0082085e in pthread_cond_wait@GLIBC_2.0 () from /lib/libpthread.
so.0
#3  0xf7ab9cee in os::Linux::safe_cond_wait ()
#4   0xf7aa5cc1 in Monitor::wait  ()
#5 0xf7a8e31f in LowMemoryDetector::low_memory_detector_thread_entry ()
#6 0xf7b233d3 in JavaThread::run ()
#7   0xf7ababe8 in _start ()
#8  0x0081c3db in start_thread () from /lib/libpthread.so.0
#9 0x0077c06e in clone () from /lib/libc.so.6 Thread 2 (Thread
4062284688 (LWP 3375)):
#0   0xffffe402 in    kernel_vsyscall ()
#1 0x0082042c in pthread_cond_timedwait@@GLIBC_2.3.2 ()
#2 0x008208d5 in pthread_cond_timedwait@GLIBC_2.0 () from /lib/
libpthread.so.0
#3   0xf7ab8b38  in os::sleep ()
#4 0xf7b22418 in WatcherThread::run ()
#5   0xf7ababe8 in _start ()
#6  0x0081c3db in start_thread () from /lib/libpthread.so.0
```

```
#7 0x0077c06e in clone () from /lib/libc.so.6 Thread 1 (Thread
4160560000 (LWP 3368)):
#0   0xf28fc863 in ?? ()
#1   0x00000000 in ?? ()
#0   0xf28fc863 in ?? ()
```

从操作系统打印的虚拟机本地线程看，本地线程数量和 Java 线程堆栈中的线程数量相同，都是 8 个。说明二者是一一对应的，其中本地线程各项含义如下。

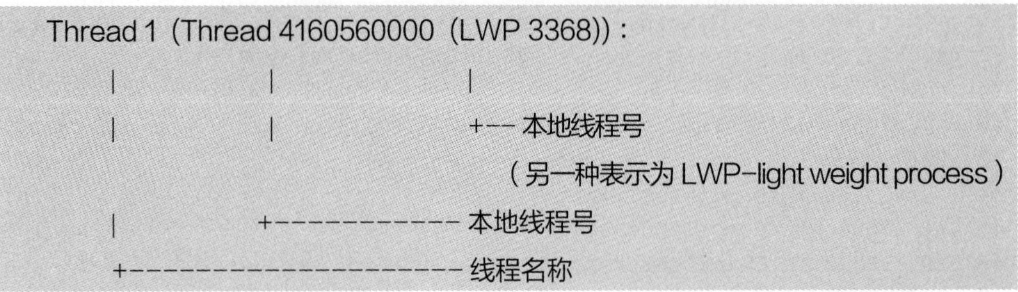

但是如何将这个本地线程号与 Java Thread Dump 文件对应起来呢？很简单，因为在 Java Thread Dump 文件中，每个线程都有 tid=...nid=... 的属性，通过这些属性就可以对应到相应的本地线程，下面看 Java 线程的第一行中，有一个属性为 "nid=..."。

```
"main" prio=1 tid=0x0805c988 nid=0xd28 runnable [0xfff65000...0xfff659c8]
                                    |
                                    +------ 线程对应的本地线程号
```

其中 nid 就是本地线程号，即本地线程中的 LWP ID，二者是相同的，只不过 Java 线程中的 nid 是用十六进制来表示的，而本地线程中的 ID 是用十进制表示的。如在上面的本地线程例子中，3368 的十六进制就表示为 0xd28，只要在 Java 线程中查找到 nid=0xd28，就是本地线程对应的 Java 线程。下列代码即表示二者是同一个线程。

```
"main" prio=1 tid=0x0805c988 nid=0xd28 runnable [0xfff65000...0xfff659c8]
at   java.lang.String.indexOf(String.java:1352)
at  java.io.PrintStream.write(PrintStream.java:460)
-locked  <0xc8bf87d8>  (a java.io.PrintStream)
at  java.io.PrintStream.print(PrintStream.java:602) at MyTest.
fun2(MyTest.java:16)
-locked <0xc8c1a098> (a java.lang.Object) at MyTest.fun1(MyTest.java:8)
-locked <0xc8c1a090> (a java.lang.Object) at MyTest.main(MyTest.
java:26)
```

在本例中，Java 线程和本地线程的映射关系（Java 线程 nid 与本地线程 LWP 的属性相等）如图 1-1 所示。

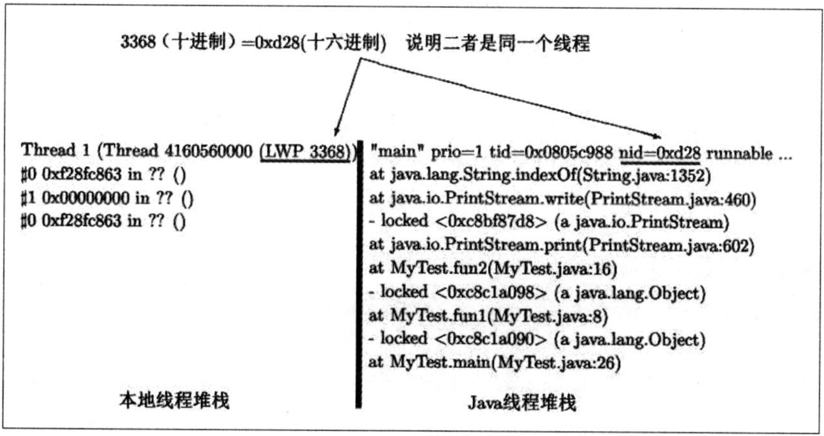

图 1-1　Java 线程和本地线程的映射关系

上面例子中，Java 线程和本地线程的映射关系如表 1-1 所示。

表 1-1　Java 线程和本地线程的映射关系

Native Thread (LWP)	Java Thread (nid)
3368	0xd28
3369	0xd29
3370	0xd2a
3371	0xd2b
3372	0xd2c
3373	0xd2d
3374	0xd2e
3375	0xd2f

从上面的分析中可以看出，实际上 Java 线程和本地线程指的是同一个实体，只有本地线程才是真正的线程实体，Java 线程就是指这个本地线程，并不是一个另外存在的实体。关于本地线程在问题定位中的作用，将在后续章节中进行详细介绍。下面介绍线程堆栈中的其他标识。

```
"main" prio=1 tid=0x0805c988 nid=0xd28 runnable [0xfff65000...0xfff659c8]
```

其中的 "runnable" 表示当前线程处于运行状态。这个 runnable 状态是从虚拟机角度来看的，表示这个线程正在运行。但是处于 runnable 状态的线程不一定真的消耗 CPU，只能说明该线程没有阻塞在 Java 的 wait 或者 sleep 方法上，同时也没在锁上面等待。但是如果该线程调用了本地方法[①]，而本地方法又处于等待状态，这时虚拟机并不知道本地代码发生了什么[②]，此时尽管当前线程实际上也是阻塞的状态，但显示出来的还是 runnable 状态，这种情况下是不消耗 CPU 的。线程堆栈如下。

```
"Thread-243" prio=1 tid=0xa58f2048 nid=0x7ac2 runnable
[0xaeedb000..0xaeedc480]
at java.net.SocketInputStream.socketRead0(Native Method)
at java.net.SocketInputStream.read(SocketInputStream.java:129)
at  oracle.net.ns.Packet.receive(Unknown Source)
at oracle.net.ns.DataPacket.receive(Unknown Source)
at oracle.net.ns.NetInputStream.getNextPacket(Unknown Source)
at oracle.net.ns.NetInputStream.read(Unknown Source)
at oracle.jdbc.driver.T4CMAREngine.getNBytes(T4CMAREngine.java:1520)
at   oracle.jdbc.driver.T4CMAREngine.unmarshalNBytes()
at oracle.jdbc.driver.T4CLongRawAccessor.readStreamFromWire()
at   oracle.jdbc.driver.T4CLongRawAccessor.readStream()
at   oracle.jdbc.driver.T4CInputStream.getBytes(T4CInputStream.java:70)
-locked  <0x934f4258>  (a oracle.jdbc.driver.T4CInputStream)
-locked <0x6b0dd600> (a oracle.jdbc.driver.T4CConnection)
at oracle.jdbc.driver.OracleInputStream.needBytes()
...
at org.hibernate.loader.Loader.list(Loader.java:1577) at org.hibernate.
loader.hql.QueryLoader.list()
at   com.wes.timer.TimerTaskImpl.execute(TimerTaskImpl.java:627)
-locked  <0x80df8ce8>  (a com.wes.timer.TimerTaskImpl)
at com.wes.threadpool.RunnableWrapper.run(RunnableWrapper.java:209)
at   com.wes.threadpool.PooledExecutorEx$Worker.run()
at java.lang.Thread.run(Thread.java:595)
```

当该线程处于 runnable 状态时，正在调用的本地方法如下。

```
at java.net.SocketInputStream.socketRead0  (Native Method)
```

在大多数时间，使用 socket 的本地方法是阻塞的，除非 socket 的缓冲区中有数据，底层的 TCP/IP 协议栈能唤醒阻塞的线程。这里仅想说明“runnable”状态并不意味着该

① 有两种情况会调用本地方法，一种是调用到用户手工写的 JNI 本地代码中，另一种是将 Java 自身提供的 API 调用到本地代码中，如 at java.net.SocketInputStream.socketRead0 (Native Method) 中的“Native Method”就表示当前正在调用本地方法。

② 操作系统是知道的，pstack 就是操作系统提供的一个命令，它知道当前线程正在执行的本地代码上下文。

线程正在消耗 CPU。因此分析哪个线程在大量消耗 CPU 时，不能以“runnable”这个词作为判断依据。

另外，在线程堆栈中经常会发现“.<init>”或者“.<clinit>”字样的函数，如下面两个堆栈信息。

```
"Thread-5" prio=1 tid=0xa58f2048 nid=0x7ac2 runnable [...]
at java.lang.UNIXProcess.forkAndExec(Native  Method)
at java.lang.UNIXProcess.<init>;(UNIXProcess.java:156) at java.lang.
Runtime.execInternal(Native Method)
at java.lang.Runtime.exec(Runtime.java:568) at java.lang.Runtime.
exec(Runtime.java:433)
at  TestApply.main(TestApply.java:14)
```

又如

```
"main" prio=10 tid=0x08074680 nid=0x1 waiting for monitor entry [...]
at java.util.logging.LogManager.addLogger(LogManager.java:322)
- waiting to lock <0xb5627710> (a java.util.logging.LogManager)
at java.util.logging.LogManager$1.run(LogManager.java:180)
at java.security.AccessController.doPrivileged(Native Method)
at java.util.logging.LogManager.<clinit>(LogManager.java:156) at  test.
main(test.java:14)
```

那么“.<clinit>”和“.<init>”各表示什么含义呢？实际上，“.<clinit>”表示当前正在执行类初始化，“.<init>”表示正在执行对象的构造函数。具体含义如下。

```
at java.lang. UNIXProcess. <init>; (UNIXProcess. java:156)
                                  |
                                  +------- 正在执行 UNIXProcess 对象的构造函数

at java.util. logging. LogManager. <clinit> (LogManager. java:156)
                                      |
                                      +------- 正在执行 LogManager 的类初始化
```

下面将详细介绍类初始化和对象初始化。

1. 类初始化

类初始化是指一个类或接口被首次使用前的最后一项工作，本阶段负责为类变量赋予正确的初始值。Java 编译器把所有的类变量初始化语句和类型的静态初始化器都收集到 <clinit> 方法内，该方法只能被 JVM 调用，专门承担初始化工作。除接口外，初始化一个类之前必须保证其直接超类已被初始化，并且该初始化过程是由 JVM 保证线程安全的。另外，在以下条件中该类就不会拥有 <clinit> () 方法。

（1）既没有声明任何类变量，也没有静态初始化语句。

（2）声明了类变量，但没有明确使用类变量初始化语句或静态初始化语句。

（3）仅包含静态 final 变量的类变量初始化语句，并且类变量初始化语句是编译时的常量表达式。

2. 对象初始化

对象初始化是指对象起始阶段的活动，在这里主要讨论对象初始化工作的相关特点。Java 编译器在编译每个类时都会为该类至少生成一个实例初始化方法，即 <init> () 方法。该方法与源代码中的每个构造方法相对应，如果类没有明确声明任何构造方法，编译器则为该类生成一个默认的无参构造方法，这个默认的无参构造方法仅调用父类的无参构造器，与此同时也会生成一个与默认构造方法对应的 <init> () 方法。

通常来说，<init> () 方法内包括的代码内容为：调用另一个 <init> () 方法；对实例变量初始化；与其对应的构造方法内的代码。如果构造方法能明确地从调用同一个类中的另一个构造方法开始，那它对应的 <init> () 方法内包括的内容为：一个对本类的 <init> () 方法的调用；与其对应的构造方法内的所有字节码。如果构造方法不是通过调用自身类的其他构造方法开始的，并且该对象不是 Object 对象，那 <init> () 方法内包括的内容为：一个对父类 <init> () 方法的调用；对应实例变量初始化方法的字节码；对应构造子类方法的字节码。如果这个类是 Object，那么它的 <init> () 方法则不包括对父类 <init> () 方法的调用。

另外，有时也会发现堆栈信息包含“Native Method”或者“Compiled Code”，这表示虚拟机在运行期间启动了 JIT（Just-In-Time compilation）功能，将 class 字节码在运行期间编译成本地代码。

```
at java.lang. UNIXProcess.forkAndExec  (Native Method)
                                                  |
            该方法是一个本地方法 (JNI) --------+
at org/apache/axis/client/Call.invoke (Call.java:2467) (Compiled Code)
                                                                |
                  该方法已经被 JIT 编译成了本地代码 -------+
```

1.2.2 锁的解读

本节将介绍一些关于多线程的背景知识，即 wait () 和 sleep () 的区别。虽然 wait () 和 sleep () 都会把当前的线程阻塞住（时长为函数参数指定的时间），即睡眠或者等待，但二者实际上是完全不同的两个函数，它们有着最为本质的区别。

1. wait ()

当线程执行 wait () 时，当前线程会释放监视锁，此时其他线程可以占有该锁。一旦 wait () 执行完成，当前线程又会继续持有该锁，直到执行完该锁的作用域。可以说 wait () 是多线程场合中使用得最多的一个方法。它结合 notify ()，可以实现两个线程之间的通信，即一个线程可以通过这种方法通知另一个线程继续执行，完成线程之间的配合，实现线程间的特定执行时序，如图 1-2 所示。

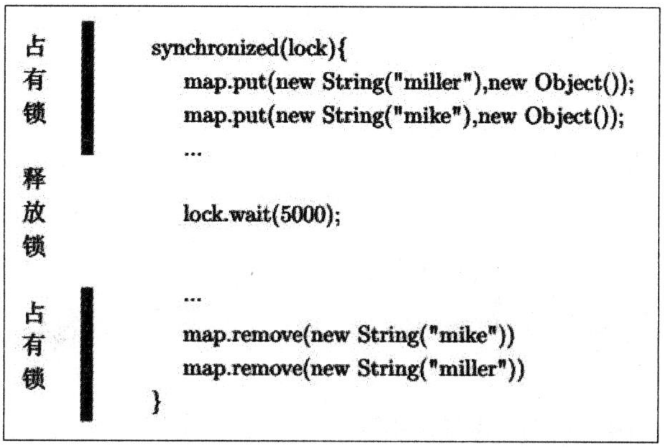

```
占   synchronized(lock){
有       map.put(new String("miller"),new Object());
锁       map.put(new String("mike"),new Object());
         ...
释
放       lock.wait(5000);
锁

占       ...
有       map.remove(new String("mike"))
锁       map.remove(new String("miller"))
     }
```

图 1-2　含有 wait (5000) 代码段锁的占用情况

在 wait (5000) 的 5 s（5000 ms）期间，当前线程会释放所占有的锁，此时其他线程将有机会获得该锁。wait (5000) 执行完成后，当前线程继续获得该锁的使用权。在满足如下条件之一时，wait () 会退出。

- 到了等待时间后，自动退出。如 wait (5000)，在 5 s 后 wait () 会退出。
- 其他的线程调用了该锁的 notify ()/notifyAll ()。如果有多个线程在等待同一个锁，等待的线程将会被通知，能否被唤醒取决于锁的争用状态，最终只有一个线程获得锁。

提示： 正是由于 wait () 的这个特性（一旦执行到一个锁的 wait ()，该线程就会释放这个锁），所以多个线程可以一起进入同步块。

---

2. sleep ()

sleep () 与锁操作无关，如果它恰好在一个锁的保护范围之内，当前线程即使在执行 sleep ()，仍能继续保持监视锁。它实际上仅仅是在完成等待或者睡眠，如图 1-3 所示。

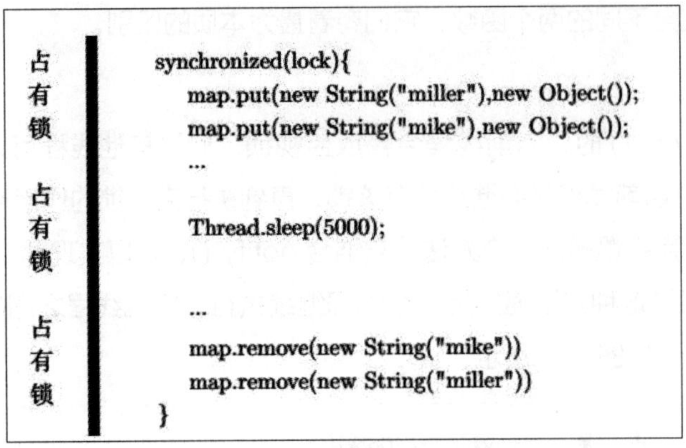

占有锁
占有锁
占有锁

```
synchronized(lock){
    map.put(new String("miller"),new Object());
    map.put(new String("mike"),new Object());
    ...

    Thread.sleep(5000);

    ...
    map.remove(new String("mike"))
    map.remove(new String("miller"))
}
```

图 1-3　含有 sleep (5000) 的代码段锁的占用情况

从代码 Thread.sleep (5000) 中可以看出，sleep () 并不是锁上面的一个方法，而是线程的一个静态方法。也就是说，它实际上是和锁操作无关的。如果 sleep () 恰好在一个锁的保护范围之内，那么当前线程即使执行到该 sleep 方法，也不会产生特别的锁操作（持有锁或者释放锁），如果原来持有，现在仍然持有；如果原来没有持有，那么现在仍然不持有。

因此，线程堆栈中包含的直接信息如下。

（1）线程的个数。

（2）每个线程调用的方法堆栈。

（3）当前锁的状态。

其中线程的个数可以直接数出来。线程调用的方法堆栈，从下向上看，即表示当前的线程调用了哪个类上的方法，以及层次关系。而对锁的状态分析则需稍微有一点技巧，其中与锁相关的三个重要信息如下。

- 当一个线程占有一个锁的时候，线程堆栈会打印 locked <0x22bffb60>。
- 当一个线程正在等待其他线程释放该锁时，线程堆栈会打印 waiting to lock <0x22bffb60>。
- 当一个线程占有一个锁，但又执行到该锁的 wait () 上，线程堆栈先打印 locked，然后再打印 -waiting on <0x22c03c60>。源代码如下。

```
package  MyPackage;

public class ThreadTest {

    public static void main(String[] args)    {
```

```
        Object  shareobj  =  new  Object();
        TestThread_Locked thread1 = new TestThread_Locked(shareobj);
        thread1.start();  //--> 启动第一个线程

        TestThread_WaitingTo thread2 = new TestThread_WaitingTo(shareobj);
        thread2.start();  //--> 启动第二个线程

        TestThread_WaitingOn thread3 = new TestThread_WaitingOn();
        thread3.start(); //--> 启动第三个线程
    }
}

package MyPackage;

public class TestThread_Locked   extends Thread{
    Object lock  =  null;
    public TestThread_Locked(Object lock_)
    {
        lock  =  lock_;
        this.setName(this.getClass().getName());
    }
    public  void  run()
    {
        fun();
    }
    public  void fun(){
        synchronized(lock){
            fun_longtime();
        }
    }
    public  void fun_longtime(){
        try{
            Thread.sleep(20000); //<--- 打印线程堆栈时，该线程运行到这里
        }
        catch(Exception e){
            e.printStackTrace();
        }
    }
}

```

```
package MyPackage;

public class TestThread_WaitingOn extends Thread{
    Object lockobj1 = new Object();
    public TestThread_WaitingOn()
    {
        this.setName(this.getClass().getName());
    }
    public void run()
    {
        fun();
    }

    public void fun(){
        synchronized(lockobj1){
            fun_wait();
        }
    }
    public void fun_wait(){
        try{
            lockobj1.wait(100000);//<--- 打印线程堆栈时，该线程运行到这里
        }
        catch(Exception e){
            e.printStackTrace();
        }
    }
}

package MyPackage;

public class TestThread_WaitingTo extends Thread{
    Object lock = null;
    public TestThread_WaitingTo(Object lock_)
    {
        lock = lock_;
        this.setName(this.getClass().getName());
    }
    public void run()
    {
        fun();
```

```
    }
    public void fun()
    {
        synchronized(lock){ //<-- 打印线程堆栈时，该线程运行到这里
        fun_longtime();
        }
    }
    public void fun_longtime(){
        try{
            Thread.sleep(20000);
        }
        catch(Exception e){
           e.printStackTrace();
        }
    }
}
```

运行该程序，打印堆栈如下（线程堆栈从下向上看，显示了调用层次关系）。

```
"MyPackage.TestThread_WaitingOn" prio=6 tid=0x00a85ab8 nid=0xb04 in
Object.wait()    [0x02d6f000..0x02d6fae8]
at java.lang.Object.wait(Native Method)
// 此时 wait() 会导致该锁被释放，其他线程又可以占有该锁
-waiting on <0x22c03c60> (a    java.lang.Object)
|                  |
|                  +--0x22c03c60 锁的类型是 Object
+-- 表示该线程执行到锁 0x22c03c60 的 wait() 上
at MyPackage.TestThread_WaitingOn.fun_wait(TestThread_WaitingOn.
java:22)
at MyPackage.TestThread_WaitingOn.fun(TestThread_WaitingOn.java:16)
-locked <0x22c03c60> (a  java.lang.Object)
|
+--locked 表示该线程占有了锁 0x22c03c60（已经进入 synchronized 代码块中）
at MyPackage.TestThread_WaitingOn.run(TestThread_WaitingOn.java:11)
"MyPackage.TestThread_WaitingTo" prio=6 tid=0x00a855c0 nid=0xb08
waiting for monitor entry [0x02d2f000..0x02d2fb68]
at  MyPackage.TestThread_WaitingTo.fun(TestThread_WaitingTo.java:17)
- waiting to lock <0x22bffb60> (a java.lang.Object)
|
+--waiting to lock 表示锁 0x22bffb60 已经被其他线程占有，该线程只能等待该锁
at  MyPackage.TestThread_WaitingTo.run(TestThread_WaitingTo.java:12)
```

```
"MyPackage.TestThread_Locked" prio=6 tid=0x00a862e8 nid=0xb00 waiting
on condition [0x02cef000..0x02cefbe8]
at java.lang.Thread.sleep(Native Method)
at MyPackage.TestThread_Locked.fun_longtime(TestThread_Locked.java:22)
at MyPackage.TestThread_Locked.fun(TestThread_Locked.java:17)
- locked <0x22bffb60> (a java.lang.Object)
|
+-- 该线程占有了锁 0x22bffb60（已经进入 synchronized 代码块）
at MyPackage.TestThread_Locked.run(TestThread_Locked.java:12)
```

从上面例子中可以很清晰地看出，在线程堆栈中与锁相关的三个最重要的特征字是 locked、waiting to lock、waiting on, 了解这三个特征字，就能够对锁进行分析了。

一般情况下，当一个（些）线程在等待一个锁时，就应该有一个线程占用了这个锁，也就是说，从打印的堆栈中如果能看到 waiting to lock <0x22bffb60>，也应该能找到一个线程 locked <0x22bffb60>。但在有些情况下，可能在堆栈中根本就没有 locked <0x22bffb60>，而只有 wainting to 线程，这是什么原因呢?

实际上，在一个线程释放锁和另一个线程被唤醒之间有一个时间窗，在这期间，如果恰巧进行了堆栈转储，那么就会发生上面所介绍的堆栈，只能找到一个锁的 wainting to 线程，但找不到 locked 该锁的线程。

另外，当通过 kill -3 <java pid> (UNIX/Linux) 或者 <ctrl>+<break> (Windows) 向虚拟机进程发送信号，请求输出线程堆栈时，有的虚拟机会有不同的实现策略，并不一定立即响应该请求，也许会等待正在执行的线程完成后，才打印堆栈。在实际应用中，看 IBM 的 JDK 打印的堆栈，经常能找到一个锁的 wainting to 线程，但找不到 locked 该锁的线程，而在 SUN JDK 中绝大多数都是同时出现的。

1.2.3 线程状态的解读

借助线程堆栈，可以分析很多类型的问题，其中 CPU 的消耗分析即是线程堆栈分析的一个重要内容。本节将介绍如何解决线程堆栈的状态信息问题。Java 线程状态有如下五类。

1. RUNNABLE

从虚拟机的角度看，线程处于正在运行状态。

那么处于 RUNNABLE 的线程是不是一定消耗 CPU 呢? 实际上是不一定的。下面的线程堆栈表示该线程正在从网络读取数据，尽管该线程显示为 RUNNABLE 状态，但实际上线程绝大多数时间是被挂起的，只有当数据到达之后，线程才被重新被唤醒，进入执行状态。需要特别注意的是，只有当 Java 代码显式调用了 Java 语言中的 sleep () 或者 wait () 等方法，虚拟机才可以精准获取线程的真正状态。但调用本地（Native）代码时，由于虚拟机无法抓取本地代码的内部执行状态，因此即使线程显示为 RUNNABLE，也不意味着线程处于运行状态。例如，socket I/O 操作不会消耗大量 CPU，因为它大多时间都在等待，只有数据到来之后，才会消耗一点点 CPU。

```
Thread-39" daemon prio=1 tid=0x08646590 nid=0x666d runnable
[5beb7000..5beb88b8] java.lang.Thread.State: RUNNABLE
at java.net.SocketInputStream.socketRead0(Native Method)
at  java.net.SocketInputStream.read(SocketInputStream.java:129)
at java.io.BufferedInputStream.fill(BufferedInputStream.java:183)
at  java.io.BufferedInputStream.read(BufferedInputStream.java:201)
-locked  <0x47bfb940>  (a java.io.BufferedInputStream)
at  org.postgresql.PG_Stream.ReceiveChar(PG_Stream.java:141)
at  org.postgresql.core.QueryExecutor.execute(QueryExecutor.java:68)
-locked  <0x47bfb758>  (a org.postgresql.PG_Stream)
at org.postgresql.Connection.ExecSQL(Connection.java:398)
```

下面的线程正在执行纯 Java 代码指令，确实会消耗 CPU 的线程。

```
"Thread-444" prio=1 tid=0xa4853568 nid=0x7ade runnable
[0xafcf7000..0xafcf8680] java.lang.Thread.State:   RUNNABLE
// 确实在对应 CPU 运算指令
at org.apache.commons.collections.ReferenceMap.getEntry(Unknown Source)
at  org.apache.commons.collections.ReferenceMap.get(Unknown Source)
at org.hibernate.util.SoftLimitMRUCache.get(SoftLimitMRUCache.java:51)
at org.hibernate.engine.query.QueryPlanCache.getNativeSQLQueryPlan()
at  org.hibernate.impl.AbstractSessionImpl.getNativeSQLQueryPlan()
at org.hibernate.impl.AbstractSessionImpl.list()
at  org.hibernate.impl.SQLQueryImpl.list(SQLQueryImpl.java:164)
at com.mogoko.struts.logic.user.LeaveMesManager.getCommentByShopId()
at com.mogoko.struts.action.shop.ShopIndexBaseInfoAction.execute()
...
```

下面的线程正在进行 JNI 本地方法调用，具体是否消耗 CPU，要看 TcpRecvExt 的实现，如果 TcpRecvExt 是纯运算代码，那么会实实在在消耗 CPU；如果 TcpRecvExt () 中存在挂起的代码，那么该线程尽管显示为 RUNNABLE，但实际上也是不消耗 CPU 的。

```
"ClientReceiveThread" daemon prio=1 tid=0x99dbacf8 nid=0x7988 runnable
[...] java.lang.Thread.State: RUNNABLE
at  com.pangu.network.icdcomm.htcpapijni.TcpRecvExt(Native  Method)-本地方法
at  com.pangu.network.icdcomm.IcdComm.receive(IcdComm.java:60)
at  com.msp.client.MspFactory$ClientReceiveThread.task(MspFactory.
java:333)
at  com.msp.system.TaskThread.run(TaskThread.java:94)
```

2. TIMED_WAITING (on object monitor)

该状态表示当前线程被挂起一段时间，该线程正在执行 obj.wait (int time) 的方法。

下面的线程堆栈表示当前线程正处于 TIMED_WAITING 状态，当前正在被挂起，时长为参数中指定的时长，如 obj.wait (2000)。因此当前该线程并不消耗 CPU。

```
"JMX server" daemon prio=6 tid=0x0ad2c800 nid=0xdec in Object.wait()
[...] java.lang.Thread.State: TIMED_WAITING (on  object monitor)
at java.lang.Object.wait(Native Method)
- waiting  on  <0x03129da0>  (a [I)
at  com.sun.jmx.remote.internal.ServerComm$Timeout.run(ServerComm.
java:150)
- locked <0x03129da0> (a [I)
at  java.lang.Thread.run(Thread.java:620)
```

3. TIMED_WAITING (sleeping)

该状态表示当前线程被挂起一段时间，正在执行 Thread.sleep (int time) 的方法。下面的线程正处于 TIMED_WAITING 状态，表示当前被挂起一段时间，时长为参数中指定的时长，如 Thread.sleep (100000)。因此当前该线程并不消耗 CPU。

```
"Comm thread" daemon prio=10 tid=0x00002aaad4107400 nid=0x649f waiting
on condition [0x000000004133b000..0x000000004133ba00]
java.lang.Thread.State: TIMED_WAITING (sleeping)
at java.lang.Thread.sleep(Native   Method)
at org.apache.hadoop.mapred.Task$1.run(Task.java:282)
at java.lang.Thread.run(Thread.java:619)
```

4. TIMED_WAITING (parking)

该状态表示当前线程被挂起一段时间，正在执行 lock () 的方法。下面的线程正处于 TIMED_WAITING 状态，表示当前被挂起一段时间，时长为参数中指定的时长，如

LockSupport. parkNanos (blocker，10000)。因此当前该线程并不消耗 CPU。

```
"RMI TCP" daemon prio=6 tid=0x0ae3b800 nid=0x958 waiting on condition
[0x17eff000..0x17effa94] java.lang.Thread.State:  TIMED_WAITING
(parking)
at sun.misc.Unsafe.park(Native Method)
- parking to wait for <0x02f49f58> (a java.util.concurrent.SynchronousQ
ueue$TransferStack)
at java.util.concurrent.locks.LockSupport.parkNanos(LockSupport.
java:179)
at java.util.concurrent.SynchronousQueue$TransferStack.
awaitFulfill(SynchronousQueue.java:424) at java.util.concurrent.
SynchronousQueue$TransferStack.transfer(SynchronousQueue.java:323)
at java.util.concurrent.SynchronousQueue.poll(SynchronousQueue.
java:871)
at java.util.concurrent.ThreadPoolExecutor.getTask(ThreadPoolExecutor.
java:495)
at java.util.concurrent.ThreadPoolExecutor$Worker.
run(ThreadPoolExecutor.java:693)
at java.lang.Thread.run(Thread.java:620)
```

5. WAINTING (on object monitor)

该状态表示当前线程被挂起，正在执行 obj.wait () 的方法（无参数的 wait ())。下面的线程正处于 WAITING 状态，表示当前线程被挂起，如 obj.wait ()（只能通过 notify () 唤醒）。因此当前该线程并不消耗 CPU。

```
"IPC Client" daemon prio=10 tid=0x00002aaad4129800 nid=0x649d in
Object.wait() [0x039000..0x039d00] java.lang.Thread.State: WAITING (on
object   monitor)
at java.lang.Object.wait(Native Method)
-waiting on <0x00002aaab3acad18>;  (aorg.apache.hadoop.ipc.
Client$Connection)
at java.lang.Object.wait(Object.java:485)
at org.apache.hadoop.ipc.Client$Connection.waitForWork(Client.java:234)
-locked <0x00002aaab3acad18> (aorg.apache.hadoop.ipc.Client$Connection)
at org.apache.hadoop.ipc.Client$Connection.run(Client.java:273)
```

总结： 处于TIMED_WAITING、WAINTING状态的线程一定不会消耗CPU，而处于runnable状态的线程，则需要结合当前线程代码的性质判断是否消耗CPU。

- 如果是纯Java运算代码，则消耗CPU。
- 如果是网络I/O，则很少消耗CPU。
- 如果是本地代码，则结合本地代码的性质判断（可以通过pstack/gstack获取本地线程堆栈）。

1.3 线程堆栈分析的三个视角

在大的应用程序中，线程堆栈打印内容会非常多（依赖于线程的数量和调用层次的多少）。如何从众多的信息中找到真正有价值的信息，是需要一定技巧的，本节将对此进行详细介绍。

线程堆栈反映了在当前时间系统正在执行什么代码。根据这些信息就可以知道系统正在做什么。对线程堆栈一般从三个视角来分析：堆栈的局部信息、一次堆栈的统计信息（全局信息）、多个堆栈的前后对比信息。

1.3.1 视角一 堆栈的局部信息

从一次的堆栈信息中就能直接获取以下信息。

- 当前每一个线程的调用层次关系（调用上下文），即当前每个线程正在调用哪些函数。
- 当前每个线程的状态，如持有了哪些锁，在等待哪些锁。

1.3.2 视角二 一次堆栈的统计信息（全局信息）

从一次堆栈的信息中，通过统计可以获得相关的影响性能的嫌疑代码，其符合典型的“笨贼原理”。例如，一个贼到西瓜地里偷西瓜，他总是想在最短的时间内完成偷西瓜的任务，因为在瓜地里待的时间越长，他被逮住的机会就越大。

对于性能低下的代码来讲，如果在堆栈快照时线程被抓到的次数多，说明这段代码性能执行的时间长。形象地说，通过一次堆栈的统计，可以抓到真正影响性能的“贼”。通过对线程堆栈中的线程进行分类统计，可以获得如下信息。

1. 当前锁的争用情况

是不是很多线程在等待同一个锁呢？如果很多正在执行用户代码的线程在等待同一个锁，那么这个系统就已经出现了性能瓶颈，并导致了锁竞争。还可能是某个线程长时间持有一个锁不释放（如这个线程陷入了死循环的代码，或者正在请求一个资源，却很长时间得不到唤醒）。

用户代码是指正在执行用户逻辑的代码。在 Java 应用中，很多情况下会使用线程池等技术，如果线程池中的线程仍在池中，那么这个线程则不在执行用户代码，在实际分析过程中，我们只关注正在执行用户代码的线程。具体哪些线程在执行用户代码，要根据调用上下文确认，如在下面的线程中，从上下文可以看出它们是线程池中的待调度线程，这种线程并不需要关注。

```
"Thread-201" (TID:0x00B1D00,system_thread_t:0x0090,state:CW,native
ID:0x0C7) prio=5
   at java/lang/Object.wait(Native Method)
   at java/lang/Object.wait(Object.java:199(Compiled Code))
   at EDU/Oswego/cs/dl/util/concurrent/Semaphore.acquire(Bytecode PC:28)
at EDU/Oswego/cs/dl/util/concurrent/SemaphoreControllerdChannel.
take(Bytecode PC:18)
...
At java/lang/Thread.run(Thread.java:810)
```

2. 当前大多数线程在干什么

如果大多数线程在集中执行某个方法，说明这段代码是“热点”，通过这些“热点”，可以知道当前系统正在忙什么。

某个地方成为“热点”的原因很多，也许是合理的，也许是不合理的。可能是这段代码实现的性能太差导致的人为“热点”（如这段代码中有低效的 I/O 操作，导致这段代码在堆栈快照中被命中的次数最多），也可能是某些资源出现争用，总之从调用上下文中很容易看出其中的端倪。在一次堆栈中，如果有很多线程在集中执行某段代码，那么突破这个点就能提升系统的性能。

3. 当前线程的总数量

通过该信息可以知道系统创建线程的状况（太多、太少，或者实现机制不合理）。

1.3.3　视角三　多个堆栈的前后对比信息

从多次（前后打印多次堆栈进行对比）的堆栈信息中，还可以获得如下针对某个线程的信息。

（1）一个线程（根据线程 ID 确定是同一个线程）是否在长期执行。如果每次打印堆栈时，某个线程一直处于同样的调用上下文中，则说明这个线程一直在执行这段代码，此时就要根据代码逻辑检查这种长期执行是否合理。

（2）如果每次打印堆栈时，某个线程一直在等待一个锁，那么就需要检查占有这个锁的线程不释放锁的原因。

打印一次堆栈是一个切面，如果打印多次堆栈，那么就是立体的了。通过以上多个视角进行观察，线程堆栈在定位如下类型的问题上非常有效。

- 线程死锁分析（视角一）。
- Java 代码导致 CPU 使用率过高的分析（视角三）[①]。
- 死循环分析（视角三）[②]。
- 资源不足分析（视角二）。
- 性能瓶颈分析（视角二和视角三）[③]。

本质上讲，视角二和视角三在某些方面作用是相同的，如多线程环境下的一段耗时代码，从视角二来看，每次堆栈快照都可以抓到很多线程在执行这段代码，就说明这段代码执行的时间较长；从视角三也可以看出某个特定线程是否在长时间执行某段代码，如果是，则说明这段代码执行的时间长。

总体来说，视角二是从统计的信息中分析系统的，而视角三则是通过前后对比找到某个特定线程来分析的，在实际使用中，视角二和视角三往往要结合起来使用。

1.4 借助线程堆栈进行问题分析

线程堆栈在对很多类型的问题分析上威力强大，下面就对一些典型的场景进行介绍，它们的原理都是类似的，希望读者可以通过这些场景举一反三。

1.4.1 线程死锁分析

当两个或多个线程正在等待被对方占有的锁时，线程死锁就会发生。死锁会导致两个线程无法继续运行，被永远挂起。图 1-4 就描述了两个线程死锁的场景。

---

① 导致 CPU 使用率过高还有其他的可能原因，详请参考 15.9 节。

② 详请参考 15.5 节。

③ 使用线程堆栈分析性能瓶颈将在第 2 章进行介绍。

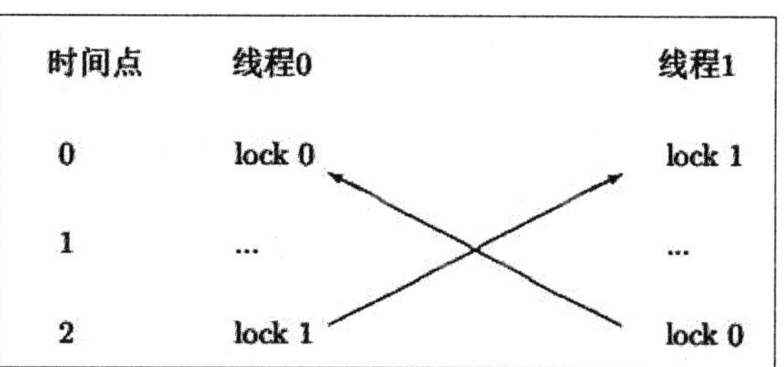

图 1-4　线程死锁

在时间点为 0 时，线程 0 占有了 lock 0，线程 1 占有了 lock 1。在时间点为 1 时二者又做了一些其他操作（此处略去）。在时间点为 2 时，线程 0 企图获取 lock 1，但由于 lock 1 已被线程 1 锁住，因此只能等待对方释放 lock 1。线程 1 同时企图获取 lock 0，由于 lock 0 已经被线程 0 锁住，因此只能等待对方释放锁。由于这两个线程互相要等待被对方占有的锁释放，自己才能继续，这就造成了死锁，二者永远没有机会继续运行下去。

两个或超过两个线程因为环路锁的依赖关系而形成的锁环，就形成了真正的死锁。一个简单的死锁代码如下。

```
package  MyPackage;
public class Main  {
    public static void main(String[] args)    {
        Object  lockobj1  =  new   Object();
        Object  lockobj2  =  new   Object();
        TestThread1  thread1  =  new   TestThread1(lockobj1,lockobj2);
        thread1.start();

        TestThread2 thread2 = new TestThread2(lockobj1,lockobj2);
        thread2.start();
    }
}

package  MyPackage;
public class TestThread1   extends Thread{
    Object  lock1  = null;
    Object  lock2  = null;
    public  TestThread1(Object  lock1_,Object lock2_)
    {
        lock1  = lock1_;
        lock2 = lock2_;
        this.setName(this.getClass().getName());
    }
    public void run()
```

```
    {
        fun();
    }
    public void fun(){
        synchronized(lock1){
            try{
                Thread.sleep(2);
            }
                catch(Exception e){
                e.printStackTrace();
            }
            synchronized(lock2){
            }
        }
    }
}

package  MyPackage;
public class TestThread2   extends Thread{
    Object  lock1  = null;
    Object  lock2  = null;
    public  TestThread2(Object  lock1_,Object lock2_)
    {
        lock1   = lock1_;
        lock2   = lock2_;
        this.setName(this.getClass().getName());
    }
    public  void  run()
    {
        fun();
    }

    public  void fun(){
        synchronized(lock2){
            try{
                Thread.sleep(2);
            }
            catch(Exception e){
                e.printStackTrace();
            }
            synchronized(lock1){
```

```
                }
            }
        }
}
```

执行该程序，并打印堆栈，其结果如下。

```
Found  one  Java-level deadlock:
=============================
"MyPackage.TestThread2":
waiting to lock monitor 0x0003f04c (object 0x22bffb08, a java.lang.
Object),  which is held by "MyPackage.TestThread1"
"MyPackage.TestThread1":
waiting to lock monitor 0x0003f06c (object 0x22bffb10, a java.lang.
Object),  which is held by "MyPackage.TestThread2"
Java stack information for the threads listed   above:
===================================================
"MyPackage.TestThread2":
at   MyPackage.TestThread2.fun(TestThread2.java:25)
-waiting to lock <0x22bffb08> (a java.lang.Object)
-locked <0x22bffb10> (a java.lang.Object)
at  MyPackage.TestThread2.run(TestThread2.java:14)
"MyPackage.TestThread1":
at   MyPackage.TestThread1.fun(TestThread1.java:25)
-waiting to lock <0x22bffb10> (a java.lang.Object)
-locked <0x22bffb08> (a java.lang.Object)
at  MyPackage.TestThread1.run(TestThread1.java:14)
```

从打印的线程堆栈中可以看到“Found one Java-level deadlock”，即如果存在线程死锁的情况，虚拟机在打印堆栈中会直接给出死锁的分析结果。

上面提到的死锁是真正的死锁，它是由于代码引入错误而导致每个线程都在等待一个被对方占用的锁，结果造成了死锁。对于真正的死锁，虚拟机从锁的持有和请求情况就能够判断出来，因此打印堆栈时虚拟机就会自动给出死锁的提示。有人将系统不响应统称为死锁，这实际上是对概念的混淆，是不恰当的。

当一组 Java 线程发生死锁的时候，就意味着这些线程永远地被挂在那里，不能再继续运行下去了。当发生死锁的线程正在执行系统的关键功能时，这个死锁可能会导致整个系统的瘫痪，具体的严重程度取决于这些线程执行的是什么性质的功能代码。要想恢复系统，唯一的办法就是将系统重启，并修改导致这个死锁的 Bug。

要避免死锁的问题，唯一的办法是就修改代码。一个可靠的并发系统是设计出来的，这与其他类型的 Bug 有很大的不同[①]。另外，死锁的两个或多个线程是不消耗 CPU 的，有人认为造成 CPU 的 100% 使用率是线程死锁导致的，这个说法是完全错误的。只有无限循环（死循环），并且在循环中代码都是 CPU 密集型时，才有可能导致 CPU 的 100% 使用率，像 socket 或者数据库等 I/O 操作消耗的 CPU 非常小。

1.4.2 Java 代码死循环等导致 CPU 使用率过高的分析

当系统负载大时，CPU 的使用率会较高，但是不正确的代码也会导致 CPU 使用率过高，如死循环。当发生 CPU 使用率过高的问题时，就需要分析其原因。既然 CPU 使用率过高可能是死循环导致的，那么如何从线程堆栈中找到死循环的线程呢？死循环的线程有一个特征就是，它永远执行不完。如果多次打印堆栈，通过前后堆栈对比找到一直在持续运行的线程，这些线程就是可疑的线程[②]。定位 CPU 使用率过高的本质是要找到这些可疑的线程，具体步骤如下。

（1）通过前面介绍的堆栈获取方法获取第一次堆栈信息。

（2）等待一定的时间，再获取第二次堆栈信息。

（3）预处理两次堆栈信息，先去掉处于 sleeping 或者 waiting 状态的线程，因为这种线程是不消耗 CPU 的。

（4）比较第一次堆栈和第二次堆栈预处理后的线程，找出这段时间一直活跃的线程，如果两次堆栈中同一个线程处于同样的调用上下文，那么就应该列为重点怀疑对象。再结合代码逻辑，检查该线程的执行上下文所对应的代码段，确认是否应该属于长期运行的代码。如果不属于，那么就要仔细检查这段代码是否存在一个死循环。

如果通过堆栈定位没有发现热点代码段，那么可能是不恰当的内存设置导致的频繁 GC（垃圾回收），造成 CPU 使用率过高。下面是一个 Java 代码死循环导致 CPU 使用率为 100% 的例子。当线程间隔为 5min 时，分两次进行堆栈打印，发现该线程一直在执行同一段代码，因此怀疑这个代码段中存在死循环，其中第一次堆栈的代码如下。

```
"Thread-444" prio=1  tid=0xa4853568  nid=0x7ade  runnable
[0xafcf7000..0xafcf8680]
at  org.apache.commons.collections.ReferenceMap.getEntry(Unknown Source)
at  org.apache.commons.collections.ReferenceMap.get(Unknown Source)
at  org.hibernate.util.SoftLimitMRUCache.get(SoftLimitMRUCache.java:51)
```

① 关于并发的内容，将在第 4 章进行介绍。

② 即前面介绍的视角三。

```
at  org.hibernate.engine.query.QueryPlanCache.getNativeSQLQueryPlan()
at  org.hibernate.impl.AbstractSessionImpl.getNativeSQLQueryPlan()
at  org.hibernate.impl.AbstractSessionImpl.list()
at  org.hibernate.impl.SQLQueryImpl.list(SQLQueryImpl.java:164)
at  com.mogoko.struts.logic.user.LeaveMesManager.getCommentByShopId()
at  com.mogoko.struts.action.shop.ShopIndexBaseInfoAction.execute()
...
```

第二次堆栈，发现该线程仍在那儿执行如下代码。

```
org.apache.commons.collections.ReferenceMap. getEntry
```

为什么需要执行如此长的时间呢?

```
"Thread-444" prio=1  tid=0xa4853568  nid=0x7ade  runnable
[0xafcf7000..0xafcf8680]
at org.apache.commons.collections.ReferenceMap.getEntry(Unknown Source)
                                                        ^
                                                        |
  该方法执行了 5min 还未完成，究竟是故障还是逻辑造成的呢？ ---+
at  org.apache.commons.collections.ReferenceMap.get(Unknown Source)
at  org.hibernate.util.SoftLimitMRUCache.get(SoftLimitMRUCache.java:51)
at  org.hibernate.engine.query.QueryPlanCache.getNativeSQLQueryPlan()
at  org.hibernate.impl.AbstractSessionImpl.getNativeSQLQueryPlan()
at  org.hibernate.impl.AbstractSessionImpl.list()
at  org.hibernate.impl.SQLQueryImpl.list(SQLQueryImpl.java:164)
at  com.mogoko.struts.logic.user.LeaveMesManager.getCommentByShopId()
at  com.mogoko.struts.action.shop.ShopIndexBaseInfoAction.execute()
...
```

在长达 5min 的时间里，这个线程一直在执行 org.apache.commons.collections.Reference Map.getEntry () 方法，说明这个函数执行一直没有结束。在有些场合下，有的函数永远不退出，这是正常的代码逻辑。这时候，就要具体分析导致这个函数死循环的原因，需要结合源代码进行判断。如上面的函数，在一个 HashMap 中获取一个元素长达几分钟还不返回，这种函数明显属于不正常情况，因此首先怀疑该函数是否存在死循环。

导致死循环的代码属于代码的 Bug，这种类型的问题，虽然重现比较难，但一旦重现，问题解决起来就比较容易，一般通过分析代码就可以发现问题。导致死循环的原因如下。

（1）HashMap 等线程不安全的容器，用在多线程读 / 写的场合，导致 HashMap 的方法调用形成死循环①。在多线程中使用JDK提供的容器类作为共享变量的时候，千万不能使用线程不安全的容器类。该类型的问题在系统测试时极难发现，但在正式的生产环境中却会像幽灵一样出现。

（2）多线程场合对共享变量没有进行保护，导致数据混乱，从而使循环退出的条件永远不满足，导致死循环的发生。

①在 for、while 循环中，由于退出条件永远不满足而导致死循环。

②链表等数据结构首尾相接，导致遍历永远无法停止。

（3）其他错误的编码。如果系统进入死循环，假设死循环中的代码都是 CPU 密集型的（不包括网络或者磁盘 I/O 等），那么在单核机器上 CPU 的使用率应该为 100%，在多核机器上应该有一个 CPU 的使用率为 100%。通过操作系统提供的 CPU 监控工具可以很好地判断系统是否存在问题。如果一个 CPU 的使用率长期为 100%，那么就需要进行关注。

在 Linux 的 top 上输入“1”，就可以看到每一个核的 CPU 使用率。

```
top  - 19:33:31  up  1  min,  2  users,  load  average:  2.05, 0.75,
0.27
Tasks: 196 total,   2 running, 194 sleeping,  0 stopped,   0   zombie
Cpu0 : 0.0%us, 0.0%sy, 0.0%ni,100.0%id, 0.0%wa, 0.0%hi, 0.0%si, 0.0%st
Cpu1 : 0.0%us, 0.0%sy, 0.0%ni,100.0%id, 0.0%wa, 0.0%hi, 0.0%si, 0.0%st
Cpu2 : 0.0%us, 0.0%sy, 0.0%ni,100.0%id, 0.0%wa, 0.0%hi, 0.0%si, 0.0%st
Cpu3 : 80.0%us, 0.0%sy, 0.0%ni, 20.0%id, 0.0%wa, 0.0%hi, 0.0%si, 0.0%st
Cpu4 : 4.0%us, 0.0%sy, 0.0%ni, 96.0%id,  0.0%wa, 0.0%hi, 0.0%si, 0.0%st
Cpu5 : 0.0%us, 0.0%sy, 0.0%ni, 0.0%id,  0.0%wa, 0.0%hi, 0.0%si, 0.0%st
Cpu6 : 0.0%us, 0.0%sy, 0.0%ni, 0.0%id,  0.0%wa, 0.0%hi, 0.0%si, 0.0%st
Cpu7 : 0.0%us, 0.0%sy, 0.0%ni,100.0%id,  0.0%wa, 0.0%hi, 0.0%si, 0.0%st
Mem: 8199216k total, 614968k used, 7584248k free, 13152k  buffers
Swap: 10256376k total, 0k used, 10256376k free, 192004k cached
PID USER    PR  NI  VIRT    RES     SHR S  %CPU   %MEM   TIME+  COMMAND
3058    root    20  0   400m        22m    13m    R       59.4    0.3
0:03.74 Xorg
3474    zmw 20  0   232m    16m     9524   S       19.8    0.2     0:00.37
metacity
3643    zmw 20  0   390m    30m     14m    S       19.8    0.4     0:00.30
gnome-terminal
1  root    20  0   4084    868     620    S       0.0     0.0     0:01.10
```

① 将 HashMap 用在多线程并发场合下，不加锁保护，发生死循环是很常见的现象。

```
init
2    root    15  -5  0    0    0        S        0.0      0.0      0:00.00
kthreadd
3    root    RT  -5  0    0    0        S        0.0      0.0      0:00.00
migration/0
4    root    15  -5  0    0    0        S        0.0      0.0      0:00.00
ksoftirqd/0
5    root    RT  -5  0    0    0        S        0.0      0.0      0:00.00
watchdog/0
6    root    RT  -5  0    0    0        S        0.0      0.0      0:00.00
migration/1
7    root    15  -5  0    0    0        S        0.0      0.0      0:00.00
ksoftirqd/1
```

本节主要介绍了 Java 代码导致 CPU 使用率过高的原因，绝大多数情况是自己代码编写的问题。但一个系统中发生 CPU 使用率过高的现象，可能还有其他原因。

1.4.3　高消耗 CPU 代码的常用分析方法

可造成 CPU 使用率异常的原因如下。

（1）Java 代码中存在死循环，导致 CPU 使用率过高[①]。

（2）系统存在不恰当的设计，尽管没有死循环，但 CPU 的使用率仍然过高。如不间断的轮询。

（3）JNI 中有死循环代码。

（4）堆内存设置太小造成的频繁 GC。

（5）在 32 位的 JDK 中，由于堆内存设置太大造成的频繁 GC。

（6）JDK 自身存在死循环的 Bug。

本节介绍的通用方法需要借助一些操作系统工具，对操作系统有一定的依赖，因此实际问题的定位，可以根据情况选择合适的定位手段。

1. 操作系统提供的性能分析工具

非死循环的 CPU 密集型代码也可能由于算法过于复杂而导致 CPU 使用率过高。上节介绍的方法仅适用于对 Java 代码存在死循环 Bug 导致 CPU 使用率过高的分析，对于非死循环导致的 CPU 使用率过高，分析起来就不那么方便了，只能寻找其他更有效的

---

① 如 HashMap 这种线程不安全的容器类，在多线程同时访问时，很容易造成死循环。自己编写的多线程代码需要特别关注这个问题。

定位方法。在Linux/UNIX中提供了相应的性能统计工具，通过该工具可以获得一个进程中每一个线程所消耗的CPU比例，如在Linux中可以通过top，在Solaris中可以通过prstat -L <pid> 获取每个线程的CPU占用的时间百分比。

该工具统计的是Java虚拟机本地线程的CPU使用情况，如果通过某种方法找到本地线程对应的Java线程，那么结合Java的线程堆栈就可以找到消耗CPU的Java代码段。实际上，本地线程和Java线程是一一对应的映射关系。假设当前的Java进程ID为3368，具体步骤如下。

（1）输入top -p 3368[①]。

（2）输入“H”查看该进程所有线程的统计情况（CPU等）。

```
PID USER    PR  NI  VIRT   RES   SHR   S %CPU  %MEM  TIME   COMMAND
3368 zmw2   25  0   256m  9620  6460  R  93.3  0.7        5:42.06    java
3369 zmw2   15  0   256m  9620  6460  S  0.0     0.7      0:00.00    java
3370 zmw2   15  0   256m  9620  6460  S  0.0     0.7      0:00.00    java
3371 zmw2   15  0   256m  9620  6460  S  0.0     0.7      0:00.00    java
3372 zmw2   15  0   256m  9620  6460  S  0.0     0.7      0:00.00    java
3373 zmw2   15  0   256m  9620  6460  S  0.0     0.7      0:00.00    java
3374 zmw2   15  0   256m  9620  6460  S  0.0     0.7      0:00.00    java
3375 zmw2   15  0   256m  9620  6460  S  0.0     0.7      0:00.00    java
```

通过top中的“H”命令可以获取信息：每个线程（在“H”命令下面，PID列是指线程ID，即LWP ID）消耗了多少CPU。但是这个线程号如何与Java Thread Dump文件对应起来呢[②]？很简单，在Java Thread Dump文件中，每个线程都有tid=...nid=...的属性，其中nid就是本地线程号，只不过nid中用十六进制来表示。如上面的例子中3368的十六进制就表示为0xd28，在Java线程中查找nid=0xd28即是本地线程对应Java线程[③]。

```
"main"  prio=1  tid=0x0805c988  nid=0xd28  runnable
[0xfff65000..0xfff659c8]
^
at java.lang.String.indexOf(String.java:1352)
at  java.io.PrintStream.write(PrintStream.java:460)
-locked  <0xc8bf87d8>  (a java.io.PrintStream)
```

① 早期版本的top不支持对线程的统计，可以使用ps命令，如ps H -eo user, pid. ppid, tid, time, %cpu, cmd --sort=%cpu。

② 详参考1.2.1节。

③ 完整的Java堆栈请参考1.2.1节。

```
at  java.io.PrintStream.print(PrintStream.java:602) at MyTest.
fun2(MyTest.java:16)
-locked <0xc8c1a098> (a java.lang.Object) at MyTest.fun1(MyTest.java:8)
-locked <0xc8c1a090> (a java.lang.Object) at MyTest.main(MyTest.
java:26)
```

具体导致问题的代码有如下可能。

（1）纯 Java 代码导致的 CPU 使用率过高。

（2）Java 代码中调用的 JNI 代码导致的 CPU 使用率过高。

（3）虚拟机自身的代码导致的 CPU 使用率过高，如 GC 的能力等。

无论是哪个地方引起的问题，通过线程堆栈（Java 线程堆栈或者本地线程堆栈）分析都可以一次命中问题，方法如下。

（1）通过 top -p <jvm pid>[①] 获取最消耗 CPU 的本地线程 ID。

（2）通过 kill -3 打印 Java 线程堆栈。

（3）通过 pstack <java　pid>（有的操作系统中命令为 gstack）打印本地线程堆栈。

（4）在 Java 线程堆栈中查找 nid=< 第 1 步获得的最耗 CPU 时间的线程 id>。

①如果在 Java 线程堆栈中找到了对应的线程 ID, 并且该线程正在执行纯 Java 代码，则说明是该 Java 代码导致的 CPU 使用率过高。示例如下。

```
"Thread-444" prio=1 tid=0xa4853568 nid=0x7ade runnable
[0xafcf7000..0xafcf8680]
// 当前正在执行的代码是纯 Java 代码
at org.apache.commons.collections.ReferenceMap.getEntry(Unknown Source)
at  org.apache.commons.collections.ReferenceMap.get(Unknown Source)
at  org.hibernate.util.SoftLimitMRUCache.get(SoftLimitMRUCache.java:51)
at  org.hibernate.engine.query.QueryPlanCache.getNativeSQLQueryPlan()
at  org.hibernate.impl.AbstractSessionImpl.getNativeSQLQueryPlan()
at  org.hibernate.impl.AbstractSessionImpl.list()
at  org.hibernate.impl.SQLQueryImpl.list(SQLQueryImpl.java:164)
at  com.mogoko.struts.logic.user.LeaveMesManager.getCommentByShopId()
at  com.mogoko.struts.action.shop.ShopIndexBaseInfoAction.execute()
...
```

②如果在 Java 线程堆栈中找到了对应的线程 ID, 并且该 Java 线程正在执行 Native code, 则说明导致 CPU 使用率过高的问题代码在 JNI 调用中。示例如下。

---

① Solaris 下使用 prstat -L。

```
"Thread-609"  prio=5  tid=0x01583d88  nid=0x280  runnable
[7a680000..7a6819c0]
//CheckLicense 是 Native 方法，说明导致 CPU 使用率过高的问题代码在本地代码中。
at  meetingmgr.conferencemgr.Operation.CheckLicense(Native  method)
at  meetingmgr.MeetingAdapter.prolongMeeting(MeetingAdapter.java:171)
at  meetingmgr.timer.OnMeetingExec.execute(OnMeetingExec.java:189)
at  util.threadpool.RunnableWrapper.run(RunnableWrapper.java:131)
at  EDU.oswego.cs.dl.util.concurrent.PooledExecutor$Worker.run(...)
at  java.lang.Thread.run(Thread.java:534)
```

此时可以根据第三步获取所有的本地线程堆栈，并根据之前获得的最耗 CPU 时间的线程 ID，在本地线程堆栈中找到对应线程，即 CPU 高消耗的线程。借助该本地线程堆栈信息，可以直接定位本地代码中的死循环等问题，当然，如果是 JDK 的问题，则只能通过 JDK 来解决。

```
#0 0x00000037e1e324aa in checksum ()
#1  0x00000037dcacbd66 in calculate()
...
#5 0x0000000000428f27 in CheckLicense ()
Thread 1 (Thread 46912546288176 (LWP 640)):
```

③如果在 Java 线程堆栈中找不到对应的线程 ID，则有如下两种可能。

- JNI 调用中重新创建新线程来执行，那么在 Java 线程堆栈中就不存在对应的线程信息。
- 虚拟机自身代码导致的 CPU 使用率过高，如堆内存枯竭导致的频繁 Full GC（完全垃圾回收），或者虚拟机的 Bug 等。

此时同样可以根据第三步获取所有的本地线程堆栈，如之前获得的最耗 CPU 时间的线程 ID，在本地线程堆栈中找到对应线程，即 CPU 高消耗的线程。借助该本地线程堆栈信息，可以直接定位本地代码中的死循环等问题。

由于这种定位方式可以直接定位到特定的线程 ID，因此能够一次性命中问题，是最为有效的一种方式。不管什么原因导致的 CPU 使用率过高，通过这种方式都能查出来。同时这种方式对系统的消耗最小，非常适合在生产环境中使用。

2. Xrunprof 协助分析

虚拟机自身也提供了一些 CPU 剖析工具，借助这些工具可以获知哪些代码段消耗了更多的 CPU，从而找到可疑的性能点。

3. JProftler 和 OptimizeIt 等工具

一些商业化的剖析工具，如 JProfiler 和 OptimizeIt 等也提供了 CPU 剖析的能力，借助这些工具，可分析出消耗 CPU 比较多的代码段。

4. 多次打印堆栈

对于耗时多的代码段，可通过多次打印堆栈的方式找出。由于该代码段在堆栈中被命中的频率相应较高，同样也可以找出消耗 CPU 比较高的代码段。

上面介绍的四种方式，第一种和第四种对系统影响最小，特别适合在生产环境下定位问题使用。第二种和第三种是通过剖析工具进行定位的，由于剖析工具会极度消耗 CPU，导致整个系统的性能急剧下降，因此不太适合生产环境使用。在实际问题的定位过程中，还要根据情况选择不同的方法。总之，线程堆栈是分析这类问题的“杀手锏”，通过线程堆栈就可以把黑盒子打开，窥探系统的运行秘密。

1.4.4　资源不足等导致性能下降的分析

这里所说的资源包括数据库连接等。大多数时候资源不足和性能瓶颈是同一类问题。如果资源不足，就会导致资源争用，请求该资源的线程会被阻塞或者挂起（wait），自然就导致性能下降。系统对于资源一般的设计模式是：当需要资源的时候，就获取资源；当不需要的时候，就把资源释放；如果暂时没有可用资源，那么就等待（阻塞）在那里（等在一个资源锁上面）；如果有别的线程释放资源，那么等待的线程被 notify () 后获得资源继续运行（一般资源的设计都是遵循 wait/notify 模式的）。资源不足时，就会有大量的线程在等待资源，如果打印的线程堆栈具有这个特征，就说明该系统资源是瓶颈。对于资源不足导致的性能瓶颈，打印出的线程堆栈所具有的特点如下。

（1）大量的线程停在同样的调用上下文上。

如下面堆栈[①]中大量的 http-8082-Processor 线程都停止在 org.apache.commons.pool.impl. GenericObjectPool.borrowObject 上面，说明大量的线程正在等待该资源，即该系统资源就是瓶颈。

```
http-8082-Processor84" daemon prio=10 tid=0x0887c000 nid=0x5663 in
Object.wait() java.lang.Thread.State: WAITING (on object   monitor)
at java.lang.Object.wait(Object.java:485)
at org.apache.commons.pool.impl.GenericObjectPool.borrowObject(Unknown Source)
-locked <0x75132118> (a  org.apache.commons.dbcp.AbandonedObjectPool)
```

① 由于版面限制，没有将所有的线程堆栈都打印出来，这里只列了两个用以说明。

```
at org.apache.commons.dbcp.AbandonedObjectPool.borrowObject()
-locked <0x75132118> (a  org.apache.commons.dbcp.AbandonedObjectPool)
at org.apache.commons.dbcp.PoolingDataSource.getConnection()
at org.apache.commons.dbcp.BasicDataSource.
getConnection(BasicDataSource.java:312)
at dbAccess.FailSafeConnectionPool.getConnection(FailSafeConnectionPo
ol.java:162)
at servlets.ControllerServlet.doGet(ObisControllerServlet.java:93)
...（版面限制，其他省略）
http-8082-Processor85" daemon prio=10 tid=0x0887c000 nid=0x5663 in
Object.wait()
java.lang.Thread.State: WAITING (on object   monitor)
at java.lang.Object.wait(Object.java:485)
at org.apache.commons.pool.impl.GenericObjectPool.borrowObject(Unknown
Source)
-locked <0x75132118> (a  org.apache.commons.dbcp.AbandonedObjectPool)
at org.apache.commons.dbcp.AbandonedObjectPool.borrowObject()
-locked <0x75132118> (a  org.apache.commons.dbcp.AbandonedObjectPool)
at org.apache.commons.dbcp.PoolingDataSource.getConnection()
at org.apache.commons.dbcp.BasicDataSource.
getConnection(BasicDataSource.java:312)
at dbAccess.FailSafeConnectionPool.getConnection(FailSafeConnectionPo
ol.java:162)
at servlets.ControllerServlet.doGet(ObisControllerServlet.java:93)
...(以下的调用上下文相同略)
```

结合堆栈就能够判断出导致资源不足的原因。

● 资源数量配置太少（如连接池连接配置过少等），而系统当前的压力比较大，导致某些线程不能及时获得资源，只能等待在那里（挂起）。

● 获得资源的线程把持资源时间太久，导致资源不足。一种过分的资源使用代码如下。

```
void  fun1()
{
  Connection conn=ConnectionPool.getConnection();// 获取一个数据库连接
    ...  ...   // 使用该数据库连接访问数据库
    ...  ...   // 数据库返回结果，访问完成
    ...  ...   // 做其他耗时操作，但这些耗时操作与数据库访问无关
    conn.close();  // 释放连接回池
}
```

这段代码在数据库访问完成后，仍然无谓地占用连接没释放，导致一个线程长时间占有这个连接，而在这个长时间里可能会有其他线程正在等待获取该资源，从而导致整体性能下降。该代码应该做如下修改。

```
void  fun1()
{
  Connection conn=ConnectionPool.getConnection();// 获取一个数据库连接
     ...  ...   // 使用该数据库连接访问数据库
     ...  ...   // 数据库返回结果，访问完成
     conn.close();  // 数据库连接一旦完成，马上释放连接回池
     ...  ...   // 做其他耗时操作，但这些耗时操作与数据库访问无关
}
```

（2）设计不合理导致资源占用时间过久，如 SQL（结构化查询语言）语句设计不恰当，或者没有索引导致的数据库访问太慢等。

（3）资源用完后，在某种异常情况下，没有关闭或者回池，导致可用资源泄漏或者减少，从而导致资源竞争。

资源不足或者资源使用不恰当，表现出来的往往都是性能问题[1]。系统会越来越慢，并最终停止响应。遇到系统变慢等问题，打印堆栈是最为有效的定位方式。

1.4.5 线程不退出导致系统挂死的分析

导致系统挂死的原因有很多，其中一个最常见的原因是线程挂死。既然是线程挂死，那么每次打印线程堆栈，该线程必然都在同一个调用上下文上，因此定位该类型的问题原理是：通过打印多次堆栈，找出对应业务逻辑使用的线程；通过对比前后打印的堆栈，确认该线程执行的代码段是否一直没有执行完成；通过打印多次堆栈，找到挂起的线程（不退出）。其步骤如下。

（1）通过前面介绍的方法先获取第一次堆栈信息。

（2）等待一定的时间后，再获取第二次堆栈信息。

（3）比较第一次堆栈和第二次线程堆栈，找出这段时间一直活跃的线程，将它列为重点分析对象。

如果通过堆栈定位，没有发现不退出的线程，就可能是其他原因导致系统的挂死。

下面线程的间隔为 5min，分两次进行打印，发现该线程一直未执行完，因此怀疑对应的代码有死循环。

① 使用线程堆栈分析性能瓶颈将在第 2 章进行介绍。

```
"Thread-444" prio=1 tid=0xa4853568 nid=0x7ade runnable
[0xafcf7000..0xafcf8680]
at org.apache.commons.collections.ReferenceMap.getEntry(Unknown Source)
at org.apache.commons.collections.ReferenceMap.get(Unknown Source)
at org.hibernate.util.SoftLimitMRUCache.get(SoftLimitMRUCache.java:51)
at org.hibernate.engine.query.QueryPlanCache.getNativeSQLQueryPlan()
at org.hibernate.impl.AbstractSessionImpl.getNativeSQLQueryPlan()
at org.hibernate.impl.AbstractSessionImpl.list()
at org.hibernate.impl.SQLQueryImpl.list(SQLQueryImpl.java:164)
at com.mogoko.struts.logic.user.LeaveMesManager.getCommentByShopId()
at com.mogoko.struts.action.shop.ShopIndexBaseInfoAction.execute()
...
```

具体导致线程无法退出的原因如下。

（1）线程正在执行死循环的代码。

（2）资源不足或者资源泄漏，造成当前线程阻塞在锁对象上（wait 在锁对象上），长期得不到唤醒（notify）。

（3）如果 Java 程序和外部应用程序通信，外部应用程序阻塞时，也会导致当前 Java 线程挂起。

总之，通过线程堆栈找到线程阻塞的代码位置，可以很容易分析出相关问题。另外，有时线程并不是永远不结束，而是比较长时间的不结束，这往往是性能问题，如长时间的锁争用。借助线程堆栈就可以对这种问题进行分析。

1.4.6 多个锁导致的锁链分析

很多线程在等待不同的锁时，有的锁竞争可能是由于另一个锁对象竞争导致的，这时候就要找到根源。

下面的堆栈信息中，等待锁 <0xbef17078> 的线程有 40 多个，等待锁 <0xbc7b4110> 的线程有 10 多个。

```
"Thread-1021" prio=5 tid=0x0164eac0 nid=0x41e waiting for monitor
entry[...]
at  meetingmgr.timer.OnMeetingExec.monitorExOverNotify(OnMeetingExec.
java:262)
- waiting to lock <0xbef17078> (a [B) // 等待锁 0xbef17078
at  meetingmgr.timer.OnMeetingExec.execute(OnMeetingExec.java:189)
at  util.threadpool.RunnableWrapper.run(RunnableWrapper.java:131)
at  EDU.oswego.cs.dl.util.concurrent.PooledExecutor$Worker.run(...)
```

```
at  java.lang.Thread.run(Thread.java:534)
"Thread-196" prio=5 tid=0x01054830 nid=0xe1 waiting for monitor
entry[...]
at  meetingmgr.conferencemgr.Operation.prolongResource(Operation.
java:474)
- waiting to lock <0xbc7b4110> (a [B)  //等待锁 0xbc7b4110
at  meetingmgr.MeetingAdapter.prolongMeeting(MeetingAdapter.java:171)

at  meetingmgr.FacadeForCallBean.applyProlongMeeting(FacadeFroCallBean.
java:190)
at  meetingmgr.timer.OnMeetingExec.monitorExOverNotify(OnMeetingExec.
java:278)
- locked <0xbef17078> (a [B)    //占有锁 0xbef17078
at  meetingmgr.timer.OnMeetingExec.execute(OnMeetingExec.java:189)

at  util.threadpool.RunnableWrapper.run(RunnableWrapper.java:131) |
at  EDU.oswego.cs.dl.util.concurrent.PooledExecutor$Worker.run(...)
at  java.lang.Thread.run(Thread.java:534)     |
|"Thread-609" prio=5 tid=0x01583d88 nid=0x280 runnable
[7a680000..7a6819c0]
at   java.net.SocketInputStream.socketRead0(Native method)
...
at  oracle.jdbc.ttc7.Oall7.recieve(Oall7.java:369)
...
at net.sf.hiberante.impl.QueryImpl.list(QueryImpl.java:39)
at  meetingmgr.conferencemgr.Operation.prolongResource(Operation.
java:481)
- locked <0xbc7b4110> (a [B)    //占有锁 0xbc7b4110
at  meetingmgr.MeetingAdapter.prolongMeeting(MeetingAdapter.java:171)
at  meetingmgr.timer.OnMeetingExec.execute(OnMeetingExec.java:189)
at  util.threadpool.RunnableWrapper.run(RunnableWrapper.java:131)
at  EDU.oswego.cs.dl.util.concurrent.PooledExecutor$Worker.run(...)
at  java.lang.Thread.run(Thread.java:534)
```

（1）看到有 40 多个线程在等待锁 <0xbef17078>，首先找到已经占有这把锁的线程，即“Thread-196”。

（2）看到“Thread-196”占有了锁 <0xbef17078>，但又在等待锁 <0xbc7b4110>，那么此时就需要再找出占有 <0xbc7b4110> 这个锁的线程，即“Thread-609”。

（3）那么占有锁 <0xbc7b4110> 的线程就是问题根源，下一步就要查这个线程长时间占有这个锁的原因，可能是由于持有这把锁的线程正在执行的代码性能比较低，导致锁占用时间过长。

1.4.7 通过线程堆栈进行性能瓶颈分析

线程堆栈对于多线程场合中的性能瓶颈定位非常有效。第 2 章将对性能瓶颈分析进行详细介绍。

1.4.8 线程堆栈不能分析的问题

采用线程堆栈的手段进行定位，只对在堆栈上留痕的问题才有效，如线程死锁、线程挂死等。另外，对于因锁设计不恰当而导致的性能问题，线程堆栈也是最有效的分析工具，因为性能问题可时刻反映在当前的线程统计状况上。但对于堆栈不留痕的问题，线程堆栈手段是无能为力的。不能使用线程堆栈定位解决的问题如下。

（1）线程为什么“跑飞”的问题。

（2）并发 Bug 导致的数据混乱，因为这种问题在线程堆栈中没有任何痕迹。

（3）数据库锁表的问题。表被锁往往是由于某个事务没有提交 / 回滚，但这些信息是无法在堆栈中表现出来的。

（4）其他无法在线程堆栈上留有痕迹的问题。

总体来说，像前面提到的这种在线程上不留痕迹的问题，只能通过其他手段来进行定位。在实际的操作中，可将系统问题分为以下类型。

（1）在堆栈中能够表现出问题的，可使用线程堆栈进行定位。

（2）无法在线程中留下痕迹的问题定位，需要依赖一个好的日志设计。

（3）非常隐蔽的问题，只能依赖于设计人员丰富的代码经验，如多线程导致的数据混乱，以及后面提到的幽灵代码。

小技巧：(new Throwable()).printStackTrace() 可以在运行期打印并调用该函数的线程堆栈信息，借助这个信息就可以知道调用流程。

第2章

通过Java线程堆栈进行性能瓶颈分析

改善性能意味着用更少的资源做更多的事情。“资源”的概念很广泛，对于给定的活动而言，一些特定的资源通常非常缺乏，如 CPU 周期、文件句柄的数量、系统对端的处理能力等。当线程的运行因某个特定资源受阻时，即称为受限于该资源，如受限于数据库连接数、对端的处理能力等。究竟是什么原因导致 CPU 的使用率过高呢？通常系统在运行过程中，很多时候是不消耗 CPU 的[①]。

- 磁盘 I/O：当系统调用读 / 写磁盘的函数时，最终的读 / 写是由磁盘控制器完成的，当磁盘控制器完成读 / 写时，通过中断调用，将控制权交由 CPU，因此在磁盘控制器执行读 / 写期间是不消耗 CPU 的。由于磁盘读 / 写相对于 CPU 而言要慢上几个数量级，因此，在这期间，CPU 大多是空闲状态，等待磁盘控制器完成读 / 写。
- 网络 I/O：同样，网络 I/O 也是非常慢的，当进行网络读 / 写时，CPU 大多数时间是空闲的。
- 带有 3D 加速卡的图形运算：对于安装了 3D 加速卡的系统，执行图形运算时，CPU 会将控制权交由 GPU（图形处理单元），由 GPU 执行图形运算，在这期间 CPU 是空闲的。

2.1 基本原理分析

当系统在进行如上操作时，CPU 绝大多数时间是空闲的，因此整个系统的 CPU 利用率很低。如果这个系统只采用一个线程，那么其整体性能就会很低，因为 CPU 没有得到充分的利用，如图 2-1 所示。

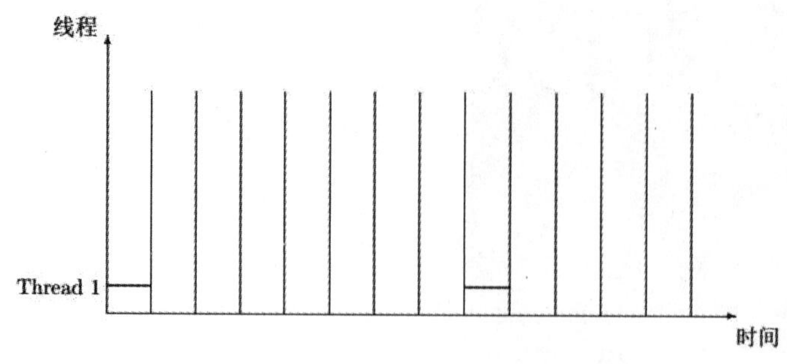

图 2-1 单线程下 CPU 的使用情况

① 当然，在某些极少数的场合，如纯数学运算的系统是 CPU 密集型的应用，这种应用可能除优化算法外，没有其他手段提升性能，这个问题不在本书讨论之列。

从图中可以看出，CPU 工作的时间非常短，大多数时间都是空闲的。如果采用多线程，那么其他线程就会把这段空闲时间充分利用起来，整体性能会有大幅提升，如图 2-2 所示。

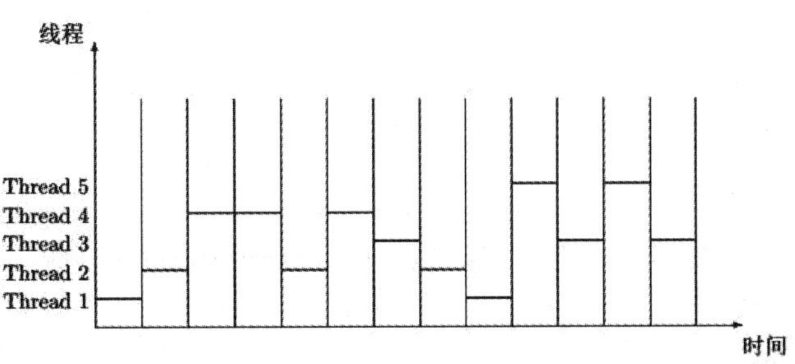

图 2-2　多线程下 CPU 的使用情况

为了利用并发来提高系统性能，就需要更有效地利用现有的处理器资源，这意味着使 CPU 尽可能处于忙碌状态（当然，这并不是让 CPU 周期忙于应付无用的计算，而是让 CPU 做有用的事情）。

如果程序受限于当前 CPU 的计算能力，那么可以通过增加更多的处理器或者集群提高总的性能。如果程序不能令现有的处理器处于忙碌的工作状态，那么增加处理器也无济于事。线程通过分解应用程序，总是让空闲的处理器进行未完成的工作，从而保持所有的 CPU 周期都能“热火朝天”地工作。

总体来说，性能提高需要且仅需要解决当前的受限资源。当前受限资源往往会导致 CPU 无法忙起来，从而导致系统性能低下。

2.1.1　CPU

如果当前 CPU 已经接近 100% 的使用率，并且代码业务逻辑无法再简化，那么说明该系统的性能已经达到了最大化，如果再想提高性能，则只能通过增加处理器（增加更多的机器或者安装更多的 CPU）来实现。

2.1.2　其他资源

如果数据库连接数量偏低，CPU 使用率总是无法接近 100%，那么可通过修改代码提高 CPU 的使用率，整体性能也会获得极大提高。

当系统中某个环节性能比较低下时，往往会最终导致其他线程受到影响（如锁的长时间争用），使其他线程也无法忙起来，造成 CPU 的使用率比较低。一个系统中的性能瓶颈问题，可能是数据库、读 / 写磁盘、锁的不恰当使用、线程模型不合理（如消息分发线程中有大量的逻辑操作，导致消息分发给其他处理线程缓慢）等导致的。总之，借助线程堆栈可以很容易地发现整个系统的性能瓶颈。

下面着重介绍多线程场合的性能瓶颈定位（由于拙劣的算法导致的性能低下不在本节讨论范围之内）。如果系统具有如下特征，则说明该系统存在性能瓶颈。

（1）如果系统逐步增加压力，CPU 的使用率仍然无法趋近 100%，这时尽管还有可用的空间，但无法施加更大的压力，如图 2-3 所示。

一个好的程序，CPU 利用率应随着压力的加大而趋近 100%。如果是一个坏程序，则无论在多大的压力下都无法令 CPU 的使用率接近 100%，这说明这个程序的实现存在问题。

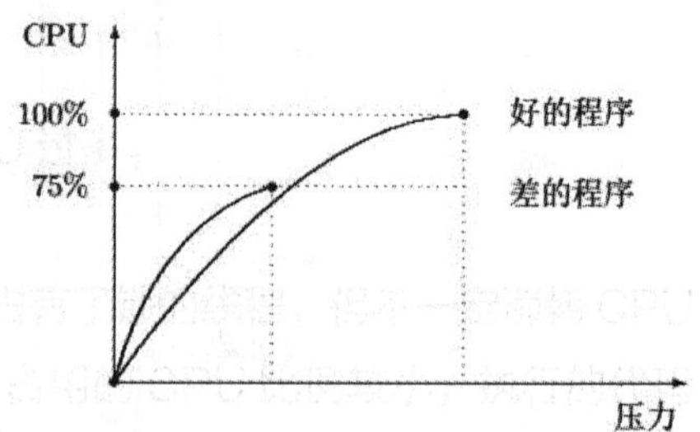

图 2-3　CPU 利用率的曲线对比

（2）同样，即使一个系统的 CPU 使用率能够接近 100%，也并不意味该软件性能达到最优，因为这个系统可能存在低效使用 CPU 的可能，如使用多个长字符串 String 的相加，而不是采用 StringBuffer.append ()。

性能调优的终极目标是：通过逐步增大压力，使系统的 CPU 使用率接近 100%。如果 CPU 无法达到这种状态，那么有可能存在的问题如下。

- 施加的压力不足。被测试的程序可能没有被加入足够的压力（负载），这时候可以通过增加压力来检测系统的响应时间、服务失败率和CPU的使用率情况。如果增加压力后，系统开始出现部分服务失败、系统的响应时间变慢，或者CPU的使用率无法再上升的情况，那么此时的压力应该是系统的饱和压力，即此时的能力是系统当前的最大能力。
- 系统存在瓶颈。系统在饱和压力下，如果 CPU 的使用率始终无法达到或接近 100%，那么说明这个系统存在瓶颈，性能还有提升的空间。

通过调整，如果系统的 CPU 使用率能够接近 100%，那么下一步就是查找系统是否存在低效使用CPU的代码。线程堆栈对这类问题仍然非常有效。因为对于热度非常高的代码，如果它的性能很差，那么从每次的线程堆栈快照中，很容易就能抓到该段代码的调用上下文，从而让这段代码“现形”。

2.1.3　由于不恰当的同步导致的资源争用

当不相关的两个函数共用了一个锁时，就会无谓地制造出资源争用。当资源出现多线程争用时，只能有一个线程获得这个资源的锁，而其他线程只能挂起等待，从而导致 CPU 使用率的下降，并使其性能低下。多线程编程常见的一种错误如下。

```
class MyClass
{
Object  sharedObj;
synchronized void fun1() {...} // 访问共享变量 sharedObj
synchronized void fun2() {...} // 访问共享变量 sharedObj
synchronized void fun3() {...} // 不访问共享变量 sharedObj
synchronized void fun4() {...} // 不访问共享变量 sharedObj
synchronized void fun5() {...} // 不访问共享变量 sharedObj
}
```

上面的代码将 sychronized 加在类的每一个方法上面，从而违背了保护什么锁什么的原则。无共享资源的两个方法使用了同一个锁，人为造成了不必要的锁竞争。由于 Java 缺省提供了 this 锁，很多人就喜欢直接在方法上使用 synchronized 加锁，其实在很多情况下这样做是不恰当的，很容易造成锁的粒度过大。

- 两个不相干的方法（压根没有使用同一个共享变量）共用了 this 锁，会导致人为的资源竞争。
- 即使同一个方法中的代码，也不是处处需要锁保护的。如果整个方法都使用了 synchronized，那么很可能把该作用域进行人为扩大了。因此在方法级别上加锁，是一种粗放的用锁习惯。

上面的例子应该将不访问共享变量的 synchronized 去掉，代码修改如下。

```
class MyClass
{
    Object  sharedObj;
    synchronized void fun1() {...} // 访问共享变量 sharedObj
    synchronized void fun2() {...} // 访问共享变量 sharedObj
    void  fun3()  {...}             // 不访问共享变量 sharedObj
    void  fun4()  {...}             // 不访问共享变量 sharedObj
    void  fun5()  {...}             // 不访问共享变量 sharedObj
}
```

只有访问共享变量的代码段才需要使用锁保护，而且每一个共享变量对应一个自己的锁，而不是让所有的共享变量使用同一把锁。同时，如果可能，尽量避免将 synchronized 加在整个方法上，而应使用专门针对这个变量的锁，这样才能保证将 synchronized 加在尽量少的代码段上，以确保锁的范围尽可能的小，最终避免不必要的锁争用。针对上面例子的更佳代码写法如下。

```
class MyClass
{
    Object  sharedObj;
    void fun1()   // 访问共享变量 sharedObj
    {
        ...    // 与共享变量无关代码
        synchronized(sharedObj){      // 让锁作用在访问该共享变量的代码范围上
            ...    // 与共享变量相关代码
        }
        ...    // 与共享变量无关代码
    }
    void fun2()   // 访问共享变量 sharedObj
    {
        ...    // 与共享变量无关代码
        synchronized(sharedObj){      // 让锁作用在访问该共享变量的代码范围上
            ...    // 与共享变量相关代码
    }
    ...// 与共享变量无关代码
    }
    void fun3() {}// 不访问共享变量 sharedObj
    void  fun4()  {...}       // 不访问共享变量 sharedObj
    void  fun5()  {...}       // 不访问共享变量 sharedObj
}
```

另外，如果锁的粒度过大，其对共享资源访问完成后，将不会把后续与锁无关的代码放在 synchronized 同步代码块之外。这样会导致当前线程长时间无谓的占有该锁，其他争用该锁的线程只能等待，人为造成线程的串行运行，使 CPU 无法被充分利用，最终导致性能受到极大影响。

下面的代码将会导致一个线程过长地占有锁，而其他线程只能等待。

```
void  fun1()
  {
        synchronized(lock){
        ...     // 正在访问共享资源
        ...     // 做其他耗时操作，但这些耗时操作与共享资源无关
  }
}
```

2.1.4 CPU 单核场合

将耗时操作拿到同步块之外，虽然可以提升性能，但并不适用于所有的场合。

● 如果同步块中的耗时代码是计算密集型的（如加减乘除运算），不存在磁盘 I/O 和网络 I/O 等低 CPU 消耗的代码，这种情况下，由于 CPU 执行这段代码是 100% 的使用率，因此缩小同步块也不会带来任何性能上的提升，同时也不会带来性能上的下降。

● 如果同步块中的耗时代码是非计算密集型的，如磁盘 I/O 和网络 I/O 的操作，当前线程正在执行磁盘 I/O 时，CPU 是被阻塞的空闲状态，此时如果让 CPU 忙起来，就可以带来整体性能上的提升，所以将耗时操作的代码放在同步块外，肯定是可以提高整个性能的。

2.1.5 CPU 多核场合

将耗时操作拿到同步块之外，是可以提升性能的。

● 如果同步块中的耗时代码是计算密集型的，由于是在 CPU 多核场合，其他 CPU 也许是空闲的，因此缩小同步块可以让占有锁的线程尽快释放，让其他线程尽快从阻塞中唤醒并继续运行，即可带来性能的提升。

● 如果同步块中的耗时代码是非计算密集型的，如磁盘 I/O 和网络 I/O 的操作，当前线程正在被 I/O 阻塞时，这时其所在的 CPU 也是空闲的，此时如果让所有 CPU 都忙碌起来，就可以带来整体性能上的提升，因此，将耗时操作的代码放在同步块外，肯定是可以提高整体性能的。

缩小同步范围对系统是没有任何不好影响的，大多数情况下，还会带来性能的提升，因此一定要缩小同步范围。上面的代码应该做如下修改。

```
void  fun1()
{
    synchronized(lock)
    {
        ...     // 正在访问共享资源
    }
    ...     // 其他与共享资源无关的耗时操作代码放到 synchronized 作用域外面
}
```

提示： 只将访问共享资源的代码放在同步块中，以确保运行时能“快进快出”。

2.2 常见的性能瓶颈问题

2.2.1 sleep 的滥用

sleep 只适用于等待固定时长的场合，如果轮询代码中夹杂着 sleep () 调用，这种设计必然是一种糟糕的设计。它将在某些场合下导致严重的性能瓶颈。如果是用户交互的系统，那么用户会直接感觉系统变慢。如果是后台消息处理系统，那么消息处理必然会变得很慢。这种设计应使用 notify () 和 wait () 来完成同样的功能，其性能会有大幅提升。

2.2.2 String + 的滥用

示例如下。

```
String c = new String("abc") + new String("efg") + new String("12345");
```

每一次"+"操作都会产生一个临时对象，并伴随着数据拷贝，这对性能将是极大的消耗。这种代码往往导致 CPU 很轻易地被用到 100%，但这个 CPU 的高使用率是没有价值的，因为CPU做了很多不该做的事情。该问题修改成StringBuffer之后，性能就会有大幅提升。

2.2.3 不恰当的线程模型

在多线程场合下，如果线程模型使用不恰当，也会使性能低下，如在网络 I/O 的场合，一定要使用消息发送队列和消息接收队列来进行异步 I/O。做出过这种修改之后，性能可能会有几十倍的提高。

2.2.4 其他情形

还有一些情形如下。

- 参数设置不当：不恰当的 GC 参数设置会导致严重的性能问题。
- 线程数量不足：在使用线程池的场合，如果线程池的线程配置太少，也会导致性能低下。
- 内存泄漏：内存泄漏会导致 GC 越来越频繁，而 GC 操作是 CPU 密集型操作，会导致系统整体性能严重下降。
- 过度的磁盘 I/O：由于读 / 写文件是非常耗时的操作，大量的读 / 写文件操作，可能使性能有几倍甚至几十倍的下降。

2.3 性能瓶颈分析的手段和工具

一个系统的性能瓶颈分析过程大致如下。

（1）进行单流程的性能瓶颈分析，让单流程的性能达到最优，如采用更加简单的算法等。单流程的性能分析可以借助 OptimizeIt 或通过增加时间戳等方式进行代码片断的分析[①]，分析哪段代码耗时比较多。这种分析不需要太多的技巧，因此本章不多做介绍。

（2）对整体进行性能瓶颈分析。因为单流程性能最优并不能保证整个系统性能就高。在多线程场合下，即使单流程的性能已经达到最优，也会由于锁争用等情况导致系统性能低下。

上面提到的所有这些原因形成的性能瓶颈，都可以通过线程堆栈分析找到原因。性能瓶颈分析属于事后分析技术，也就是说，必须先让系统出现瓶颈，然后才可以进行分析，即如果是工作环境中出现了性能瓶颈，可以直接在工作环境中打印堆栈，如果是实验室环境，可以先模拟测试，让瓶颈现身。

2.3.1 通过测试模拟发现性能瓶颈

通过模拟真实环境进行测试，尽管很简单，但仍然有几点需要注意。首先需要对性能瓶颈的特征进行了解，然后才能快速命中问题。

（1）当前的性能瓶颈只有一处，只有解决这一处，才知道下一处的瓶颈在哪里。没有解决当前的性能瓶颈，下一处性能瓶颈是不会出现的。在公路上，最窄的一处决定了该道路的通车能力，只有拓宽了最窄的地方，整个交通的通车能力才能上去，而直接拓宽次窄的路段，整个路段的通车能力是不会有任何提升的。程序中的性能瓶颈和交通道路上的性能瓶颈是类似的。只有找到当前阶段真正的性能瓶颈，才能使整个性能得到真正的提升。

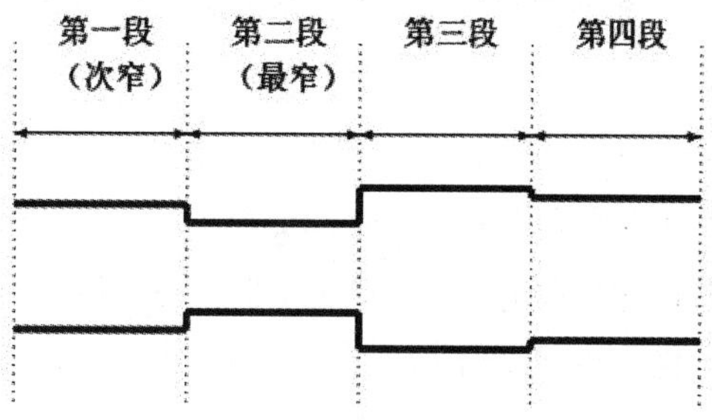

图 2-4　总的性能取决于最窄的那段能力

如图 2-4 所示，第二段是系统中最窄的地方，只有找到这个地方，将这段拓宽，整体能力才能上去。随之第一段又会成为下一个瓶颈，如此往复找到所有的性能瓶颈。

① 其他定位方法请参考 1.4 节。

（2）性能瓶颈是动态的，低负载下不是瓶颈的地方，在高负载下才可能会成为瓶颈。市面上有很多商业化的性能剖析工具，如 JProfiler、Optimizeit 等，这些都是优秀的分析工具，但是对于在高压力下才能出现的瓶颈分析[①]，这些工具往往无法给予有效的帮助。它们是通过 Java Virtual Machine Tools Interface (JVM TI)[②] 来进行性能数据收集的，即这些工具需要依附于 JVM 才能进行分析，这本身就会带来很大的开销，往往会导致性能几十倍的下降，使系统根本无法达到该瓶颈出现时需要的压力。因此这种类型的性能瓶颈在 JProfiler 或者 OptimizeIt 等性能剖析工具下压根无法“现身”。在这种场合下，采用线程堆栈才是有效的分析办法，因为在采集线程堆栈的时候，对系统的影响微乎其微，和真实环境下的运行状况相差无几，因此，抓到的性能瓶颈是同真实环境下的瓶颈相一致的。可以说线程堆栈是定位这种性能问题的唯一手段。

鉴于性能瓶颈的以上特点，进行性能模拟的时候，一定要使用比系统当前稍高的压力进行模拟，否则性能瓶颈不会现形。具体的性能调优过程如图 2-5 所示。

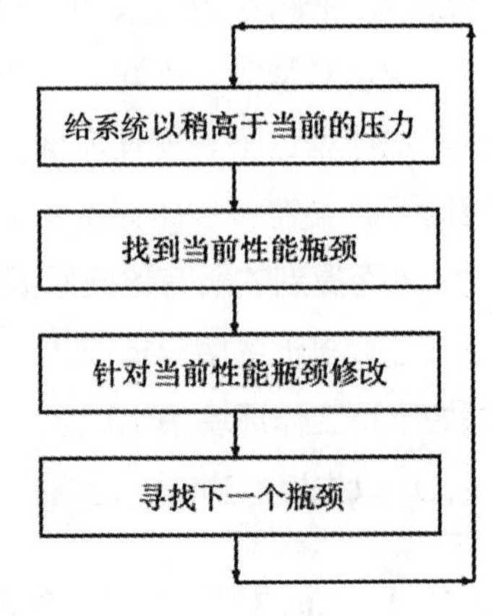

图 2-5　性能调优的过程

2.3.2　通过线程堆栈识别性能瓶颈

通过线程堆栈可以很容易地识别在多线程场合下高负载时才会出现的性能瓶颈。一旦系统出现性能问题，难度最大的就是瓶颈识别，瓶颈被识别，代码优化修改往往就比较简单了。

目前很多系统采用了线程池的技术，即将用户任务直接扔给线程池去执行，一个系统中可能有多个线程池分别负责不同类型的任务。通常在分析一个多线程系统时，应先将要分析的线程进行归类分组，把同一个线程池中的线程作为一个分析实体，如可将进行 http 处理的线程作为一组，将消息处理的线程作为另外一组。当使用堆栈进行分析的时候，以这一组线程进行统计学分析。另外，如果一个线程池为不同的功能代码服务，那么将整个线程池的线程作为一组分析即可。

---

① 如在真实环境下，也许 I/O 才是系统的瓶颈。此时如果采用 JProfiler 等商业工具挂接到系统上，由于 JProfile 这种工具本身会消耗大量的 CPU 和内存资源，从而导致被测系统的性能大幅下降，而在这种请求能力之下，I/O 根本无法达到饱和，性能瓶颈也不会出现，因此性能问题定位也就无从谈起了。

② 关于 JVM TI 的细节内容请参考 Java 官方文档。

一个系统出现性能瓶颈时，从堆栈上分析会有三种最为典型的堆栈特征[①]，具体内容如下。

1. 空闲的线程很少

绝大多数线程的堆栈都处于同一个调用上下文上，或者很多线程都在同时等待某个锁，因此会剩下非常少的空闲线程，其原因如下。

（1）线程的数量太少，原来系统需要 100 个线程才能让所有的 CPU“忙”起来，如果只给了 20 个线程，从线程堆栈看，这些线程几乎都在执行用户代码，空闲线程很少。

（2）锁的粒度过大导致的锁竞争，造成很多线程由于等待锁而被挂起。

（3）资源竞争（如数据库连接池中连接不足，导致企图获取连接的大量线程被阻塞），造成很多线程由于无法获得资源而被挂起。一般资源池的设计都采用 wait/notify 机制，当无可用资源时，申请资源的线程执行 wait 挂起，直到有可用资源，才被再次 notify。当资源不足时，从线程堆栈中看，会有很多线程处在获取资源的 wait () 方法上。

（4）在锁的作用域范围内有大量耗时操作（如大量的磁盘 I/O)，导致出现锁争用，从而大量的线程因等待锁而被挂起。

（5）远程通信的对方处理缓慢（甚至导致 socket 缓冲区写满），如数据库的 SQL 代码性能低下。

（6）如果大量处于最顶层的帧是消耗 CPU 的代码，则说明这个函数非常低效。很多线程长时间在执行这段代码，当进行堆栈快照时，会很轻易地被“抓”到。

上面提到的这些情况，从打印的堆栈就可以很容易观察到问题的真实原因。比如，从下面的堆栈可以看出，大量的线程在等待锁 <0xccf27372>，根据这个信息找到占用这个锁的线程，根据这个线程的调用上下文进一步分析，就可以很容易发现这个线程长时间占用这把锁的原因了。

```
"Thread-131" prio=5 tid=0x0164eac0 nid=0x41e waiting for monitor
entry[...]
at  java.util.HashMap.removeEntryForKey(Unknown Source)
at  java.util.HashMap.remove(Unknown Source)
at  meetingmgr.timer.OnMeetingExec.monitorExOverNotify(OnMeetingExec.
java:262)
-  locked <0xccf27372> (a [B)    // 占有锁 0xccf27372
at  meetingmgr.timer.OnMeetingExec.execute(OnMeetingExec.java:189)
```

---

① 如果打印出来的堆栈不是这三种情形之一，可能被测试的程序没有被加入足够多的压力（负载），瓶颈尚未出现。通过增加压力，直到使应用程序负荷达到饱和，此时性能瓶颈就会出现。

```
at util.threadpool.RunnableWrapper.run(RunnableWrapper.java:131)
at  EDU.oswego.cs.dl.util.concurrent.PooledExecutor$Worker.run(...)

at java.lang.Thread.run(Thread.java:534)
 "Thread-1021" prio=5 tid=0x0164eac0 nid=0x41e waiting for monitor
entry[...]
at  meetingmgr.timer.OnMeetingExec.monitorExOverNotify(OnMeetingExec.
java:262)
- waiting to lock <0xccf27372> (a [B) // 等待锁 0xccf27372
at  meetingmgr.timer.OnMeetingExec.execute(OnMeetingExec.java:189)

at util.threadpool.RunnableWrapper.run(RunnableWrapper.java:131)
at  EDU.oswego.cs.dl.util.concurrent.PooledExecutor$Worker.run(...)

at java.lang.Thread.run(Thread.java:534)
"Thread-196" prio=5 tid=0x01054830 nid=0xe1 waiting for monitor
entry[...]
at  meetingmgr.conferencemgr.Operation.prolongResource(Operation.
java:474)
at  meetingmgr.MeetingAdapter.prolongMeeting(MeetingAdapter.java:171)

at  meetingmgr.FacadeForCallBean.applyProlongMeeting(FacadeFroCallBean.
java:190)
at  meetingmgr.timer.OnMeetingExec.monitorExOverNotify(OnMeetingExec.
java:278)
- waiting to lock <0xccf27372> (a [B) // 等待锁 0xccf27372
at  meetingmgr.timer.OnMeetingExec.execute(OnMeetingExec.java:189)
at  util.threadpool.RunnableWrapper.run(RunnableWrapper.java:131)
at  EDU.oswego.cs.dl.util.concurrent.PooledExecutor$Worker.run(...)
at  java.lang.Thread.run(Thread.java:534)
...  // 此处略去 300 多等待锁 0xccf27372 的线程
^
|
+----300 多线程处于与 "Thread-1021" 或者 "Thread-196" 相同的调用上下文
```

从这个例子中可以看到，很多线程在等待 ID 为 <0xccf27372> 的锁，而从最顶部的帧看出，占有 <0xccf27372> 锁的线程正在执行 at java.util.HashMap.removeEntryForKey (Unknown Source)，从这个现象中可以推断出：一定是由于 java.util.HashMap. removeEntryForKey 效率很低导致其他线程的等待，从而造成整个系统的性能低下，这里一定就是系统当前的性能瓶颈。下一步就要分析为什么 java.util.HashMap.removeEntryForKey () 效率很低。当然，在本例中，java.util.HashMap.removeEntryForKey () 为长期执行状态，意味着此方法进入了死循环。

提示： 很多人无意识地将 HashMap 变量用在多线程中，而在 Java 手册中已明确表示 HashMap 是不安全的。多线程场合下访问同一个 HashMap 变量，最常见的后果就是导致 HashMap 的某些方法进入无限死循环中。

其示例如下。

```
"Thread-243" prio=1 tid=0xa58f2048 nid=0x7ac2 runnable
[0xaeedb000..0xaeedc480]
at java.net.SocketInputStream.socketRead0(Native Method)
at java.net.SocketInputStream.read(SocketInputStream.java:129)
at  oracle.net.ns.Packet.receive(Unknown Source)
...
at  oracle.jdbc.driver.LongRawAccessor.getBytes()
at  oracle.jdbc.driver.OracleResultSetImpl.getBytes()
^
|
+-------------------- 该线程正在访问数据库
- locked <0x9350b0d8> (a oracle.jdbc.driver.OracleResultSetImpl)
at  oracle.jdbc.driver.OracleResultSet.getBytes(O)
...
at  org.hibernate.loader.hql.QueryLoader.list()
at  org.hibernate.hql.ast.QueryTranslatorImpl.list()
...
at  com.wes.NodeTimerOut.execute(NodeTimerOut.java:175)
at  com.wes.timer.TimerTaskImpl.executeAll(TimerTaskImpl.java:707)
at  com.wes.timer.TimerTaskImpl.execute(TimerTaskImpl.java:627)
- locked <0x80df8ce8> (a com.wes.timer.TimerTaskImpl)
at   com.wes.threadpool.RunnableWrapper.run(RunnableWrapper.java:209)
at   com.wes.threadpool.PooledExecutorEx$Worker.run()
at java.lang.Thread.run(Thread.java:595)
"Thread-248" prio=1 tid=0xa58f2048 nid=0x7ac2 runnable
[0xaeedb000..0xaeedc480]
at java.net.SocketInputStream.socketRead0(Native Method)
at java.net.SocketInputStream.read(SocketInputStream.java:129)
at   oracle.net.ns.Packet.receive(Unknown Source)
...
```

```
at    oracle.jdbc.driver.LongRawAccessor.getBytes()
at    oracle.jdbc.driver.OracleResultSetImpl.getBytes()
^
|
+------------------ 该线程正在访问数据库
- locked <0x9350b0d8> (a oracle.jdbc.driver.OracleResultSetImpl)
at   oracle.jdbc.driver.OracleResultSet.getBytes(O)
...
at   org.hibernate.loader.hql.QueryLoader.list()
at   org.hibernate.hql.ast.QueryTranslatorImpl.list()
...
at   com.wes.NodeTimerOut.execute(NodeTimerOut.java:175)
at   com.wes.timer.TimerTaskImpl.executeAll(TimerTaskImpl.java:707)
at   com.wes.timer.TimerTaskImpl.execute(TimerTaskImpl.java:627)
- locked <0x80df8ce8> (a com.wes.timer.TimerTaskImpl)
at   com.wes.threadpool.RunnableWrapper.run(RunnableWrapper.java:209)
at   com.wes.threadpool.PooledExecutorEx$Worker.run()
at   java.lang.Thread.run(Thread.java:595)
...  // 此处略去 48 个 JDBC 线程调用栈
"Thread-238" prio=1 tid=0xa4a84a58 nid=0x7abd in   Object.wait()
[0xaec56000..0xaec57700]
at   java.lang.Object.wait(Native Method)
     ^
     |
     +--------- 获取数据库连接时被阻塞，说明连接池中可能没有空闲的数据库连接
at   com.wes.collection.SimpleLinkedList.poll(SimpleLinkedList.java:104)
- locked <0x6ae67be0> (a   com.wes.collection.SimpleLinkedList)
at   com.wes.XADataSourceImpl.getConnection_internal(XADataSourceImpl.
java:1642)
     ^
     |
     +--------------   该线程正在企图获取数据库连接
...
at   org.hibernate.impl.SessionImpl.list() at org.hibernate.impl.
SessionImpl.find()
at   com.wes.DBSessionMediatorImpl.find()
at   com.wes.ResourceDBInteractorImpl.getCallBackObj()
at   com.wes.NodeTimerOut.execute(NodeTimerOut.java:152)
at   com.wes.timer.TimerTaskImpl.executeAll()
at   com.wes.timer.TimerTaskImpl.execute(TimerTaskImpl.java:627)
- locked <0x80e08c00> (a com.facilities.timer.TimerTaskImpl)
```

```
at  com.wes.threadpool.RunnableWrapper.run(RunnableWrapper.java:209)
at  com.wes.threadpool.PooledExecutorEx$Worker.run()
at  java.lang.Thread.run(Thread.java:595)
"Thread-233" prio=1 tid=0xa4a84a58 nid=0x7abd in Object.wait()
[0xaec56000..0xaec57700]
at java.lang.Object.wait(Native Method)
at  com.wes.collection.SimpleLinkedList.poll(SimpleLinkedList.java:104)
- locked <0x6ae67be0> (a  com.wes.collection.SimpleLinkedList)
at  com.wes.XADataSourceImpl.getConnection_internal(XADataSourceImpl.
java:1642)
...
at  org.hibernate.impl.SessionImpl.list() at org.hibernate.impl.
SessionImpl.find()
at  com.wes.DBSessionMediatorImpl.find()
at  com.wes.ResourceDBInteractorImpl.getCallBackObj()
at  com.wes.NodeTimerOut.execute(NodeTimerOut.java:152)
at  com.wes.timer.TimerTaskImpl.executeAll()
at  com.wes.timer.TimerTaskImpl.execute(TimerTaskImpl.java:627)
- locked <0x80e08c00> (a com.facilities.timer.TimerTaskImpl)
at  com.wes.threadpool.RunnableWrapper.run(RunnableWrapper.java:209)
at  com.wes.threadpool.PooledExecutorEx$Worker.run()
at java.lang.Thread.run(Thread.java:595)
...  // 此处略去 100 多获取数据库连接线程调用栈
```

从线程调用栈中，根据调用上下文语义发现，其中有 50 个线程正在通过 JDBC 访问 Oracle 数据库（oracle.jdbc.driver.LongRawAccessor.getBytes ()）。说明这个时刻正在被使用的数据库连接已经达到了 50 个。同时从线程堆栈中还可以发现，有大量的线程正在调用获取数据库连接的方法 com.wes.XADataSourceImpl.getConnection_internal ()，而被阻塞在了方法 java.lang.Object.wait () 上面。

这说明系统所有配置的数据库连接都已经被占用（一般 Java 的系统都采用连接池的方式来管理数据库物理连接），这个地方形成了瓶颈，即从这个堆栈中可以知道性能瓶颈出现在数据库访问上，数据库访问耗尽了所有的连接，导致由于无可用连接而被挂起（执行 wait () 方法上）。找到瓶颈后，下一步结合源代码具体分析，导致数据库访问需要过长时间的原因，是因为没有创建索引，还是使用了效率过低的 SQL 语句。

2. 总体性能上不去

由于系统在关键路径上没有足够的能力给下个阶段输送大量的任务，导致其他地方空闲，如在消息分发系统，消息分发一般是一个线程，而消息处理则采用多个线程，此时就会出现上述情况。

遇到这种类型的堆栈，首先要找出哪个线程在关键路径上，即找到进行任务分发（或者产生新的任务提交给线程池）的线程。既然存在任务分发瓶颈，就说明这个产生任务的线程一定是一直在运行的，通过多次打印堆栈进行前后对比，查找一直处于同样调用上下文的线程（这几次堆栈里，该线程一直在做同样的事情），即可确定。它即导致性能瓶颈的线程，通过调用上下文即可进行进一步的分析。

3. 线程的总数量很少

导致性能瓶颈的原因与上面第二种情况类似。这里线程很少，可能是由于某些线程池的实现使用另一种设计思路，当任务来了之后才创建出线程来，使线程的数量上不去。这意味着在某处关键路径上没有足够的能力给下个阶段输送大量的任务，从而导致不需要有更多的线程来处理。

提示：压力工具的性能一定要高于被测试的应用程序，性能瓶颈才会出现。

不同类型的系统，出现性能瓶颈时打印的线程堆栈表现可能不尽相同。打印堆栈的本质是要找出系统哪些地方慢了即导致 CPU 无法忙起来的原因。

2.3.3 其他提高性能的方法

如果一个队列太长，单次存取时间较长，且一个队列只使用一个锁的话，就会造成锁的激烈竞争，这个时候可以考虑把一个锁拆成多个锁。例如，ConcrrentHashMap 的实现使用了一个包含默认 16 个锁的 Array，每一个锁都守护 Hash Bucket 的 1/16；其中 Bucket N 由第 N mod 16 个锁来守护。

假设 Hash 提供了合理的拓展特性，并且关键字能够以统一的方式进行访问，这将会把对于锁的请求减少到原来的 1/16，这项技术使 ConcrrentHashMap 能够同时支持 16 个并发的 Writer[①]（为了对多处理器系统的大负荷访问提供更好的并发性，这里锁的数量还可以增加，但是只有当 Writer 的竞争强度够大时，才可以超过默认的 16 个，但必须是 2^n）。

分离锁的负面作用：对整个容器独占访问更加复杂，通常一个操作可以通过获取最多不超过一个锁来进行，但有个别情况需要对整个容器加锁，如 ConcurrentHashMap

---

① 对于 HashMap 这种纯 CPU 消耗操作的代码来说，分离锁在多处理器系统上能带来很大的性能提升，但对单 CPU 却没什么价值。

的值需要扩展、重排，以及放入一个更大的 Bucket 时，就需要获取所有的内部锁[①]。这种场合下也可以考虑增加一个整个容器的锁，当需要对整个容器加锁的话，就采用这个锁。

对于 ConcurrentHashMap 的实现来说，size 是一个全局性的指标，那么每一个操作可能都会访问到它，并且是同步的，这就可能形成“热点”，造成严重的性能瓶颈。为了解决这种情况，ConcurrrentHashMap 可通过枚举每一个条目获得 size，而不是维护一个全局的计数。

2.3.4　性能调优的终结条件

性能调优的过程总要有一个止点，那么需要满足什么条件，就能说明系统已经没有优化的空间了呢？总的原则是系统中算法已经足够简化，即从算法的角度已无法提升性能时，增加压力，CPU 使用率随着压力的增加能趋近 100%，则说明系统的性能已经榨干，性能调优即告结束。系统需满足条件如下。

（1）算法足够优化。

（2）没有线程 / 资源的使用不当而导致的 CPU 利用不足。

如果达到上面的条件，性能仍然无法满足应用的要求，则只能通过考虑购买更好的机器，或者集群来实现更大的容量支持。

2.3.5　性能调优工具

目前市场上有一些性能分析工具，如 JProfiler、OptimizeIt 等，JDK 自身也可提供相应的分析工具。但这些分析工具一旦挂到系统上，就会导致整体性能的大幅下降，在多线程场合下，由于整体的压力无法上去，导致性能瓶颈根本就不会出现，因此，这些工具基本上是没有帮助的。它们比较适合单线程中的代码段分析，可以找到比较耗时的算法和代码，但对多线程场合中锁使用不当的分析，往往无能为力。

2.4　性能分析的手段总结

通过前面的介绍得知，有多种方式可以对性能瓶颈进行分析，但每种方式往往只适合特定场合下的性能分析，并没有“万能”的手段。在对性能分析时要进行灵活组合。

① 获得内部锁任意集合的唯一方式是递归。

2.4.1 借助操作系统提供的 CPU 统计工具

该方法借助于操作系统提供的一些 CPU 统计工具，如 top、prstat 等，可以统计出每一个线程使用的 CPU 比例。该方法的特点如下。

（1）获取信息时，对系统几乎没有任何影响。

（2）工具都是系统自带的，不需要搭建环境。

- 适合分析的问题：可以分析哪些代码消耗 CPU 过多。
- 不适合分析的问题：

①由于锁的粒度不合理而导致的性能瓶颈，虽然占有了锁的线程，但不一定消耗 CPU（如一些等待，或者 I/O、访问数据库等）。这种线程占用的 CPU 比例较小，执行的代码锁粒度有问题，会让嫌疑代码溜走而无法定位到嫌疑线程。

②系统各种任务采用了同一个线程池。由于一个线程可能执行不同的任务，因此没有办法分离出该线程的具体执行代码到底是哪一次代码的耗时。

2.4.2 通过 Java 线程堆栈进行性能瓶颈分析

该方法可以借助于线程堆栈分析出性能瓶颈，其特点如下。

（1）获取信息时对系统整体性能影响非常小，只有在打印堆栈时会对系统性有少许的影响。

（2）工具都是现成的，不需要搭建环境。

- 适合分析的问题：多线程场合下，锁的粒度不合理及资源竞争。
- 不适合分析的问题：非多线程型的应用。

总之，通过堆栈进行性能分析，适合于多线程场合中的性能瓶颈分析。

2.4.3 runhprof

runhprof 性能分析方法指借助虚拟机自带的性能剖析工具进行性能分析。该方法的特点如下。

（1）系统启动时，就要启动代理，因此对系统性能影响非常大，可能会引起几倍甚至几十倍的性能下降。

（2）工具都是 JDK 自带的，容易获得。

- 适合分析的问题：分析哪些代码块比较消耗 CPU、资源竞争等。
- 不适合分析的问题：由于自身会带来性能的极大下降，因此在多线程场合中进行整体性能分析基本没用，因为瓶颈不会出现。

2.4.4　JProfiler、JBuilder 等工具

该方法的特点如下。

（1）系统启动时就要启动代理，因此对系统性能影响非常大，可能会引起几倍甚至几十倍的性能下降。

（2）工具提供了更加直观的分析界面，操作方便。

- 适合分析的问题：非多线程下，分析哪些代码块比较消耗 CPU。
- 不适合分析的问题：由于自身会带来性能的极大下降，因此在多线程场合中进行整体性能分析基本没用，因为瓶颈不会出现。

2.4.5　手工打印时间戳

在代码中增加 System.out.println () 打印时间戳，通过分析每一段代码的执行时间来分析性能瓶颈。这种方法比较原始，只能发现哪些代码执行慢，却不知道原因，因此该方法只能作为一种补充手段。

第3章

Java 内存泄漏分析和堆内存设置

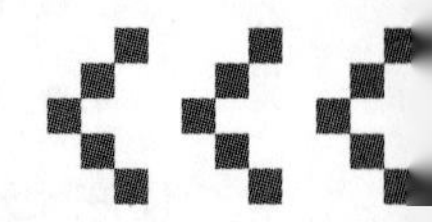

Java 的一个重要优点就是，通过垃圾收集器（Garbage Collecter，GC）可以自动管理内存的回收，程序员不需要调用函数来释放内存。因此，很多程序员认为 Java 不存在内存泄漏问题，或者认为即使有内存泄漏也不是程序的责任，而是 GC 或 JVM 的问题。其实这种说法是不正确的，因为 Java 也存在内存泄漏，但它的表现与 C++ 不同。虽然 Java 虚拟机的垃圾收集器能自动回收内存垃圾，但如果 Java 代码写法不当，同样会造成内存泄漏。本章将着重介绍 Java 内存泄漏的原因和定位方法。

3.1 Java 内存泄漏的背景知识

在大型系统中，Java 代码中的内存泄漏是常见且比较隐蔽的问题。这些泄漏问题通常发生在正式的生产环境中，且很难在开发与测试环境中得到重现。避免内存泄漏的第一步，是要弄清楚究竟是什么导致了 Java 程序中的内存泄漏。难道 Java 虚拟机的垃圾收集器没有自动回收内存吗?

为了判断 Java 中是否有内存泄漏，首先要了解 Java 是如何管理内存的。Java 的内存管理就是对象的分配和释放问题。在 Java 中，程序员需要通过关键字 new 为每个对象申请内存空间（基本类型除外），所有的对象都在堆（Heap）中分配空间。另外，对象的释放是由垃圾收集器决定和执行的。这种收支两条线的方法确实简化了程序员的工作。垃圾收集器为了能够正确释放对象，必须监控每一个对象的运行状态，包括对象的申请、引用、被引用、赋值等。监视对象状态是为了更加准确、及时地释放对象，而释放对象的前提就是该对象不再被其他对象所引用。

因此，Java 虚拟机会对内存进行管理，但垃圾回收的对象只能是不再被引用的对象，即 JVM 只能回收已经是“垃圾”的对象，至于分辨是不是“垃圾”，并不是虚拟机的责任。某些在业务逻辑上已经不再需要的对象，却在系统的某个地方仍然不经意地被引用，垃圾收集器就不能对这些对象进行垃圾回收。

在下面这个内存泄漏的例子中，循环申请 Object 对象，并将所申请的对象放入一个 HashMap 中。如果仅仅释放引用本身，那么 HashMap 仍然会引用该对象，说明该对象此时还不是“垃圾”，所以这个对象对垃圾收集器来说是不可回收的。因此，将对象加入 HashMap 后，必须从 HashMap 中删除，才能保证这个对象没有再被 HashMap 引用到。

```
HashMap mapobj = new HashMap();     //全局变量

public void myfun()
```

```
{
    String   obj1   =   new String("abcd");
    ...
    mapobj.put(obj1,obj1);
    ...
    obj1 = null; // 此时， obj1 所指向的原物理内存仍然不是垃圾对象。
                 // 因为变量 mapobj 仍然引用了这块 String 物理内存
}
```

提示：“不再引用”和“不再需要”是两个不同的概念。“不再引用”是从虚拟机的角度看对象，而“不再需要”是从“人”（程序员）的角度来看。不再需要的对象，只有在某些场合下清晰地告诉虚拟机，针对对象才会解除引用而变成垃圾。

JVM 可以自动进行垃圾回收，但只针对满足垃圾回收条件的对象。在写代码的过程中，内存泄漏往往是无意识造成的。系统中往往有些对象，对虚拟机来说是被引用的，但是对应用来讲，实际上已经不再有用了。这部分对象就需要程序员去保证垃圾回收条件的满足。

Java 的垃圾回收算法要做两件事情，首先检测出垃圾对象，其次回收垃圾对象所使用的堆空间。垃圾对象的检测是建立在一个根对象的集合，并且检查从这些根对象开始的可触及性基础上的。如果根对象和某个对象之间存在引用路径，则这个对象就是可触及的，对于程序来说，根对象总是可以访问到的。从这些根对象开始，任何可以被触及的对象都被标记为“活动”对象，那些无法触及的对象就被认为是垃圾。

如果系统中存在越来越多的不再影响程序未来执行的对象（程序不再使用这些对象），且这些对象和根对象之间又存在引用路径，那么内存泄漏就产生了。即对于不再需要的 Java 对象来说，由于继续被外部引用，导致虚拟机仍然认为这些对象不是垃圾，但程序却永远不会再用到它们。

内存泄漏常发生的场景如下。

（1）全局的容器类（如 HashMap, 或者自定义的容器类等），在对象不再需要时，忘记从容器中移除，这个对象就会仍然被 HashMap 等引用到，造成其不满足垃圾回收的条件，从而导致内存泄漏。特别要注意在抛出异常的时候，一定确保 remove 被执行到。

（2）像 Runnable 对象等被 Java 虚拟机自身管理的对象，并没有正确的释放渠道。Runnable 对象必须交给一个 Thread 去运行，否则该对象就永远不会消亡。因为这种对象虽然不会被应用程序中的其他用户对象访问，但是会被虚拟机内部引用。

```
import   java.util.*;
class TimePrinter implements Runnable {
    int pauseTime;
    String   name;
    public TimePrinter(int x, String n)  {
        pauseTime = x;
        name = n;
    }
    public void run() {
        System.out.println(name + " : " + new
Date(System.currentTimeMillis()));
    }
    static public void main(String args[]) {
        Thread t1 = new Thread(new TimePrinter(1000, "Fast Guy"));
        t1.start(); //只有该函数被调用,并且TimePrinter中的runnable执行完之后,
        //TimerPrinter 对象才能成为垃圾，在 start() 之前，
        // 该对象会被虚拟机中的内嵌对象所引用
        Thread t2 = new Thread(new TimePrinter(3000, "Slow Guy"));
        t2.start();
    }
}
```

Thread 类在 Java 中是一个比较特殊的类，TimePrinter (1000,"Fast Guy") 是 Thread 的构造参数。经过测试发现，必须执行完 Thread.start () 函数后，TimePrinter (1000,"Fast Guy") 才能成为垃圾。如果忘记调用 start (), 即使 t1 出了变量作用域，仍然会导致内存泄漏。当然这种行为方式不排除只有某些特定厂商的 JVM 才会表现出来。在使用过程中需要多加小心。

有时分配对象并不在代码中，但是由于代码的触发，当调用一个外部函数时，函数内部会分配内存，这种函数可能还会有一个配对函数来负责内存释放。如果配对函数忘记调用，也会发生内存泄漏，如打开一个文件后，如果不再使用该文件，就必须调用关闭文件的函数，否则就会造成内存泄漏[①]。

① 对于打开文件这种类型的操作所导致的泄漏，往往是在内存耗尽之前，文件句柄先超过操作系统对每个进程的最大限制而导致程序失效的。此处举这个例子尽管不是很恰当，但道理是一样的。

```
FileInputStream infile = FileInputStream("c:\\test.txt"); // 打开文件
int n = infile.read(buff); // 从文件读取数据
...
infile.close(); // 关闭文件和打开文件是一对配对函数，必须保证成对调用
// 如果遗漏 close() 调用，必然导致泄漏
```

提示： JVM 能够自动进行垃圾回收，但要保证是无用的对象，且没有被其他对象继续引用。内存泄漏往往是在无意识下发生的。对于 C/C++ 语言，程序员需要自己释放所有 new 出来的内存；对于 Java 语言，程序员需要清楚在什么场景下该做什么，因为系统中如果潜藏一个内存泄漏问题，就是致命的。

在进行深入讨论之前，先了解一下 Java 对象在内存中所占的大小。

3.1.1 Java 对象的 size（32 位平台）

在 32 位的平台中，Java 对象占用的大小如表 3-1 所示。

表 3-1 JRE 1.4.2 Windows 中对象的大小

类型	尺寸 (bytes)
java.lang.Object	8
java.lang.Float	16
java.lang.Double	16
java.lang.Integer	16
java.lang.Long	16
java.math.BigInteger	56 (*)

（1）在 32 位的平台中，一个对象引用占 4 字节[①]。这里要特别注意，对象引用也是一种数据类型，并且在 32 位平台中长度为 4 字节。

（2）Object 占 8 字节。

（3）对象的大小看起来都是 8 字节的倍数，这可能是基于字节对齐考虑的，对于余数不满 8 字节的，将自动延伸到 8 字节。

（4）数组的长度是数据元素的长度 +14 ± 2。

（5）Strings 的长度为内容的长度（每个字符 2 字节）+38 ± 2。

① 与 C/C++ 中的指针含义差不多。

（6）BigDecimal 和 BigInteger 的对象大小一般是变化的。这里仅列出一个在 long 的范围之内的整数值。

需要特别注意的是，对象引用也是一种数据类型，明白了这个概念，很多地方就很容易理解了。下面将继续讨论 Java 对象和 Java 对象引用。

3.1.2 Java 对象及其引用

在许多关于 Java 的书中，把对象和对象引用混为一谈。如果分不清对象与对象引用，就不能很好地理解 Java 的自动垃圾回收。为了便于说明，先定义一个简单的类。

```
class Person {
    String name;
    int age;
}
```

有了这个类，就可以用它来创建对象。

```
Person p1 = new Person ();
```

通常把上述语句的动作称为创建一个对象，其实，它包含了四个动作。

（1）右边的 new Person 表示在堆空间分配一块内存，创建一个 Person 类对象（简称 Person 对象），即用来存放 Person 内容的一块内存。

（2）末尾的 () 意味着在对象创建后，立即调用 Person 类的构造函数，对刚分配的内存进行初始化。构造函数是肯定有的，如果未定义，Java 会自动补上一个默认的构造函数。

（3）左边的 Person p1 表示创建了一个 Person 类引用变量（在 32 位系统下是 4 字节）。所谓 Person 类引用，就是可以用来指向 Person 对象的对象引用。

（4）操作符 = 表示使对象引用指向刚创建的那个 Person 对象。

上面代码所对应的内存分配如图 3-1 所示。

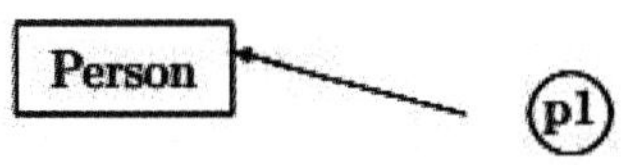

图 3-1 引用关系映射图（1）

从图中看出，Person p1 = new Person (); 分配了两块内存，一块是 Person 大小的内存（图中用矩形来标识），另一块是对象引用（4 字节，图中用圆圈来表示），该对象引用指向 Person 的内存，此时 Person 的内存正被一个地方引用。为了表达更为直观，图中使用圆圈表示对象引用，它实际上也是一块内存，长度等于机器的地址字长。

可以把这条语句拆成如下两部分。

```
Person p1;
p1 = new Person ();
```

它们的效果是一样的。这样写就比较清楚了，这里有两个实体：对象引用变量和对象本身。再增加如下语句。

```
Person p2;
```

这里又创建了一个对象引用。再增加如下语句。

```
p2 = p1;
```

这里发生了复制行为。但要说明的是，对象本身并没有被复制，被复制的只是对象引用。结果是,p2 也指向了 p1 所指向的对象。两个对象引用都指向了同一块内存。如图 3-2 所示。

此时 Person 对象被 p1 和 p2 两个对象引用所引用。用下句再创建一个对象。

```
p2 = new Person ();
```

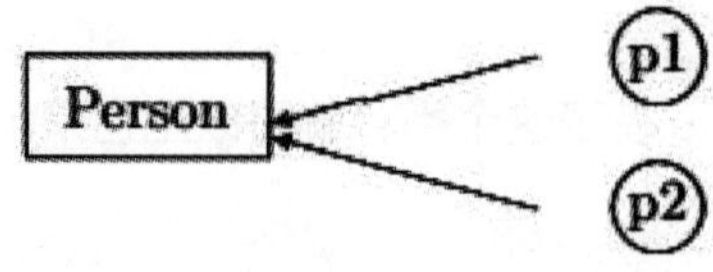

图 3-2　引用关系映射图（2）

则引用变量 p2 改为指向第二个对象，对应的内存映射如图 3-3 所示。

从以上叙述再推演下去，可以获得以下结论。

（1）一个对象引用可以指向 0 个或 1 个对象（当 =null 的时候，指向 0 个对象）。

（2）一个对象可以有 N 个引用指向它。

再使用下面的语句。

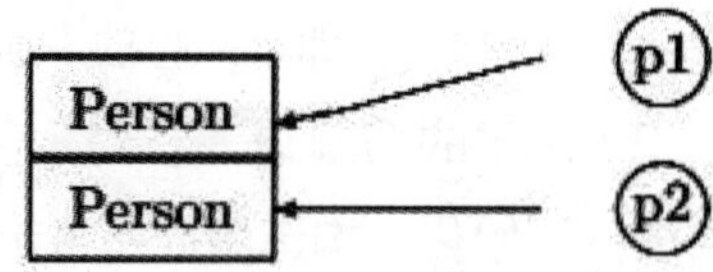

图 3-3　引用关系映射图（3）

```
p1 = p2;
```

对应的内存映射如图 3-4 所示。

按上面的推断，p1 也指向了第二个对象。这个没问题。问题是第一个对象呢？因为没有一个地方引用它，至此它成为一个“垃圾”，满足垃圾回收的前提条件。再看看下面单纯的语句会发生什么？

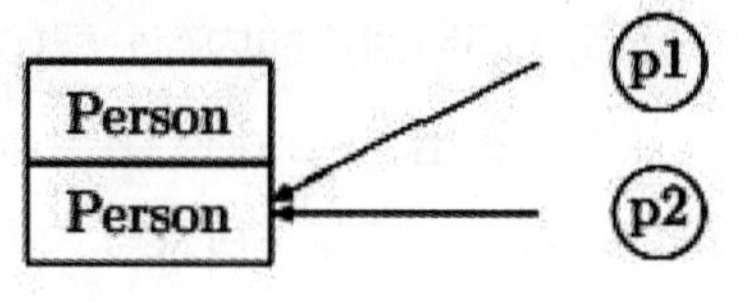

图 3-4　引用关系映射图（4）

```
new Person ();
```

它是合法且可用的。由于没有任何其他地方引用，一旦该构造函数执行完成，这个对象的生命周期也就结束了。这种对象称之为临时对象。

提示： 原子数据类型（如 int、long 等）没有对象引用，原子对象复制执行的是拷贝操作，而不是指向操作。如果需要当对象使用，则需要使用 Java 中对应的对象版本，如 Integer、Long 等。

一个对象可能被两种类型的引用所引用，一种是单纯的对象引用。在下面的代码中，p1 是一个单纯的对象引用。

```
Person p1 = new Person ()
```

另一种是另一个对象中的类成员变量引用。示例如下。

```
class MyClass{
    private int I;
    private Person person;
};

MyClass aa = new MyClass();
aa.person = new Person()
```

3.1.3　虚拟机自动垃圾回收机制

虚拟机的垃圾回收线程是从一组根对象开始遍历，沿着整个对象引用图（Reference Graph）上的每条连接，递归确定可到达（reachable）的对象。如果某个对象不能从至少一个根对象到达，则将它作为垃圾被回收。

在对象遍历阶段，虚拟机必须先记住哪些对象可以到达，以便删除不可到达的对象，这称为标记（marking）对象。再用虚拟机删除不可到达的对象。删除时，有些虚拟机垃圾回收的实现只是简单的扫描堆栈。删除未标记的对象，并释放它们的内存，这称为清除（sweeping）。

这种方法的问题在于内存会被分成好多碎片，而它们又不足以用于新的对象分配（不够一个对象的空间），但是组合起来却很大。因此，许多虚拟机可以重新组织内存中的对象，将对象移动到一个相对连续的空间，从而将碎片相应地集中起来，这称为压缩（compact），以形成连续的可利用的空间。Java 语言规范没有明确地说明 JVM 使用哪种垃圾回收算法，但是任何一种算法都包括以下两点。

（1）发现无用的信息对象。

（2）回收被无用对象占用的内存空间。

大多数垃圾回收算法都使用了根集（root set）这个概念，垃圾回收先要确定从根集开始哪些对象是可达的，哪些是不可达的。根集可达的对象都是活动的，它们不能作为垃圾被回收，这也包括从根集间接可达的对象。那些根集通过任意路径都不可达的对象，符合垃圾回收的条件，应该被回收。如图 3-5 所示，所有从根集开始不可达的对象就变成了垃圾（图中的灰色框）。

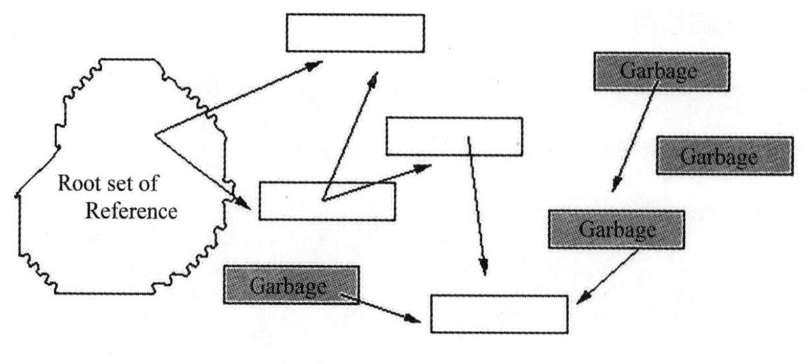

图 3-5　根集

Java 的根集对象具体包括以下两个方面。

（1）没有被任何外部对象引用的栈中对象，即系统内运行的所有线程分配在栈中的变量，该对象就是“根”，一旦线程运行到某个变量所在的作用域之外，那么该变量就变成了垃圾。如果线程还在作用域内运行，则该对象就是“根”；如果被其他对象引用，那么该对象不再是“根”，“根”变为它的上一级。具体哪个对象是“根”，依赖于垃圾回收那个时刻，每一个变量是否已经出了作用域。

（2）静态变量属于全局变量，在任何时候都是“根”对象。在如下代码中，变量 map 是静态变量，是一个“根”对象，永远都不会被回收。但对于 p1 对象，却要看垃圾回收的时刻正在运行的线程是否还在 p1 的作用域内。p1 的作用域是 fun1 () 函数，如果线程正在 fun1 () 函数内，那么 p1 就是一个“根”对象；如果在垃圾回收的时刻，正在运行的线程已经执行到了 fun2 () 函数，出了 p1 的作用域，此时 p1 就变成了垃圾。

```
class Person {
    String name;
    int age;
}

class RunBasicThread implements Runnable{
    static HashMap map = new HashMap();

    RunBasicThread() { }
```

```

    public void run()
    {
    fun1();
    fun2();
    }

    private  void  fun1(Person p)
    {
        Person  p1  =  new  Person();
    ...
        }

    private void fun2()
    {
        ...
    }

    public static void main(String[] args) {
        RunBasicThread bt = new RunBasicThread();

        // 创建一个独立的线程去执行
        new Thread(bt).start();
    }
}

```

3.1.4 告诉虚拟机不再需要这些内存

Java 虚拟机的自动垃圾回收只针对已经是垃圾的对象。但具体是不是垃圾，还需要用代码明确地告诉虚拟机，尽管并不是所有的地方都要这样做。

（1）作用域之内的对象没有被外部对象引用，那么该作用域内 new 出的对象只能被本作用域内的对象引用，不需要特别告诉虚拟机这块内存不需要。其代码如下。

```
class Person {
    String  name;
    int     age;
}

private  void  fun1()
```

```
{
    Person  p1  =  new  Person();
    ...
}
```

p1 所指向的对象没有被外部其他对象引用，因此当 fun1 () 执行完成，局部变量 p1 出了作用域之后，new Person () 所创建的对象就没有再被其他的地方所引用，因此该对象就变成了真正的垃圾。

（2）作用域之内 new 出的对象被外部长期对象（一种是静态全局变量，这种变量在整个程序生命周期都是一直有效的；另一种为永不退出线程中的栈对象）引用，此时如果不再需要该对象，则要手工写代码对告知虚拟机解除引用，虚拟机才会把它视为垃圾对象。

特别要注意的是容器类对象，它往往提供了某个函数，将一个对象放入一个容器对象中，同时提供了另一个函数将对象移除。例如，HashMap.put () 向 HashMap 中放入一个对象，实际上就是将该 HashMap 指向（引用）这个物理对象，同时 HashMap.remove () 是从该 HashMap 中删除的一个对象（该 HashMap 不再引用到该物理对象）。put 和 remove 二者一定是要配对出现，如果遗漏 remove () 调用，则必然造成被 put 对象引用，导致该对象无法得到回收，从而产生内存泄漏。只要是在函数内部 new 出的对象，并且没有被外部对象引用，都不需要关注对象生命周期，但是一旦被外部对象引用，就要特别小心了。

```
class Person {
    String   name;
    int age;
}

class MyClass{
    public static HashMap mapobj = new HashMap();   // 长期存在的全局变量
    private  void  fun1()
    {
        Person  p1  =  new  Person();
        mapobj.put("p1",p1);
        ...
    }
    }
```

当执行 fun1 () 函数时 Person 被引用，如图 3-6 所示。

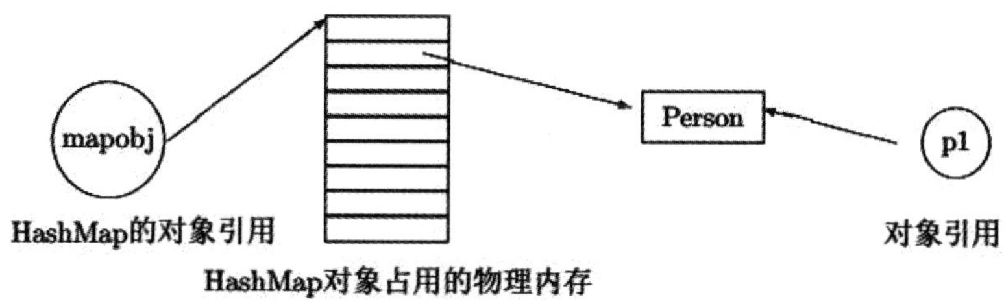

图 3-6　引用关系映射图（5）

当 fun1 () 函数执行完成时 Person 被引用，p1 由于作用域已经结束，因此不再存在，如图 3-7 所示。

图 3-7　引用关系映射图（6）

对象 Person 仍然被 mapobj 所指向的 HashMap 引用。该 HashMap 对象是 static 的，其生命周期是永久有效的。因此 Person 对象仍然不满足垃圾回收的条件，即到此位置，该对象还不是“垃圾”。如果该对象确实不再需要了，可通过手工调用 HashMap.remove () 方法将该对象从 HashMap 中删除，之后该对象不再被 HashMap 引用，该对象就变成了真正的垃圾。

（3）作用域之内 new 出的对象被外部暂态对象引用了，如果不再需要，并不需要用特别的代码通知虚拟机，这样会形成一个孤岛，整个孤岛就变成了垃圾。

```
class Person {
    String name;
    int age;
}

class MyClass{
    public HashMap mapobj = new HashMap();
    private void fun1()
    {
    Person p1 = new Person();
```

```
11        mapobj.put("p1",p1);
12        ...
13        }
14
15        private void fun2()
16        {
17            fun1();
18            mapobj = null; //mapobj 不再指向 new HashMap() 所创建的对象
19        }
20    }
```

上面的例子中，在 fun2 () 中调用了 fun1 (), 当执行 fun1 () 完成时 (第 17 行)，因尚未执行 mapobj = null (第 18 行)，Person 被引用，如图 3-8 所示。

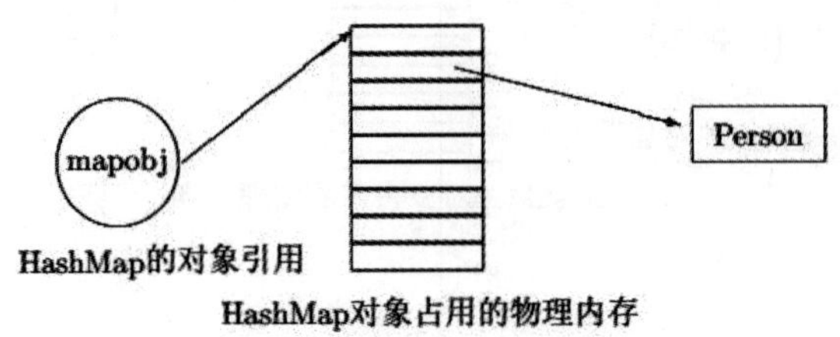

图 3-8　引用关系映射图（7）

当 fun2 () 执行完成 "mapobj = null;" (第 18 行) 之后，HashMap 尽管引用了 Person 内存，但由于 HashMap 对象自身已经不被任何外部对象引用，因此 HashMap 对象和 Person 对象二者形成了孤岛，是不可达的，整个孤岛变成了真正的垃圾，不再被任何对象引用，如图 3-9 所示。

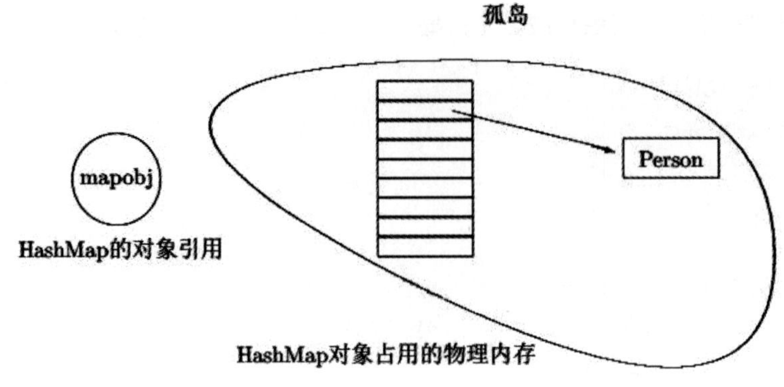

图 3-9　引用关系映射图（8）

以上就是 Java 垃圾回收的机制。在某些情况下，如果处理不得当，就会出现无用对象[①]无法回收的情况，也就是我们所说的内存泄漏，下面我们就介绍 Java 内存泄漏的症状和定位。

提示： 集合（Vector、Map、List 等）对象只添加但不删除元素，却在其他地方保持了对集合对象的引用，这是一种最常见的内存泄漏。

3.1.5 将对象设为 null 并不能避免内存泄漏

有的 Java 程序员认为通过将变量设为 null 就可以保证对象变为垃圾，从而避免内存泄漏，因此在代码中充斥了大量的“ojb=null;”这种代码。如果 obj 是局部变量，这种代码对解决内存泄漏没有任何价值，因为一旦该变量的作用域结束，自然不会被任何外部对象引用，从而成为垃圾。

如果本来就存在内存泄漏，即使增加了这种代码，内存泄漏仍会静静地待在那里。因此将局部变量引用设为 null 没有任何意义。通常不需要为了解决内存泄漏而特别地将一个对象引用设为 null。在解释这个问题之前，先介绍一下语句在运行期间会发生什么，如图 3-10 所示。

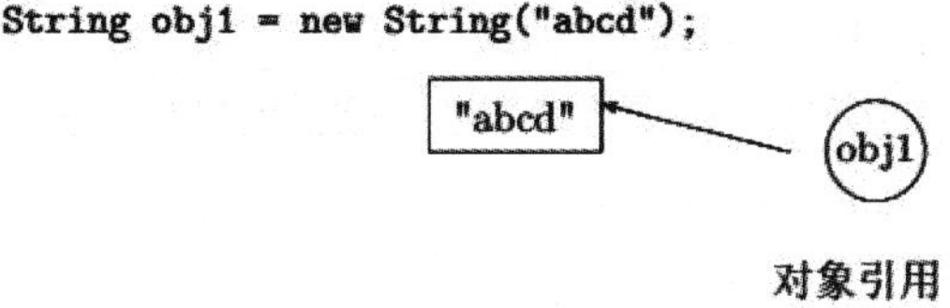

图 3-10　引用关系映射图（9）

上面的代码对虚拟机来说，可分为如下步骤。

（1）给 obj1 引用分配 4 字节（假设运行在 32 位的系统下），即引用本身也占用 4 字节。

（2）分配一块针对 String 类型的真物理内存，并使用“abcd”对该内存进行初始化。

（3）给 obj1 赋值，将它指向所分配 String 对象的真物理内存地址，也就是说该处内存被 obj1 引用，此时 String 对象的内存引用计数为 1。

---

① 这里所说的无用对象是指从业务逻辑上讲这个对象不会再被使用，但从虚拟机角度来看，它根本不是垃圾对象，因为它仍然被其他对象引用。

在 String obj1 = new String ("abcd "); 的代码中，最重要的是要清楚 obj1 是一个对象引用，该对象引用指向了使用 new 运算符分配的内存。这一行代码对虚拟机而言，实际上对应了两块内存的分配。

- obj1 对象引用的内存空间（32 位的系统下为 4 字节，64 位系统下为 8 字节）。
- 使用 new 操作符分配的内存空间。

具体代码如下。

```
HashMap mapobj = new HashMap();      //全局变量

public void myfun()
{
    String   obj1   =   new String("abcd");
    ......
    mapobj.put(obj1,obj1);
}
```

这段代码与其对应的对象之间的引用映射如图 3-11 所示，即 new String ("abcd ") 对应一块独立的内存，对象引用 obj1 指向这块内存，同时 HashMap 对象 mapobj 也指向这块内存。也就是说这块内存被两个地方引用。

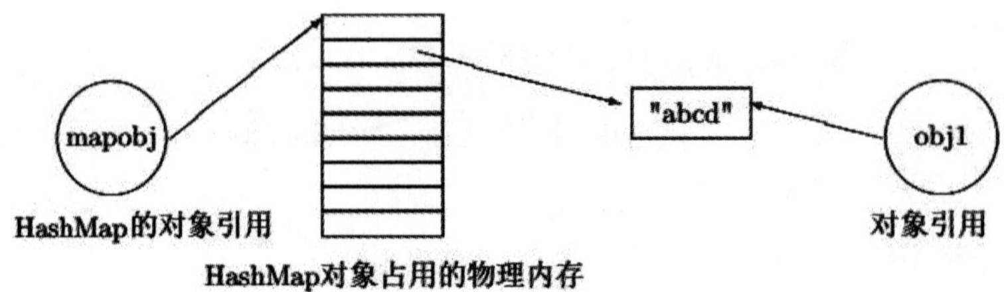

图 3-11　引用关系映射图（10）

如果增加一句 "obj1 = null; " 的语句，其代码如下。

```
HashMap mapobj = new HashMap();      //全局变量

public void myfun()
{
    String   obj1   =   new String("abcd");
    ...
    mapobj.put(obj1,obj1);
    ...
```

```
    obj1  =  null;
}
```

对应的引用如图 3–12 所示，obj1 指向 new String ("abcd ") 对应的引用已经断开，此时这块内存只被 mapobj 引用，至此这块内存由于仍然被引用，并不满足垃圾回收的条件。当执行 obj1=null 代码时，只是将 obj1 与矩形框对应的物理内存之间的引用断掉。obj1=null 起到的唯一作用是让 obj1 不指向任何内存。

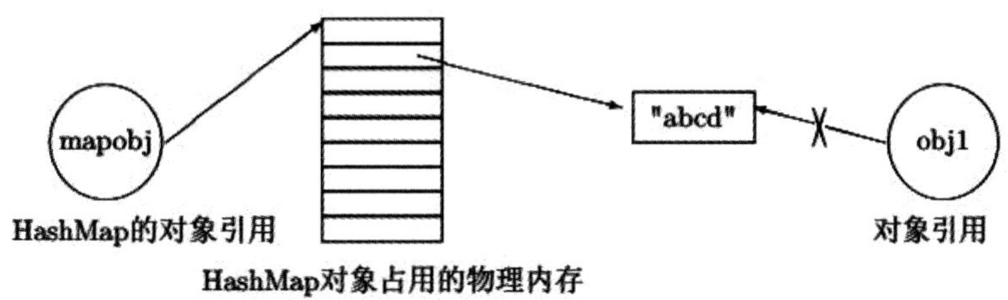

图 3–12　设为 null 的对象引用图

但该矩形框所表示的内存仍然被 HashMap 对象引用。因此在这种情况下，String 对象的对象引用并不等于零，JVM 不会认为这是一块待回收的垃圾内存。由于这里的代码很简单，程序员能轻松地发现问题，但在一些大系统中，代码的分散度大，内存泄漏的问题就难以发现了。

如果将代码中增加 “mapobj.remove (obj1);”，那么 new String ("abcd ") 对应的物理内存只能被 obj1 引用，当函数的作用域结束时，obj1 消失，不再引用该物理内存，此时这块物理内存就变成了垃圾。因此代码中是否有 “obj1=null;” 语句，对内存回收没有任何影响，如图 3–13 所示。

```
HashMap mapobj = new HashMap();     // 全局变量

public void myfun()
{
    String  obj1  =  new String("abcd");
    ...
    mapobj.put(obj1,obj1);
    ...
    mapobj.remove(obj1);
}
```

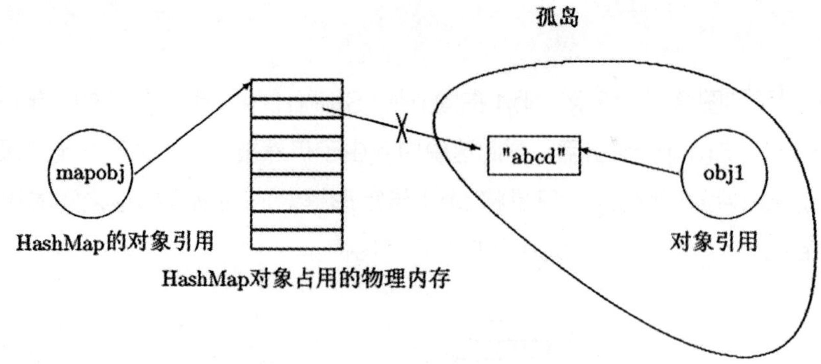

图 3-13　从 HashMap 移去对象的对象引用

当一个全局变量指向 HashMap 时，将该全局变量设为 null 后，HashMap 和引用的对象就会成为一个“孤岛”，最终会被全部释放，如图 3-14 所示。

```
HashMap mapobj = new HashMap();     // 全局变量

public void myfun()
{
    String   obj1   =   new String("abcd");
    ...
    mapobj.put(obj1,obj1);
    ...
    mapobj  = null;
}
```

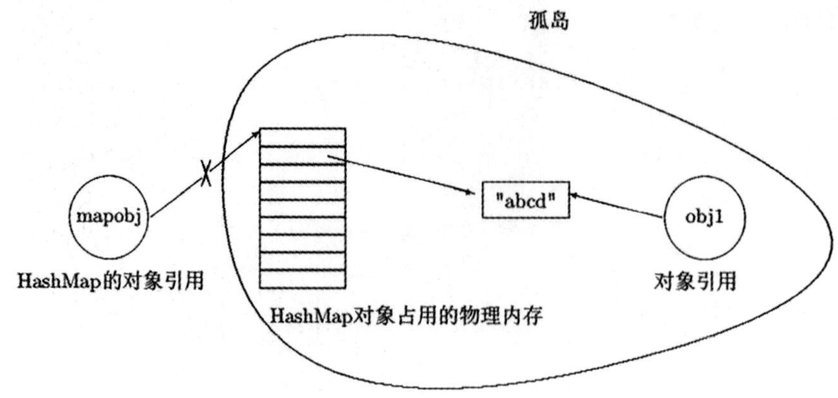

图 3-14　将指向 HashMap 对象的引用置空的对象引用

把一个引用设为 null 的动机往往是业务逻辑的需要，而不是释放内存的需要。如在下面 HashMap 的代码片断中“tab[i] = null;”是为了让 tab 不要指向任何对象，这个是业务逻辑的需要，而不是垃圾回收的需要。在 JDK 自带的代码中也可以发现，将一个引用设为 null 的，都是业务逻辑的需要，而非内存清理的需要。

```
HashMap.java
public void clear()  {
    modCount++;
    Entry[]  tab  =  table;
    for (int i = 0; i < tab.length; i++)
    tab[i]  =  null;
    size  = 0;
}
```

提示：将一个对象引用设为 null，是表示让该引用不指向任何其他物理内存，仅此而已。问问自己，是不是在潜意识里把对象引用当成它所指向对象的物理内存了呢？obj=null 是将 obj 对象（对象引用是一个特殊的对象，在 32 位系统下占用 4 字节）的值设为“空”，使它不再指向其他内存位置，而不是把对象引用所指向的物理内存清空。这种概念混淆造成了理解的错误。

3.1.6　JVM 内存类型

Java 进程内存是指整个 Java 进程占用的内存，等于 Java 堆内存 + Perm 内存 + 本地内存。在 32 位操作系统上，进程的寻址地址空间理论上最大可达到 4GB (2^{32})。从这 4GB 内存中，操作系统内核为自己保留一部分内存（通常为 1 ~ 2GB)，剩余内存可用于应用程序。Windows 缺省情况下，2GB 可用于应用程序，剩余 2GB 保留供内核使用。但是，在 Windows 的一些变化版本中，有一个 3GB 开关可用于改变该分配比率，使应用程序能够获得 3GB[1]。RH Linux AS 1 ~ 3GB 可用于应用程序，在 64 位的系统上，寻址空间要大很多。

（1）Java 堆内存是 JVM 用来分配 Java 对象的内存，即通过 -Xmx -Xms 设置的内存分配给 Java 对象。当执行一句 Java 分配对象的代码 new String () 时，就是从这块内存进行分配的。如果未指定最大堆的大小，那么该极限值由 JVM 根据计算机的物理内存量和该时刻的可用空闲内存量等因素来决定。建议始终指定最大的 Java 堆值。

① 有关 3GB 开关的详细信息，可参见 http://msdn.microsoft.com/library/default.asp?url=/library/en-us/ddtools/hh/ddtools/bootini_1fcj.asp

（2）Perm 内存（Permanent Generation space，内存的永久保存区域）是通过 -XX：PermSize 设置的内存，这块内存是虚拟机用来加载 class 字节码文件的内存。因为该类文件的数量是有限的，因此一般情况下这块内存在系统运行期比较固定，不会无限制地增加。但确实存在一些特殊情况，目前在有些面向方面（AOP：Aspect Oriented Programming）的编程中，会动态进行代码织入[①]操作，即系统在运行期间会修改或者增加字节码，这种情况下会导致类改变或者增加新的类，类需要重新加载。如果持续有新类产生，将会导致这块内存的增加，极端情况下，不排除 Perm 内存发生溢出的可能性。

（3）本地内存是 JVM 用于虚拟机内部运作的内存。JVM 使用的本地内存数量取决于 Java 用户代码创建的线程数量、对象引用管理的内存，以及 JIT 本地代码生成等过程中使用的临时内存空间。如果有一个第三方本地模块，那么它也可能使用本地内存，如本地 JDBC 驱动程序就会分配本地内存。最大本地内存量既受到特定操作系统上虚拟进程大小限制的约束，也受到用 -Xmx 标志指定用于 Java 堆的内存量限制。例如，如果操作系统允许应用程序最大为 3GB 的内存使用量[②]，并且 Java 堆 (-Xmx) 的大小设为 1GB，那么本地内存量的最大值可能在 2GB 左右。JVM 使用本地内存的组成如图 3-15 和图 3-16 所示。

- Java.exe 是用 C/C++ 写的程序，其运行过程中自然需要内存，包括加载一些动态库（如 dll、so 等）和 java.exe 运行过程中自己分配的内存。
- JNI 调用动态库使用的内存，即 JNI 中调用 new 或者 malloc 的内存等。

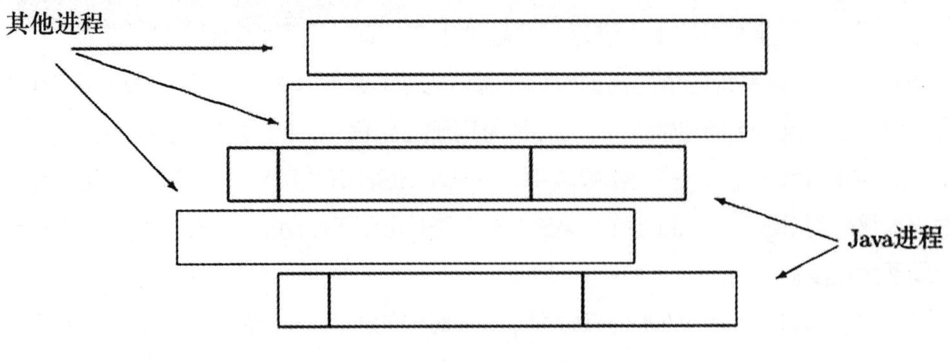

图 3-15　操作系统的进程

① 可参考 Aspectj 编译器的相关介绍。

② 操作系统对进程使用的最大内存许可在当今云化的场合下是很常见的，操作系统虚拟机（如 KVM、VMWare）都将内存使用作为一个容器的基本限制参数。

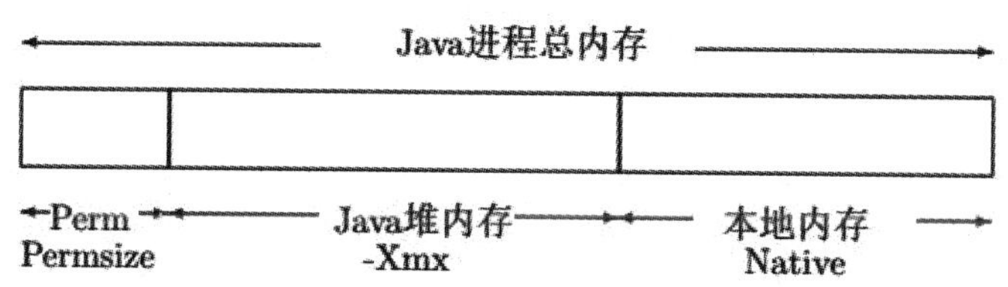

图 3-16　Java 进程的内存组成

其中 Java 堆内存可以通过命令行指定。

- 指定初使堆内存大小为 -Xms：<value>[k|m|g]。
- 指定最大堆内存大小为 -Xmx：<value>[k|m|g]。

其中 Perm 内存可以通过命令行指定。

- 指定初使 Perm 内存大小为 -XX：PermSize=<value>[k|m|g]。
- 指定最大 Perm 内存大小为 -XX：MaxPermSize=<value>[k|m|g]。

提示： Java 进程内存 =Java 堆内存 +Perm 内存 + 本地内存，其中堆内存和 Perm 内存都可以通过参数设置其大小。本地内存的大小是不需要设置的，就像传统的程序，内存的分配直接由操作系统从总内存中分配，需要多大就分配多大，除非超过了操作系统允许的最大值。

3.2 Java 内存泄漏的症状

3.2.1 发生 OOM（OutOfMemroy，内存泄漏）问题的原因

Java 使用的内存种类包含三种类型，它们都可能发生内存泄漏。

（1）堆内存不足。如果 JVM 不能在 Java 堆中获得更多内存来分配更多的 Java 对象，则会抛出 Java 堆内存不足（Java OOM）错误。如果 Java 堆充满了活动对象，并且 JVM 无法再扩展 Java 堆，那么它将不能分配更多 Java 对象。

（2）本地内存不足。如果 JVM 无法获得更多的本地内存，它将抛出本地内存不足（本地 OOM）错误。当进程用到的内存到达操作系统的最大限值，或者当计算机用完 RAM 和交换空间时，通常会发生这种情况。发生这种情况时，JVM 处于本地内存的 OOM 状态，此时虚拟机会打印相关信息并退出。通常情况下，JVM 收到 sigabort 信号时将会生成一个 core 文件。

（3）加载类字节码的 Perm 内存不足。当指定的 Permsize 不足以加载系统运行使用

的 .class 字节码文件时，就会发生 Perm 内存不足的错误。

导致 Java OOM 大多是应用程序的问题。应用程序可能在不断泄漏 Java 内存，或者应用程序因使用了更多的活动对象而需要更多 Java 堆内存。当系统发生内存溢出时，需要在应用程序中检查以下方面。

1. 应用程序中的缓存功能

如果应用程序在内存中缓存 Java 对象，则应确保此缓存并没有不断增大。对缓存中的对象数应有一个限值，可以尝试减少此限值，来观察其是否会降低 Java 堆内存使用量。

2. 大量的长期活动对象

如果应用程序中有长期活动对象，而且占用的内存比较大时，可以尝试尽可能减少这些对象的生存周期，或者通过更改设计来避免使用这种需要大量内存的长期对象[①]。

3. 堆内存泄漏

如果 Java 代码中存在内存泄漏，将导致堆内存 OOM，比如：向一个容器中（如 HashMap 等）持续插入对象，而遗漏了删除方法的调用，从而导致 Java 对象由于被引用而无法获得释放，最终导致堆内存耗尽。

4. 本地内存泄漏

本地内存泄漏导致的 OOM，一般原因有以下 3 种。

- 如果系统中存在 JNI 调用，本地内存泄漏可能存在于 JNI 代码中。
- JDK 的 Bug。
- 操作系统的 Bug。

3.2.2 Java 内存泄漏的症状

如果 Java 应用程序存在内存泄漏，其伴随的现象如下。

（1）系统越来越慢，并伴随 CPU 的使用率过高。这主要是因为随着内存的泄漏，可用的内存越来越少，会触发垃圾收集器越来越频繁地进行垃圾回收操作，每次耗时几秒，甚至几十秒，而垃圾回收是一个 CPU 密集型操作，频繁的 GC 就会导致 CPU 持续居高不下。在有内存泄漏的场合，到最后必然会出现 CPU 使用率几乎为 100% 的现象。

（2）系统运行一段时间后，抛出 OutOfMemory 异常，至此整个系统完全不工作。

（3）虚拟机 core dump。由于内存耗尽，有时虚拟机在报错之前就会异常退出。

① 如 EJB 容器中，为了避免这种可能大量存在的长期对象，采取了“钝化”技术。即设置一个阈值，一旦 EJB 的数量超过这个阈值，系统就会将不活跃的 EJB 对象从内存中持久化到数据库或者文件中，并从内存中将其删除，一旦该 EJB 被重新调用，那么就会再从磁盘中重新读入构造对象。

3.3 Java 内存泄漏的定位和分析

内存泄漏的分析过程并不复杂，但往往需要很大的耐心。因为对于内存泄漏只能等问题重现后才可以进行分析，在某些场合下，重现问题是非常考验耐心的。泄漏快的地方重现时间短，容易进行分析，反之，时间就长，就不容易进行分析。

对于正常流程造成的泄漏，相对来说用例容易构造，因此重现也比较容易。如果是异常流程下的泄漏，构造的用例往往难以“命中”。下面将结合三种类型的内存泄漏介绍其定位方法，具体包括堆内存泄漏、本地内存泄漏和 Perm 内存（永久内存）泄漏的定位方法（非 Java 代码导致的内存泄漏）。

3.3.1 堆内存泄漏的定位

当出现 java.lang.OutOfMemoryError：Java heap space 异常时，说明当前的堆内存不足，无法创建更多的 Java 对象。发生堆内存不足的原因如下。

（1）设置的堆内存太小，而系统运行需要的内存要超过这个设置值。使用 -Xmx 参数增加虚拟机最大堆内存的大小可以解决这个问题。

（2）Java 代码内存泄漏导致内存耗尽。这种情况属于代码的 Bug，不再使用的对象本应该被垃圾收集器识别为垃圾回收掉，但由于代码的 Bug，这些实际上无用的对象不能被标识为垃圾，导致占用了过多的内存，最后造成内存耗尽。

（3）由于设计原因导致系统需要过多的内存。如系统中过多地缓存了数据库中的数据，这属于设计问题，需要通过设计来减少内存的使用。

当内存泄漏不明显，或者怀疑系统有内存泄漏时，可以通过以下方法进行初步确认。首先在 Java 命令行中增加 -verbose：gc 参数，然后重新启动 Java 进程。在系统运行过程中，JVM 进行垃圾回收的同时，会将垃圾回收的日志打印出来，通过分析这些垃圾回收日志，就可以初步判断系统是否存在堆内存泄漏。垃圾回收的信息输出如下。

```
8190.813:  [GC  164675K->251016K(1277056K),  0.0117749 secs]
8190.825:  [Full  GC  251016K->164654K(1277056K),  0.8142190  secs]
8191.644:  [GC  164678K->251214K(1277248K),  0.0123627 secs]
8191.657:  [Full  GC  251214K->164661K(1277248K),  0.8135393  secs]
8192.478:  [GC  164700K->251285K(1277376K),  0.0130357 secs]
8192.491:  [Full  GC  251285K->164670K(1277376K),  0.8118171  secs]
8193.311:  [GC  164726K->251182K(1277568K),  0.0121369 secs]
8193.323 :  [Full  GC 251182K->164644K(1277568K), 0.8186925  secs]
8194.156:  [GC  164766K->251028K(1277760K),  0.0123415 secs]
8194.169:  [Full  GC  251028K->164660K(1277760K),  0.8144430  secs]
```

在这段垃圾回收日志中，每一项的含义如下。

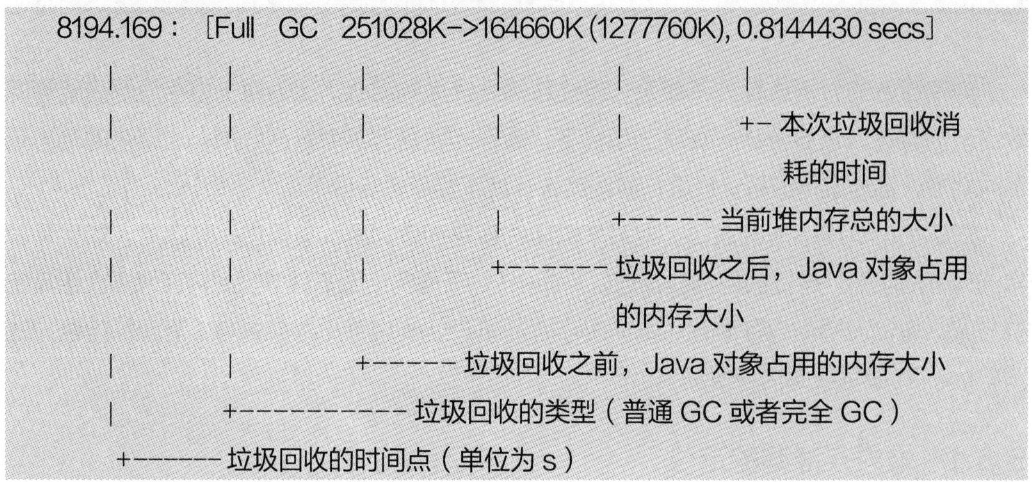

Java 虚拟机的垃圾回收有如下两种类型。

1. 普通 GC

在 GC 信息的输出中，[GC 164726K->251182K (1277568K), 0.0121369 secs] 的“GC”就代表普通 GC，它只回收部分垃圾对象，因此回收完毕后，系统中仍会存在大量的垃圾对象。这是 JVM 进行垃圾回收时，为避免过多影响性能而采取的折中方式。

2. 完全 GC（Full GC）

在 GC 信息的输出中，[Full GC 251285K->164670K (1277376K), 0.8118171secs] 的“Full GC”就代表完全 GC，表示系统彻底地将垃圾对象进行回收，回收完毕后，垃圾对象所占用的内存也得到了彻底的释放，此时系统中存在的对象都是真正在使用的活动对象，Java 内存真实地反映了 Java 对象所占用的内存的大小。

在分析系统是否存在内存泄漏时，应注意的是当时真正有用的对象所占用的内存大小。如果随着系统的运行，真正的 Java 对象所占用的内存越来越大，那么就基本上能够确认系统存在内存泄漏（此时要排除系统是否设计了大量的缓存）。因此在做内存泄漏分析时，只需要分析 Full GC 的行（非完全垃圾回收由于并没有将所有的垃圾都回收，因此对分析没有价值），举例说明如下。

```
[Full GC 251285K->164670K (1277376K), 0.8118171 secs]
```

● 251285K：完全垃圾回收之前 Java 对象占用的内存大小。这个值包含两部分，一部分是正在使用的 Java 对象占用的空间，另一部分是垃圾对象占用的空间。

● 164670K：完全垃圾回收之后 Java 对象占用的内存大小。这个值是真正活动的 Java 对象占用的内存。

- 1277376K：堆的设置最大值。
- 0.8118171 secs：本次完全垃圾回收占用的时间。

判断系统是否存在内存泄漏的依据是，如果系统存在内存泄漏，那么完全垃圾回收完之后的内存使用值应该持续上升。如果在现场能观察到这个现象，则说明系统存在内存泄漏。当怀疑一个系统存在内存泄漏时，首先使用 Full GC 信息对内存泄漏进行一个初步确认，只需检查完全垃圾回收后的内存使用值是否持续增长即可，其步骤如下[①]。

（1）截取系统稳态[②]运行以后的 GC 信息（如初始化已经完成，相应的缓存已经建立等）。这点非常重要，非稳态运行期的信息无分析价值，因为无法确认内存的增长是正常的增长，还是由于内存泄漏导致的非正常增长。

（2）过滤出 Full GC 的行。只有 Full GC 的行才具有分析价值。因为 Full GC 后的内存是当前 Java 对象真正使用的内存数量。一般系统会出现以下两种情况。

①如果当前完全垃圾回收后的内存持续增长[③]，大有一直增长到 Xmx 设定值的趋势，那么就可以断定系统存在内存泄漏。

②如果当前完全垃圾回收后内存增长到一个值后又产生回落，总体上处于一个动态平衡，那么可能是由于系统引入了缓存导致的周期性增长与回落，这种情况不存在内存泄漏。

通过对如上内存使用趋势分析，基本上就能确定系统是否存在堆内存泄漏。当然这种 GC 信息分析只能判断系统是否存在堆内存泄漏，却无法进行泄漏定位。关于内存泄漏的精确定位，只要借助如下工具 / 手段之一就可以找到真正导致内存泄漏的类或者对象。

- JProfiler。
- OptimizeIt。
- JProbe。
- JConsole。
- -Xrunhprof（详见 runhprof 使用）。
- JDK1.6 自带工具。
- 其他工具，如 MDD4J、BEA JRockit 虚拟机自带分析工具等。

---

① 有一些 GC 分析工具，如 gcviewer 等可以对这些 GC 输出进行分析，结果更加直观。不过其隐藏在背后的原理和手工分析是相同的。

② 理论上不应该再有内存增长。

③ 需要特别注意的是，如果垃圾回收前的值一直增长，这本身不是问题，从垃圾收集信息来看，垃圾回收之前的值总是逐渐接近设定的堆内存最大值的。有时堆内存设置得很大，这是由 JVM 启动垃圾回收的时间点来决定的，当 -Xmx 设置得很大时，JVM 启动垃圾回收的时间点也要晚一些。

这些工具从 JVM 获得系统内存信息的方法有 JVMTI 和字节码技术（byte code instrumentation）两种。Java 虚拟机工具接口（Java Virtual Machine Tools Interface，JVMTI）及其前身 Java 虚拟机监视程序接口（Java Virtual Machine Profiling Interface，JVMPI）是外部工具与 JVM 通信并从 JVM 收集信息的标准化接口。字节码技术是指使用探测器处理字节码以获得工具所需信息的技术。

对于内存泄漏检测来说，这两种技术的缺点使它们不太适合用于生产环境。

①侵入性非常强，可造成巨大的内存和 CPU 占用开销。有关堆使用量的信息必须以某种方式从 JVM 导出，并收集到工具中进行处理。这意味着要为工具分配内存，该信息的导出对 JVM 的性能影响极大。

目前存在一些更好的分析工具，如 JRockit Memory Leak Detector、SUN JDK1.6 自带的一些命令行选项等，通过将对象数量分析内置到虚拟机中，把内存的使用情况直接附着（piggyback）在垃圾收集器上进行，对系统的性能影响相对小些。

②只要 JVM 是使用 -Xmanagement 选项（允许通过远程 JMX 接口监控和管理 JVM）启动的，Memory Leak Detector 就可以与运行中的 JVM 进行连接或断开。当该工具断开时，不会有任何东西遗留在 JVM 中，JVM 又将全速运行代码，正如工具连接之前一样。同样的，JConsole 是 SUN JDK 自带的分析工具，挂接该工具后，对系统的影响也很小。

尽管选用的工具不同，但分析思路是相同的。这里仅介绍内存泄漏精确分析的通用思路。进行内存泄漏精确定位的步骤如下（JProfiler 使用可详见附录 A）。

（1）系统稳定运行一段时间后，按照业务逻辑来讲，不应该再有大的内存需求波动，系统达到动态稳定。

（2）单击工具条上的垃圾回收按钮后，再立即单击 mark 按钮，可对当前对象的真实数量进行 mark。

（3）等待一段时间（如一个小时，或者一个晚上）。

（4）单击工具条上的垃圾回收按钮，检查是否有大量的对象增加，将增加最大的那些对象挑出来，确定其可疑范围。

（5）结合源代码，查看这些可疑对象是否被外部引用了。

在查找哪个对象有泄漏时，最重要的是重现问题。问题的重现主要依赖于有效的测试用例，也就是测试用例必须能触发内存泄漏，然后才能进行分析。关于内存泄漏的问题，越容易重现越容易定位，泄漏越快越容易定位。

反之，如果绝大多时间在等待问题的出现，定位起来也会需要更长的时间。如果是

Web 程序，可以借助 LoadRunner 工具进行压力测试模拟；如果是纯 Java 应用代码，就要自己编写测试用例进行模拟。使用 JProfiler 等工具进行精确内存分析的过程中，可以同时将 -verbose：gc 开关打开，观察内存的使用情况。当内存的使用接近 -Xmx 设置的值时，即可挂上分析工具开始进行内存泄漏分析。

根据经验，一旦内存的使用量接近最大的堆内存，系统就非常容易 core dump，此时一切的重现努力就会付之东流。同时，在使用 JProfiler 等内存工具进行分析的时候，如果 Java 对象的内存特征不明显，找不到很明显的嫌疑对象，那么可以让系统多运行一段时间，嫌疑对象的特征就会越来越明显，因为它的 diff 值会和正常的对象差别越来越大，直到现形。

找到内存泄漏的对象之后，下一步就要结合源代码进行分析，是什么代码造成了对象的泄漏。具体的定位思路如下：通过 JProfiler 找到泄漏对象的内存分配点，再根据内存分配点查找代码，判断该对象是否需要手工进行释放。

提示： 由于 JProfiler 等工具一旦启动，将消耗大量的 CPU 和内存，因此找一台性能好的计算机（更大的内存和更好的 CPU），能极大地节约时间，否则系统极容易 core dump，而使好不容易重现的努力付之东流。

在 JProfiler 或者 OptimizeIt 等内存剖析工具中，发现可能存在多个类的对象存在泄漏时，这种现象又分为两种可能。

（1）从内存分析工具中看，尽管泄漏的对象不止一个类，但可能系统只存在一处内存泄漏，即只有一个类的对象有泄漏问题，由于这个类的对象引用了其他类的对象，而造成被引用的对象也泄漏了，此时要在泄漏的源头进行消除，问题即可解决。

（2）系统存在不止一处内存泄漏。此时就要耐心地一处一处进行分析定位。

另外，上面介绍的方法适用于常态下的内存泄漏，即系统一旦运行，就会有缓慢的内存泄漏，这种情况下通过 JProfiler 工具等在实验室中很快就能重现。但如果在常态下无内存泄漏，只有在特定条件下才有内存泄漏的时候，由于不容易构造重现条件（或者不容易想到），因此在实验室中也许根本无法重现问题，也就无法解决问题定位了。

有时系统在实验室中运行时，无论如何测试也没有内存泄漏，但在真实环境中运行时，内存泄漏就会冒出来，这时往往没有条件现场挂上 JProfiler 等分析工具（现场不允许操作，或者由于 JProfile 等带来的性能急剧下降，现场无法接受），因此在这种情况下，就需要找到一个更有效的定位手段。JDK1.6 或者更新的 JDK 版本提供了一系列有效的运行期选项，借助这些运行期选项，只要问题一旦重现，马上就可以将分析信息转储出来。

3.3.2 本地内存泄漏的定位

本地内存泄漏的表现是，从 GC 信息输出来看，不存在 Java 堆内存的泄漏，但使用内存工具（如 windows 下的资源管理器、UNIX 下的 prstat 等）发现 Java 进程的总内存越来越大，并且无停止增长的迹象[①]，直到整个系统崩溃。如果是本地内存泄漏，定位起来相对比堆内存的问题定位要复杂一些。本地内存泄漏的原因如下。

（1）如果系统中存在 JNI 调用，本地内存泄漏可能存在于 JNI 代码中。

（2）JDK 的 Bug。

（3）操作系统的 Bug。

如果 JNI 中存在内存泄漏，那么通过 C/C++ 的内存泄漏分析方法可以进行定位（结合 pmap 等进行初步确认）。如果 JNI 中不存在内存泄漏，那么更新 JDK 版本，通过排除法逐步确认问题所在。

另外，本地内存泄漏可能还会引发如下异常：java.lang.OutOfMemoryError: unable to cre- ate new native thread，其代码如下。

```
Exception in thread "main" java.lang.OutOfMemoryError: unable to create
new  native thread
at  java.lang.Thread.start0(Native Method)
at  java.lang.Thread.start(Thread.java:574)
at  TestThread.main(TestThread.java:34)
```

出现这个异常，不是由于堆内存泄漏造成的内存不足，往往是创建的线程过多或者堆内存设置过大导致。当在 Java 中创建一个 Java 线程的时候，同时也创建了一个操作系统的线程，而实际工作的是这个操作系统的线程，Java 中的线程只是虚拟的。操作系统创建的线程对象是在本地内存上创建的，如果由于某些原因，本地内存不足就会造成上面提到的异常。造成这个问题的原因如下。

（1）系统当前有过多的线程，操作系统无法再创建更多的线程。打印线程堆栈，查看总的线程数量，通过分析线程堆栈很容易分析出造成这个状况的原因。

- 系统创建的线程被阻塞或者死锁，导致系统中的线程越来越多，直到超过最大限制。
- 操作系统自身能创建的线程数量太少。其原因和解决方法如下。

① HP 安腾。缺省情况下，一个进程创建最大的线程数为 256, 可用通过 sam 命令修改内核参数。

---

① Java 虚拟机一旦启动，通过进程的内存查看工具会发现，在很长的时间内，Java 进程的总内存一直在增长。这个现象本身不一定是问题，此时需要多观察一段时间，如果到了某个点增长停止，那么说明这个不是问题；如果永无停止，那就说明系统存在内存溢出的问题。

② 2.4 内核的 Linux。如 Suse8, 内核不支持线程，通过进程模拟线程，资源消耗非常大，一般最大只能创建 300 个线程，最好通过升级操作系统来解决问题。当然通过 -Xss 行将每个线程堆栈的尺寸设小，也可以稍稍增大线程的数量限制[①]。

（2）swap 分区不足。一般情况下，交换分区要设到 8G 到 16G 比较安全。

（3）在 32 位的系统下，过大的堆内存设置导致本地内存不足。在 32 位的操作系统下，每个进程理论上的最大地址空间是 4G (2^{32})，但由于操作系统内存管理的原因，每个进程的最大地址空间远远小于这个理论值，一般情况在 2G 左右（不同的操作系统下这个值会稍有不同）。从 Java 程序员的角度来看，这 2G 左右的空间包含内容如下。

- 堆内存：Java 虚拟机为 Java 对象（Java 代码中通过 new 操作符创建的对象）预留[②]的空间。这块内存通过 -Xmx 和 -Xms 指定。
- Perm 内存：Java 虚拟机为加载 class 预留的空间，这块空间通过 -XX：PermSize 指定。
- 本地内存：Java 虚拟机本身是 C/C++ 语言写的，运行期间自然也需要内存。另外，如果系统中有 JNI 调用，那么 Native 代码中使用的内存也是这块，但这块内存没有参数进行指定。

这三块内存中，其中 Java 堆内存可以通过 -Xms 和 -Xmx 设置（最小和最大值），Perm 内存可以通过 -XX:PermSize 和 -XX:MaxPermSize 来设置，这两块内存设置后，虚拟机会自动将给二者的内存预留出来。如果二者相加之和过大，那么势必会挤压 Native 的大小（因为三者加起来不能超过整个进程总的内存极限，即上面所说的 2G 左右），在这种情况下，Native 内存不足，系统也会抛出 OutOfMemory 的错误。这就是为什么在实际环境中，这两个可设的值并不是设得越大越好。由于 Xmx 或者 PermSize 设置太大，导致 Native 本地内存的大小受到挤压，其解决方法如下。

①减少 Xmx 或者 PermSize 的设置。

②如果系统需要的堆内存确实很大，无法减少 Xmx 的设置，可以通过设置 -Xss 强行将每个线程堆栈的尺寸设小，一旦线程堆栈过长，则自动截断，从而使线程堆栈占用的内存不会过度膨胀。但这个效果往往有限的。

在 64 位的系统下，进程的地址空间就要大得多，只要系统有足够大的物理内存，基本上不用考虑最大内存的因素。

---

① 2.6 内核的 Linux 创建线程数量的相关内容请参考附录 H。

② 关于 Java 中的内存区域细节请参考 3.1.6 节。

3.3.3 Perm 内存泄漏的精确定位

出现 java.lang.OutOfMemoryError: PermGen space 异常，说明虚拟机的 Perm 内存（永久区内存）不足。PermGen space（Permanent Generationspace，内存的永久保存区域[①]）被 JVM 用于存放 Class 和 Meta 的信息，这些信息一经载入就很少发生变化。Class 就属于这种类型的数据，当 Class 在被加载时就会被放到 PermGen space 中。它和存放类实例（Instance）的 Heap 区域不同，GC 不会在主程序运行期对 PermGen space 进行清理，所以如果应用中有很多 Class 的话，就很可能出现 PermGen space 错误，这种错误常在 Web 服务器对 JSP 进行预编译的时候发生。

如果 Web App 下使用了大量的第三方 jar，其大小超过了 jvm 默认的大小（4M），那么就会产生此错误信息了。通过手动设置 MaxPermSize 大小可以解决这个问题，如修改 -XX: PermSize=64M 为 -XX: MaxPermSize=128M（但是不要设置太大，否则会挤压本地内存的空间，经过几次测试后，没有问题基本上就可以用了）。

Java 支持动态修改类和动态生成类，如果使用不恰当，就会导致 Java 虚拟机装载越来越多的类，最终造成 Perm 内存耗尽。通过在启动命令行中增加 - verbase: class，可以查到具体虚拟机所加载的类。示例如下。

```
java -verbose:class -classpath . MyPackage.ThreadTest
[Opened C:\Program  Files\Java\jdk1.5.0_12\jre\lib\rt.jar]
[Opened C:\Program Files\Java\jdk1.5.0_12\jre\lib\jsse.jar]
[Opened C:\Program Files\Java\jdk1.5.0_12\jre\lib\jce.jar]
[Opened C:\Program Files\Java\jdk1.5.0_12\jre\lib\charsets.jar]
[Loaded java.lang.Object from shared objects  file]
[Loaded java.io.Serializable from shared objects file]
[Loaded java.lang.Comparable from shared objects file]
[Loaded java.lang.ThreadDeath from shared objects file]
[Loaded java.lang.Exception from shared objects file]
[Loaded java.lang.RuntimeException from shared objects file]
[Loaded java.security.ProtectionDomain from shared objects file]
[Loaded java.security.AccessControlContext from shared objects file]
[Loaded java.lang.ClassNotFoundException from shared objects file]
[Loaded java.lang.LinkageError from shared objects  file]
```

如果系统持续不断地打印正在加载某些类，就需要多关注一下了。

另外，有一些 JDK 可以禁止 Class 的 GC，如 SUN JDK 的命令行选项为 -noclassgc,

① 关于 Java 中内存区域细节的相关内容请参考 3.1.6 节。

如果在启动命令行中增加了该选项，那么系统在运行期间就不会做 Class 的 GC。这在一般情况下不会有问题，毕竟系统的 class 数量有限。

需要特别注意的是，目前随着依赖注入等技术的广泛使用，代码中可能大量地使用了反射技术。在反射过程中，会有一些新的类被动态创建出来。如果系统中频繁地有新的类被动态创建出来，并且又禁止了 class 的 GC，此时就很容易导致永久内存区溢出。比如，当代码中有通过发射机制进行方法调用时，虚拟机就会自动创建一个新的类。

```
MyClass.class.getMethod ( "foo ",null).invoke (null,null);
```

在反射过程，对于普通的方法，JVM 会动态产生的类如下。

```
sun.reflect.GeneratedMethodAccessorN (N 是一个数字)
```

如果反射的是构造函数，那么 JVM 会动态产生的类如下。

```
sun.reflect.GeneratedConstructorAccessorN (N 是一个数字)。
```

通过在命令行中增加 -verbose：class 可以观察到 class 的输出[①]如下。

```
[Loaded sun.reflect.GeneratedMethodAccessor551 from JVM_DefineClass ]
[Loaded sun.reflect.GeneratedMethodAccessor566 from JVM_DefineClass ]
[Loaded sun.reflect.GeneratedMethodAccessor567 from JVM_DefineClass ]
[Loaded sun.reflect.GeneratedMethodAccessor570 from JVM_DefineClass ]
[Loaded sun.reflect.GeneratedMethodAccessor571 from JVM_DefineClass ]
[Loaded sun.reflect.GeneratedMethodAccessor572 from JVM_DefineClass ]
[Loaded sun.reflect.GeneratedMethodAccessor573 from JVM_DefineClass ]
[Loaded sun.reflect.GeneratedMethodAccessor574 from JVM_DefineClass ]
[Loaded sun.reflect.GeneratedMethodAccessor585 from  JVM_DefineClass ]
```

如果系统的代码中存在这种用法，在命令行中最好不要加 -noclassgc 选项，因为加上这个选项后，势必需要更大的永久内存，很容易造成永久内存区溢出。如果将 -noclassgc 从命令行中删除，那么从 class 的输出中可以看到这些类也会被卸载。

```
[Unloading class sun.reflect.GeneratedMethodAccessor570]
[Unloading class sun.reflect.GeneratedMethodAccessor565]
[Unloading class sun.reflect.GeneratedMethodAccessor551]
[Unloading class sun.reflect.GeneratedMethodAccessor566]
[Unloading class sun.reflect.GeneratedMethodAccessor567]
[Unloading class sun.reflect.GeneratedMethodAccessor585]
```

① 不同的 JDK，输出可能有一些差异。

3.3.4 真实环境下内存泄漏的定位（生僻场合下内存泄漏的定位）

如果内存泄漏的位置比较隐蔽，正常的测试用例无法覆盖，那么在实验室往往难以发现。另外，对于非常缓慢的内存泄漏，也是很难观察出来的。在这些情况下，只能依赖于真实环境下的重现（要想找到问题的根源，只能在真实环境下再发生一次事故，这是没办法的事）。在 SUN 的 JDK[①] 下，可以采用收集内存分配数据进行分析，其方式如下。

（1）jmap -histo <java pid> > objhist.log，可以打印当前对象的个数和大小。

（2）如果系统已经出现 OutOfMemory 异常并停止工作，可以通过 jmap -heap：format=b <java pid> 获取内存信息。

（3）在启动期间增加 -XX：+HeapDumpOnOutOfMemoryError -XX：HeapDumpPath= "具体的路径"，当系统一旦 OutOfMemory 后，就会将内存信息和堆信息收集下来。

在 IBM 的 JDK 下，可以进行 kill -3 <pid> 打印堆转储（heap dump）和线程转储（thread dump），设置环境变量如下。

```
export IBM_HEAP_DUMP=true
export IBM_HEAPDUMP=true
export IBM_HEAPDUMP_OUTOFMEMORY=true
export IBM_JAVACORE_OUTOFMEMORY=true
export IBM_JAVA_HEAPDUMP_TEXT=true
```

然后再通过 Heap Analysis 工具对堆输出文件进行分析[②]。

3.4 Java 堆内存泄漏的解决

本地内存泄漏和 Perm 内存泄漏通过修改 Java 运行期参数，可以得到解决。本节将着重介绍堆内存泄漏的发生原因和解决方法。

堆内存泄漏是由于已经无用的对象仍然被其他对象引用造成的，只有从最根部清除引用才能解决内存泄漏的问题。简单说，就是要将指向第一级无用对象的引用清除。通常，处理一处内存泄漏的问题仅需一两行代码就可解决，找出根因是问题的关键。常见的内存泄漏代码如下。

（1）全局变量（特别是容器类）引用了一个对象，在不需要的时候没有被释放。特别是有的函数要成对出现，如 HashMap.put () 和 HashMap.remove ()。如果把一个对象

---

① 只有在 JDK1.5 之上的 JDK 才会支持。

② 该工具可以从 http://www.alphaworks.ibm.com/tech/heapanalyzer 下载。

引用放入一个全局的 HashMap 中，在不需要的时候，没有从 HashMap 中移除，就会造成一个泄漏。

（2）虽然正常情况对象进行了释放，但是在异常情况下，由于释放代码没有被执行，从而导致缓慢的内存泄漏发生。这种只有在异常情况下才会导致的内存泄漏一般比较隐蔽，在实验室中往往会因为难以模拟而被忽略。如果系统在生产环境下运行出现缓慢的内存泄漏，那么这种情况的可能性就比较大，其典型场景的代码如下。

```
HashMap.put(key,myoject);
...     //其他可能抛出异常的代码
HashMap.remove(key);    //由于上面的异常，导致这句关键代码没有被执行
```

应该修改为如下代码，系统才会更加健壮。

```
try{
    HashMap.put(key,myoject);
    ...     //其他可能抛出异常的代码
}
catch(MyException e){ //自定义的异常
    ...
}finally{    //通过 finally，确保任何异常下，资源清理代码都会得到执行
    ...     //资源清理代码
    HashMap.remove(key);
}
```

或者做如下修改。

```
try{
    HashMap.put(key,myoject);
    ...     //其他可能抛出异常的代码
}
catch(Throwable t){
    HashMap.remove(key);    //在任何异常情况下，资源清理代码都会得到执行
}
```

（3）虽然 runnable 类型的对象被 new 了，但是没有按照正常的逻辑提交给线程去执行。runnable 这种特殊对象一旦被 new 出来，就会被虚拟机自身所引用，尽管用户代码中没有显式引用[①]。

① 可尝试将被 new 的 runnable 对象不提交给线程执行，就会发现该对象尽管没有被任何 Java 代码引用，但是仍然永远不能被回收。如果提交这个 runnable 对象给一个线程去执行，执行完成后，虚拟机会自动回收该垃圾对象。

3.5 Java 内存和垃圾的回收设置

虚拟机提供了一系列内存和垃圾回收的命令行选项，本节将介绍相关选项的内容。

3.5.1 堆内存的设置原则

启动命令行，一般会通过 -Xmx 和 -Xms 对堆内存进行设置。堆内存一定要根据应用和环境的实际情况来设置。如果堆内存设置太小就会造成问题，具体内容如下。

（1）堆内存设置太小，很多的 CPU 时间片被用于垃圾回收，导致频繁 GC，造成 CPU 使用率过高，浪费了很多 CPU 时间片。严重的时候，会导致性能几倍或者几十倍的下降。

```
8190.813:  [GC  164675K->251016K(1277056K),  0.0117749 secs]
8190.825:  [Full  GC  251016K->164654K(1277056K),  0.8142190  secs]
8191.644:  [GC  164678K->251214K(1277248K),  0.0123627 secs]
8191.657:  [Full  GC  251214K->164661K(1277248K),  0.8135393  secs]
8192.478:  [GC  164700K->251285K(1277376K),  0.0130357 secs]
8192.491:  [Full  GC  251285K->164670K(1277376K),  0.8118171  secs]
8193.311:  [GC  164726K->251182K(1277568K),  0.0121369 secs]
8193.323 :  [Full  GC 251182K->164644K(1277568K), 0.8186925  secs]
8194.156:  [GC  164766K->251028K(1277760K),  0.0123415 secs]
8194.169:  [Full  GC  251028K->164660K(1277760K),  0.8144430  secs]
```

从 GC 输出中看出，大约每 1s 左右发生一次 Full GC，说明系统可用内存不多导致频繁 GC。通过加大 Xmx 可以避免频繁 Full GC。

（2）出现 OutOfMemory 的情况。堆内存设置过小，正常的内存分配也无法满足，造成事实的内存不足。

（3）堆内存设置太大。在 32 位 JDK 下也会导致本地内存不足。

3.5.2 在 32 位系统下设置堆内存

理论上，32 位组成的数字最大为 2^{32}，即 4G，因此在 32 位的机器上，其地址最大能指向 4G 的位置，即在 32 位操作系统下理论上的寻址空间是 4G。在这种机器下，即便安装了更多的物理内存，由于地址字长的限制，系统也是无法访问到它们的。也就是说，机器即使安装了更多的物理内存，实际上最终被用到的内存最大也是 4G，其他的内存都是无用的。因此我们说 32 位的系统下，一个进程最大能使用的内存理论上是 4G。

这里往往有一个思维直觉误区，如果每个进程都可以使用 4G 内存，那么是不是 2 个进程就可以使用 8G 内存，3 个进程就可以使用 12G 内存呢？这种直觉是错误的。由于字长的限制，系统在任何时候都无法访问到 4G 之外的内存，这里跟进程的个数没有关系。即使进程多了，将所有这些进程加起来也只能使用 4G 内存。

这点从汇编语言的角度更容易理解一些。以下以汇编语言的直接寻址为例。

```
mov ax [ 直接地址 ]
[ 直接地址 ] 是 32 位长的一个数字，它最大只能指向 4G 的位置
```

注意，上面所说的是“理论上”，实际上由于操作系统内存管理的实现，对进程来讲，并不意味着可以占用到 4G 内存，一般情况在 2G 左右。超出了这个限制，就会导致内存分配的失败。各种操作系统中进程的最大地址空间如表 3-2[①] 所示。

表 3-2　各种操作系统中进程的最大地址空间

操 作 系 统	进程的最大地址空间
Redhat Linux 32 bit	2 GB
早期的 Redhat Linux 64 bit	3 GB
Windows 98/2000/NT/Me/XP	2 GB
Solaris x86 (32 bit)	4 GB
Solaris　32 bit	4 GB
Solaris　64 bit	Terabytes

如果在 64 位的操作系统中安装 32 位的应用程序，情况会怎么样呢？答案是以最小的为准。32 位的应用程序由于自身的字长限制，最大只能使用 4G 内存。

在 64 位的操作系统环境下，只要机器有足够大的物理内存，堆内存的大小几乎没有限制（2^{64}）。但在 32 位的环境下[②]，其限制如下。

- 正常的 Windows 最大可以设置约 1.5G 的堆内存。
- 使用 /3G 启动的 Windows 最大可设置约 2.8G 的堆内存。
- 有大内存支持的 Linux 最大可设置约 2.8G 的堆内存。

提示： 英特尔的 CPU 支持物理地址扩展（PAE），32 位的操作系统可以访问 4G 之外的物理地址。但它同时需要操作系统的支持。SuseLinux 提供了一个内核编译选项，重新编译内核可以让 32 位的操作系统支持超过 4G 的内存寻址。

① 该表摘自参考文献的 [33] 中。

② 在 CPU 的操作系统中，JVM 只要有一个是 32 位的，那么就会受到 32 位的限制。

1. 在 32 位的环境下堆内存的设置

既然进程总的内存大小有上限，再把堆内存设置得很大，就会导致本地内存的空间受挤压。所以在 32 位的环境下，由于支持的最大内存有限，因此设置 Xmx 要非常小心。如果设置过大，系统一样会抛出 OutOfMemory 异常，不过该内存不足是由于本地内存不足造成的。如何找到本地内存和堆内存边界的黄金分割点，是需要通过测试来完成的，有的应用需要本地内存大一些，有些应用需要的本地内存小一些。根据经验，32 位环境下堆内存的大小一般不要超过 1.2G，如图 3-17 所示。

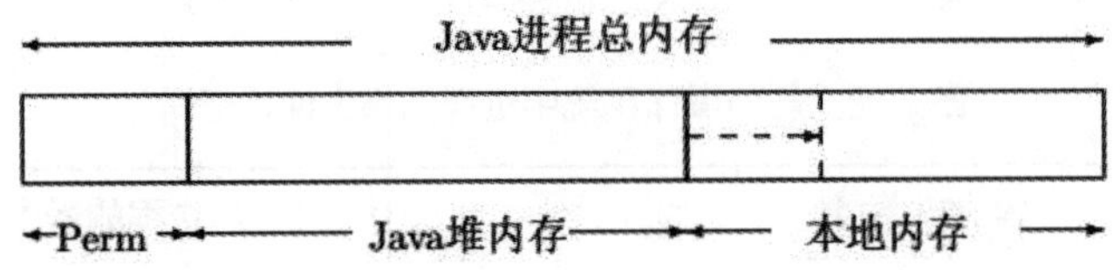

图 3-17　堆内存过大会直接挤压本地内存的大小

同样的道理，Perm 内存设置也不要过大，由于其内存的使用量在一个系统中比较固定，设大了是对内存的一种浪费。如果该内存设置过大，则会侵占本地内存的最大范围；如果本地内存空间太小，也会导致本地内存的溢出。

2. 在 64 位的环境下堆内存的设置

在 64 位的环境下，理论上可以支持的内存为 2^{64}，即 4G×4G, 这个值是非常大的，大到可以认为是无限的。因此在 64 位的机器上，堆内存大小的设置基本依赖于装了多少物理内存，但是不要超过物理内存的大小。

3. 内存大小对性能的影响

内存与计算能力的匹配是非常关键的，像 JVM 这种自己管理内存的系统尤其如此。曾经有这样一个案例，在对 8 个 CPU 的 AIX 机器配置 4GB 内存的情况下，还不到 200CAPS 就开始出问题了，而配置 16GB 时竟然能支持 1000CAPS。因此有足够的内存可使系统内存使用和回收的效率更高，直接影响系统的吞吐量。

3.5.3　特殊场合下 JVM 参数调优

JVM 运行参数分为两部分，一部分为标准参数，该部分参数遵从“Java 编码规范”，每个 JVM 的开发商都需要遵从该规范。 同时，“Java 编码规范”允许各 JVM 的开发商定义自己的 JVM 运行参数。在使用特定的 JVM 时，对一些问题的定位需要特别关注这部分参数。特别是一些特殊场合下（如 CPU 多核下的并发性能调优、JVM 内部故障问题定位等），系统的调优往往依赖这些私有参数。

提示： 在 IBM JVM 下的超大系统中，有两个重要参数对性能影响很明显：- Xconcurrentbackground 和 -XconcurrentlevelXX，其中 XX 是 CPU 内核的个数。

3.5.4　Java 完全垃圾回收

完全垃圾回收是指虚拟机进行一次彻底的垃圾回收。完全垃圾回收计算量非常大，是高耗 CPU 的操作。当堆内存设置很大时，由于垃圾对象非常多，每次对象扫描所用的时间也非常可观，常常需要几秒钟才能完成，在极端情况下，甚至需要几十秒。如果采用串行垃圾回收，那么这个系统在完全垃圾回收期间，Java 代码是不运行的，在实时要求高场合，就会造成很严重的性能问题。因此在系统内存设置很大的场合，必须采用并行垃圾回收 + 并发垃圾回收，它们的区别如下。

● 并行垃圾回收：这里的并行是相对于垃圾回收线程自己而言的，即垃圾回收线程有多个且并行运行。

● 并发垃圾回收：这里的并发是相对于 Java 应用程序而言的，垃圾回收和应用程序并发运行。在不同的场合下有不同的垃圾回收参数设置，而这个设置在某些情况下会对性能影响极大。

1. 并行垃圾回收

垃圾回收线程有多个，因此称为并行垃圾回收。此时进行垃圾回收的时候，Java 应用程序的运行要完全停下来。垃圾回收期间，所有的 Java 线程都要停止，将所有的 CPU 时间给并行垃圾收集器的线程使用，以尽可能加快垃圾的回收过程，这个策略可以保证系统拥有大的吞吐量。在 CPU 多核环境下，JVM 在每一个 CPU 上都会启动一个垃圾回收线程，因此在 CPU 多核环境下，并行垃圾回收可以获得更好的性能。但在 CPU 单核环境下，并行垃圾回收并不能带来本质上的好处，如图 3-18 所示。

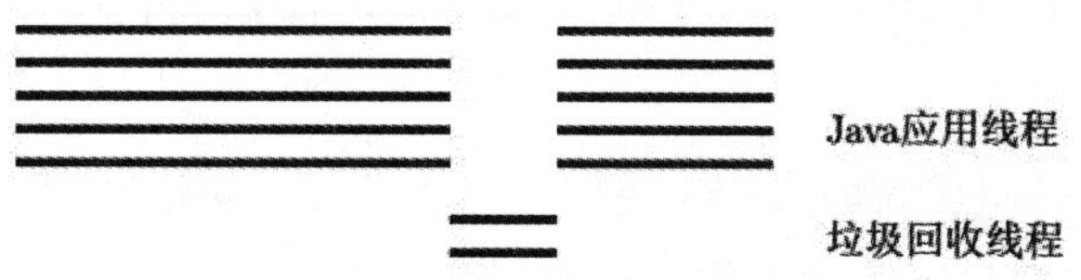

图 3-18　并行垃圾回收

2. 并发垃圾回收

在进行垃圾回收时，Java 应用程序的运行并不需要停下来，这种情况称为并发垃圾回收。在并发垃圾回收模型下，有一个专门的线程负责垃圾回收工作，与 Java 线程并发运行，这种方式可以极大地避免垃圾回收导致的系统暂停。在某些实时应用中，使用并发垃圾回收可以避免系统由于垃圾回收而导致的暂时停顿，如图 3-19 所示。

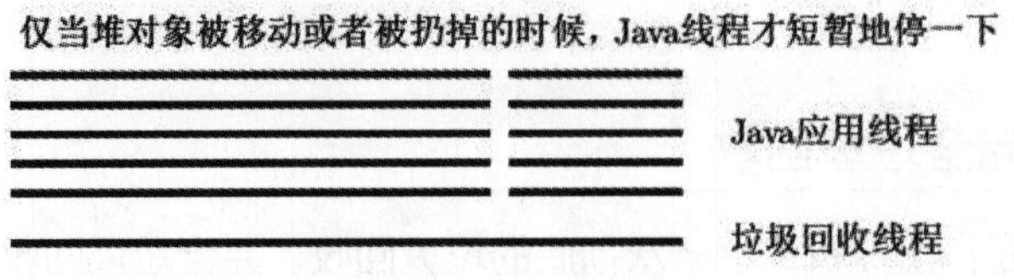

图 3-19 并发垃圾回收

并发垃圾回收与并行垃圾回收同时打开时，系统的实时性与吞吐量会更好。

3.5.5 top 陷阱

top 是 UNIX/linux 下用来观察进程状态的工具。不同的操作系统会有其他类似的工具，如 prstat。从 top 中观察到的内存是整个 JVM 所占用的总内存，包括 Java 堆内存（Java 代码 new 使用的内存）、permSize（存放 class 的内存空间）和 JVM 自身运行需要的本地内存。

JVM 垃圾回收的策略是，当满足一定的使用百分比后才真正地进行回收。最关键的是，即使 JVM 进行了垃圾回收也不一定把这块回收的内存归还给操作系统。而 top 程序只能从操作系统的角度看每个进程占用的总内存，并无法窥探进程内部内存的使用状况。

因此无法通过 top 判断 Java 堆内存的真实使用情况，也就无法判断系统是否存在内存泄漏。如果要观察堆内存的占用情况，只能通过在 Java 命令行中增加 -verbose:gc 来观察 Full GC 的输出情况。

3.5.6 实时虚拟机

近几年来，随着 Java 在实时场合下的使用，实时虚拟机也应运而生。那么实时虚拟机到底有哪些普通虚拟机所不具备的特性呢？在介绍实时虚拟机之前，先了解一下普通虚拟机在实时领域的不足。

- 非实时虚拟机在完全垃圾回收时，要将 Java 应用程序完全停下来，在极端情况下，会导致 Java 应用程序有几十秒甚至更长时间的停顿[①]。
- 非实时虚拟机对何时进行垃圾回收完全无法预测。

① 2006 年笔者在一个堆内存为 16G 的系统上，曾经遇到一次完全垃圾回收消耗了 5min 的情况，期间整个 Java 用户代码执行被完全暂停。

在竞争性较高的环境中，性能是非常关键的，1ms 都很重要。例如，特定的行业（如电信、证券交易所、自动控制等）就要求事务在给定的时间帧中以极低的延迟执行。

然而，如果尝试用标准的 Java 来实现，则很可能会因为由垃圾回收过程所产生的无法预测的暂停时间而失败。实时虚拟机引入了一种确定性垃圾回收机制，提供了一个用于执行这些关键型应用的 J2EE 运行。这种确定性垃圾回收能确保程序执行期间的暂停时间非常短，而且挂起的请求会在定义时间帧中得到处理，从而允许构建高性能和确定性的应用程序。

常规的完全垃圾回收对 Java 性能有着很大的影响。在完全垃圾回收期间，Java 进程会完全停止。当垃圾回收完成后进程才会继续。从堆内存中清理废弃对象，以及为新对象释放空间的过程都需要进行高度优化，以便确保有效的内存管理。

实时虚拟机可以使用一种动态的“确定性”垃圾回收优先级。该策略被优化以确保暂停时间非常短，并限制定义良好的时间帧（滑动窗口）中暂停的总次数。这对特定的应用程序来说很有用，尤其是对事务延迟有严格要求的应用程序来说。然而，即使较短的确定性暂停时间，也不一定能保证较高的应用程序吞吐量。确定性垃圾回收的目标是，降低在执行垃圾回收时运行应用程序的延迟。与常规垃圾回收相比，确定性垃圾回收产生的暂停时间会短得多。

1. 关于实时

首先思考一下 RealTime 中两个单词的含义：“Real”和“Time”。关于“实时”存在着许多种定义，许多文章也描述了不同的概念——第一个 Java 规范提案（Java Specification Request，JSR 1）甚至就是专门针对此主题的。然而，实时的定义并不是一成不变的。没有人可以给出一个确定的定义，说明到底什么是实时及如何确定它。为了更好地说明实时的概念，下面将引入几个常见的定义。根据 Douglas Jenson 对实时的讨论，实时存在两种类型：硬实时和软实时。

- 硬实时：定义了一个系统，其中所有可调度和不可调度的实体执行都要遵守规定的完成时间约束，同时也必须满足其他时间上的约束（不超过上界）。实体的行为和运行时间是可预测的、确定的。

- 软实时：不属于硬实时的所有其他实时情况，所有时间约束都是软性的。这就意味着所有可调度和不可调度的实体都可能被优化，以便用最佳状态执行，但是执行时间不可预测。

在一个硬实时系统中，必须遵守时间期限，否则计算结果就会无效。例如，汽车中的嵌入式系统，如果在加速时电子加速器的响应却延迟了，那么就会产生无法预料的行为。

如果刹车系统延迟了，那么导致的后果就更加可怕了。软实时系统中的定时约束没这么严格，甚至在超出了时间约束之后，计算结果也可能仍然有用。音频流就是一个软实时系统的例子，一个数据包延迟或丢失了，虽然音频的质量会降低，但是流依然有效。

（1）定时需求。底层计算系统的行为和计时必须是可预测的。一个可预测的定时系统，其所有操作所需的时间必须是有限制的。这意味着所有操作在最坏情况下的定时是已知的。实时系统通常是用多个异步线程实现的，这样才能满足响应事件及控制异步设备的需求。

（2）优先级需求。因为特定事件的紧急程度，以及需要处理事件的数目不同，所以必须支持优先级的需求，以便确保时间关键型的任务不会由于非时间关键型的任务而被延迟。让非关键型的任务与时间关键型的任务具有相同的优先级运行，就有可能导致此问题。由于这种优先级倒置，任务就需要具有互相通信的能力。因此，实时系统必须提供同步和通信功能，以最小的开销实现可预测性。

使用的其他术语和定义如下。

● 实时：一种计算机响应等级，在这种等级下，用户的感知是足够快，或者计算机能够跟得上某个外部流程。

● 延迟：系统用在从一个指定点传输数据到另一个指定点的时间。

● 抖动：延迟偏差。一个具有确定性的应用程序抖动应该较低。该术语描述了一种度量确定性的方法。

● 吞吐量：计算机在给定的时间帧中所能处理的工作量。

● 确定性垃圾回收：一个执行概念，用于描述快速的、可预测暂停时间的堆内存的垃圾收集。其中，垃圾收集是指从堆中清理废弃对象以便收回空间用于新对象的过程。

2. 实时的概念

根据 SUN“Java 编码规范”作者所述，实时意味着“the ability to reliably and pre- dictably reason about and control the temporal behavior of program logic”（可以可靠地预测控制程序时间的行为）。实时不意味着“快”，它意味着对一个实时事件的响应是可靠的、可预测的。实时计算意味着在给予的时限之内进行响应。大量的应用领域不能忍受哪怕是一秒的延迟，如飞机控制软件、核电厂软件等。实时系统并不都是速度上的要求，尽管实时系统设计者会尽量使系统更快。很明显，标准的 Java 虚拟机不能满足实时的要求，在 Java 的 license 中已经明确说明了这一点，因此，Java 既不能用在核电系统，也不能用在军事防御等系统。

3. 实时 Java

Java 作为实时应用最大的障碍是其垃圾回收，实时的垃圾收集器是实时 Java 的核心部分。同时，实时 Java 在线程调度、同步、锁、类的初始化、最大响应延迟等方面也进行了相应的增强。

不同的虚拟机提供商对实时有不同的实现。像 SUN 的实时 Java 需要用户进行相应的代码修改才能做到实时（如使用 RealtimeThread 来代替 Thread 等）。而 Weblogic 的实时虚拟机完全是透明的，不需要对用户代码做任何修改。在这里很难说哪一种方式更好一些，如代码透明并不意味着更好。

4. 非实时虚拟机

非实时虚拟机的垃圾回收情况如图 3-20 所示。

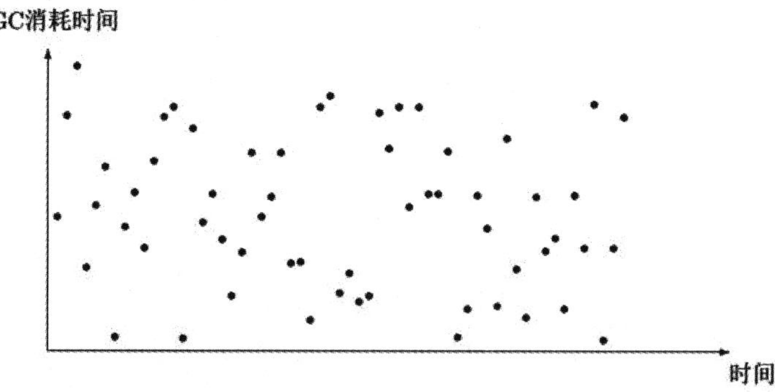

图 3-20　非实时虚拟机的垃圾回收占用时间

5. 实时虚拟机

实时虚拟机的垃圾回收情况如图 3-21 所示。

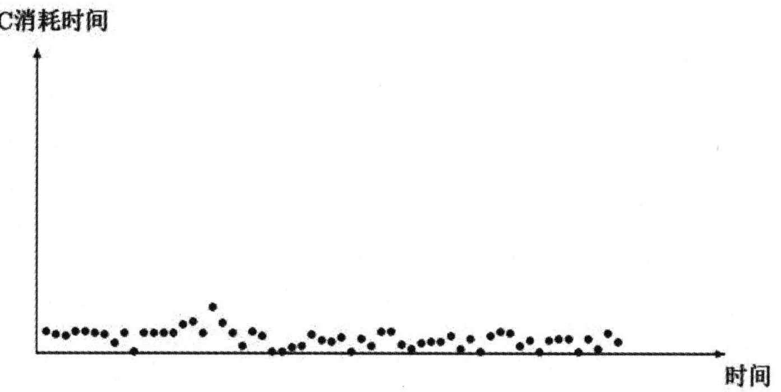

图 3-21　实时虚拟机的垃圾回收占用时间

第 4 章

关于并发和多线程

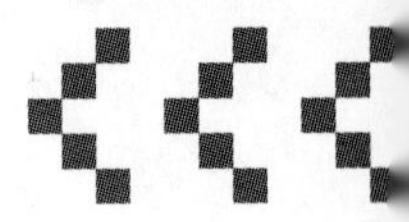

本章将介绍在 Java 程序中使用线程需要注意的事项。一个系统是否应该使用多线程很大程度上取决于应用程序的类型。如果应用程序是计算密集型（如纯数学运算）的，则只有在多 CPU（或者多个内核）机器上才能够从更多的线程中受益。单 CPU 时，多线程不会带来任何性能上的提升，反而有可能由于线程切换等额外开销而导致性能下降。当应用程序必须等待缓慢的资源（如网络连接或数据库连接上的数据）时，多线程会让系统的 CPU 充分利用起来。当一个线程被阻塞时，另一个线程可以继续利用 CPU，从而使整个机器的性能被充分发挥出来。总之，使用多线程不会增加 CPU 的处理能力，但在某些场景下可以更加充分地利用 CPU。

由于同一进程的多个线程共享同一块存储空间，多线程在带来高吞吐量的同时，也带来了数据一致性等编程的复杂性。多线程编程容易出问题且难以测试。总之，好的多线程程序是设计出来的，而不是测出来的。将多线程问题寄希望于测试中发现，无疑是极度不可靠的。Java 中与多线程编程相关的三个基本关键字：synchronized、wait、notify。理解这三个关键字就可以编写多线程代码了。

4.1　在什么情况下需要加锁

在多线程场合中最重要的是确保多线程访问数据的一致性，这就需要借助于锁。要想正确编写多线程程序，首先要搞清楚到底什么需要保护。并不是所有的数据都需要加锁保护，只有那些被多个线程访问的共享数据才需要加锁保护。锁的本质是确保同一时刻只能有一个线程访问到这些共享变量，这样该共享变量就能得到有效的保护。因此，在编程前，要梳理清楚哪些变量会被多线程访问，然后再访问这个变量的代码段加锁。

提示：保护的一定是变量，而不是代码。保护变量是通过在代码段上加锁来实现的。而占有锁的则是线程。

下面以单向列表为例，构造一个在多线程环境下线程安全的链表，如图 4-1 所示。

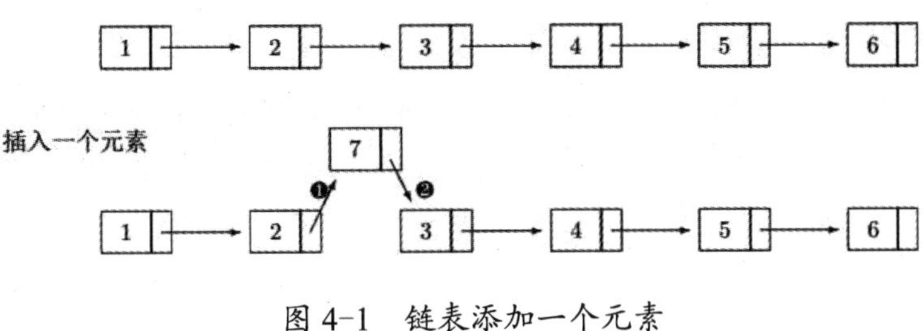

图 4-1　链表添加一个元素

假设有两个线程同时操作这个链表（next 成员变量指向下一个元素的对象引用），一个线程插入一个元素（写线程），另一个线程遍历该链表（读线程），其中读线程遍历整个链表。取出所有的链表数据，写线程向链表中插入一个新元素 7。如果不使用任何锁，由于执行线程的随机性，那么就可能出现下面的执行序列，如图 4-2 所示。

时间点	写线程	读线程
0	修改元素2的next，即图中第❶步	...
1	...	遍历到元素7时，7的next为空，遍历完成
2	修改元素7的next，即图中第❷步	...

图 4-2　并发存取同一个链表

可以看出，由于两个线程在同时操作这个链表，在第一个时刻，新元素 7 的 next 变量尚未赋值，数据构造尚未完成，此时被读线程访问，从而导致链表数据访问不完整，使 7 后面的元素被遗漏。由此可见，不加任何保护的多线程访问势必会造成混乱。为了避免多线程造成的数据不一致，需要将操作该队列的代码放入同步块中（锁对象就是这个链表对象实例），以确保同一时刻只有一个线程访问该链表。

加锁是为了保证数据的一致性，但同时又可能引入死锁的问题。死锁是一个典型的多线程问题，因为不同的线程都在等待那些可能根本不会被释放的锁，从而导致所有的工作都无法完成①。但只要按照下面的规则去设计系统，就能够避免死锁问题的发生。

- 让所有的线程都按照同样的顺序获得一组锁。这种方法消除了 *X* 和 *Y* 的拥有者分别等待被对方占有的锁的情况。
- 将多个锁组成一组并放到同一个锁下。因为只有一个锁，就不会存在死锁的问题。

4.2 如何加锁

加锁的关键字 synchronized 有 3 种用法。

4.2.1 synchronized 方法

通过加入 synchronized 关键字来声明 synchronized 方法，这种加锁的方法使每个类实例都对应一把锁，因此所有的 synchronized 方法都使用这个实例（this 对象）作为

① 请参考死锁问题定位的相关内容。

锁对象。每个 synchronized 方法都必须获得调用该方法的类实例的锁方能执行，否则所属线程阻塞。该方法一旦执行就独占此锁，直到从该方法返回时才将锁释放，此后被阻塞的线程方能获得此锁，重新进入执行状态。这种机制确保了同一时刻对于每一个类实例，其所有声明为 synchronized 的成员函数中只有一个处于执行状态，从而有效避免了类成员变量的访问冲突。示例如下。

```
public synchronized void synMethod() {
    //方法体
}
```

这也是同步方法，这时 synchronized 锁定的是哪个对象呢？它锁定的是调用这个同步方法的对象。也就是说，当不同的线程执行这个对象的同步方法时，它们之间会形成互斥。但是这个对象所属 class 所产生的另一个对象却可以任意调用这个被加了 synchronized 关键字的方法，即该类的不同对象实例之间无任何互斥关系。

4.2.2 synchronized 块

通过 synchronized 关键字来声明 synchronized 块，一次只有一个线程进入该锁的代码块。示例如下。

```
class MyClass
{
    private  Object  lock  = new  Object();      // 锁对象
    Public void methodA()
    {
        synchronized(lock) { ... }
    }
    ...
}
```

获得 lock 对象锁的线程就可以运行该锁所在的那段代码。

4.2.3 synchronized 在 this 对象上

此时，线程获得的是对象锁。示例如下。

```
public  void synMethod()
{
    synchronized (this)      //this 对象作为锁对象
    {
```

```
        //...
    }
}
```

上述代码等同于如下代码。

```
public synchronized void  synMethod()
{
    //...
}
```

this 是指调用这个方法的类实例对象，在对象级使用锁通常是一种比较粗放的使用方法。这个需要慎重考虑，因为此方法一不小心就会导致锁的范围被人为扩大，从而造成系统性能下降。

4.3 多线程编程易犯的错误

（1）多个共享变量共用一把锁。特别是在方法级别上使用 synchronized 关键字，造成人为的锁竞争。

（2）启动线程过多，超过最大限制。如在某个时刻，一个任务有一个线程，如果有成千上万条任务时，就需要同时启动成千上万个线程，那么就会有大量失败的情况出现。这种系统在有浪涌请求的时候，往往会将整个系统搞瘫，使系统无法恢复。但采用线程池就可以避免这个问题。采用线程池最大的好处是当任务过多时，任务会排队等待执行，而不至于有过多的线程被创建，这样就能缓冲整个系统，避免了在高峰请求时导致的失败，整个系统的可适应性更好。

调用线程的 interrupted () 方法是硬性停止线程，而不是通过 run () 的正常退出（return）来结束线程。如果通过 interrupted () 强行停止线程，在某些场合就会导致严重的资源泄漏，示例如下。

```
1  FileInputStream  infile  =    FileInputStream("c:\\test.txt");
2  int n = infile.read(buff); // 从文件读取数据
3  ...
4  infile.close(); // 关闭文件
```

如果当前线程恰好执行到第 4 行之前的某个时刻，interrupted () 被调用了，此时关闭文件的代码将永远不会执行，就会造成一个资源泄漏。

4.4　i++ 这种原子操作是否需要同步保护

i++ 表面上看是一个原子操作，但实际上并不完全是，这个语句仍然需要同步保护，其原因如下。

- 一条累加语句对于 risc CPU 而言，是对应多条指令，而不是一条指令。它是非原子的，因此必须加以同步。
- 尽管 long 这种类型在 32 位的系统下是原子变量，但在 64 位下的 long 等原子数据类型下实际上是非原子的。

4.5　一个进程拥有的线程多，是否就可以获得更多的 CPU

一个进程拥有的线程多，是否就可以获得更多的 CPU？只有当 CPU 成为整个系统的瓶颈时，这句话才是成立的，也就是说，如果 CPU 一直在高位运行，那么线程多的进程被执行的概率就更高一些。在 CPU 不忙的时候，每个程序都能够得到及时的服务，因此该问题也就不存在了。

4.6　合理设置线程的数量

多线程在大多数场合可以提高整个系统的性能或者吞吐量，但一个系统中到底有多少个线程才是合理的呢？总体来说，线程数量过多或过少都不好。线程数量过多会导致线程切换开销过大，反而会导致整个系统性能下降；线程数量过少会导致 CPU 不能被充分利用，性能仍然上不去。系统到底使用多少线程合适？依据系统线程的运行是否充分利用了 CPU 的情况，如果每个线程都能 100% 使用 CPU 的话，那么系统用一个线程就够了，但实际情况是，线程在执行如下代码时是不消耗 CPU 的。

- 磁盘 I/O。
- 网络 I/O。
- 带有 3D 加速卡的图形运算。
- 等待键盘输入。

磁盘 I/O 和网络 I/O 相比于 CPU 的速度是非常慢的，也就是说，在这段时间 CPU 是空闲的，此时系统如果能有多个线程，那么其他线程就可以在该线程空闲时利用 CPU, 从而提高 CPU 的利用率，系统总的吞吐量也就上去了。在实际的应用系统中，如果只有一个线程，该线程有访问远程数据库的行为，那么在等待数据返回期间，是不消耗 CPU 的。如图 4-3 所示，如果系统只有一个线程，那么 CPU 绝大多数时间是空闲的，因此整个系统的性能肯定很低。

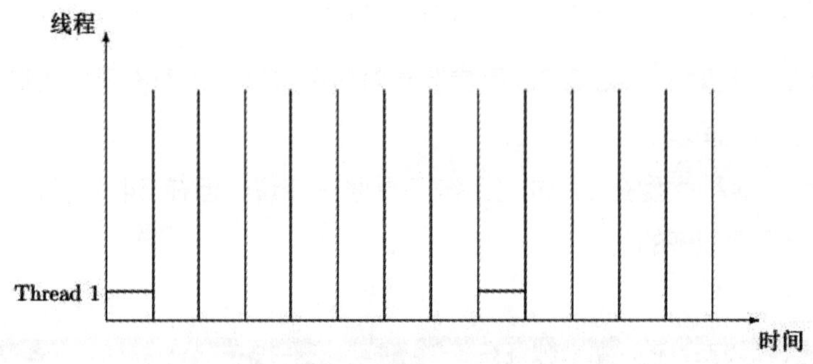

图 4-3　单线程下 CPU 的使用情况

如果采用多线程，那么其他线程就会把这段空闲时间充分利用起来，性能就会有大幅提升，如图 4-4 所示。

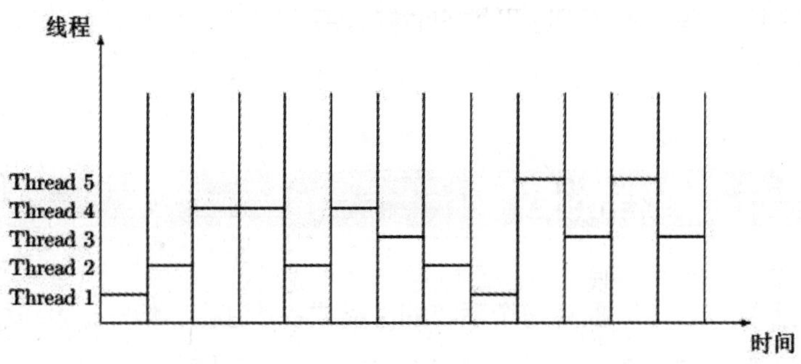

图 4-4　多线程下 CPU 的使用情况

当然，理想情况是把整个 CPU 全部利用起来，但实际上是难以做到的，只要 CPU 的利用趋近于饱和就可以了。如果一段代码是高 CPU 消耗[①] 的代码（如数据运算），那么一个线程就足够了，线程多了反而会由于线程上下文切换的开销降低系统的性能。

总之，一段代码导致 CPU 空闲的比例变大（空闲的 CPU 周期 / 总的 CPU 周期），那么线程的数量就应该加大，当一个线程被阻塞时，其他线程可以继续执行业务代码，这样才可以充分利用 CPU。不能简单地说线程多性能就好，或者说线程少性能就好，在一种应用下到底需要多少线程，不是取决于线程数量本身，而是取决于具体的应用类型。如果执行线程不消耗 CPU 时间片的比例越大，那么线程数量多对性能就越好。

---

① 即计算密集型。

当然，如果一个系统只调整线程的数量，并不一定能带来性能的真正提高。例如，如果当前系统在饱和写磁盘（达到了当前磁盘的最大 I/O 能力），那么系统即使有再多的线程，也会阻塞在读 / 写磁盘上，此时增加线程不会有任何性能上的提升。再如，由于设计 / 编码不合理导致系统中存在资源争用（如长时间的锁等待），此时只靠调整线程的数量根本不会有任何效果，在这种情况下，随着压力的加大，CPU 的使用率并不能一直上升并趋近于饱和（100%），往往只能达到某个中间临界值，然后会随着压力的增大，系统的失败率开始上升[①]。因此一个设计良好的系统，只有充分考虑各种因素，才能将性能调到最佳。

4.7 关于线程池

线程池设计一般有两种思路。

- 线程池在初始化时就将必要数量的线程创建出来，并一直存在，直到整个系统关闭。
- 线程池在初始化时，创建很少数量的线程，当系统压力上去，并导致当前线程数量不足时，就会创建新的线程，一旦系统压力降下去，那么部分线程将被销毁。这种线程池的线程数量是在动态变化的。

如果系统有可能在某个时刻任务过多，那么使用线程池就要特别小心，因为这些任务可能将线程池中的所有线程都耗光，同时将任务队列塞满，从而造成任务提交失败。因此将一个任务提交给线程池的时候，一定要对提交是否成功进行检查，如果提交不成功，就需要进行日志记录，以方便定位问题，否则这种问题是非常难以定位的。因为在某些场合下，一些关键任务提交不成功可能会对系统造成严重影响，因此有必要对这种不成功的提交进行跟踪处理。

4.8 notify 和 wait 的组合

notify 和 wait 的组合可以实现线程间通信，用于解决各种复杂的线程时序问题。关于调用 wait ()[②] 和 notify () 的方法以下有两个特点。

（1）由于调用 notify () 导致解除阻塞的线程是从因调用该对象的 wait () 方法而阻塞的线程中随机选取的，因此无法预料哪一个线程会被选择，所以编程时要特别小心，尽量

① 随着系统运行时间的延长，请求被堆积，因在超时的时间内无法完成请求而导致部分请求失败。

② 关于 wait 和 sleep 的区别请参考 1.2.2 节。

避免因这种不确定性而产生问题。

（2）除 notify () 外，使用 notifyAll () 也可起到类似的作用，唯一的区别在于，调用 notifyAll () 可将把因调用该对象的 wait () 而阻塞的所有线程一次性全部解除阻塞。当然，只有获得锁的那一个线程才能进入可执行状态，其他的仍继续回到等待状态。

多线程之间需要协调工作。例如，浏览器的一个显示图片的线程 displayThread 想要执行显示图片的任务，就必须等待下载线程 downloadThread 将该图片下载完毕。如果图片还没有下载完，displayThread 可以暂停，当 downloadThread 完成了任务后，再通知 displayThread"图片准备完毕，可以显示了"，这时，displayThread 会继续执行。以上逻辑简单地说就是：如果条件不满足，则等待；当条件满足时，等待该条件的线程将被唤醒。在 Java 中，这个机制的实现依赖于 wait/notify，等待机制与锁机制是密切关联的。

```
synchronized(obj) {
    while(!condition) {
    obj.wait();
}
obj.doSomething();
```

当线程 A 获得了 obj 锁后，发现条件 condition 不满足条件，无法继续下一个处理，于是线程 A 就 wait ()。在另一线程 B 中，如果 B 更改了某些条件，使得线程 A 的 condition 条件满足了，就可以唤醒线程 A。

```
synchronized(obj) {
    condition   =  true;
    obj.notify();
}
```

特别需要注意的是，notify () 被调用，并不意味着其他处于 wait () 的线程会立即被唤醒（唤醒之后的运行期代码仍然在同步块中），代码如下。

```
synchronized(obj) {
    condition   =  true;
    obj.notify();
    ...     //其他代码
}   //同步块在这里结束
```

当其他代码执行完成时，synchronized 同步块才结束，其他地方的 obj.wait () 此时才能被唤醒。也就是说，obj.notify () 并不是立即就能将 obj.wait () 唤醒，只有当正在执行 obj.notify () 的线程将锁释放时，obj.notify () 才能被真正地被唤醒。代码如下。

```
package  MyPackage;

public class TestThread_Notify extends   Thread{
    Object  lock  =  null;
    public TestThread_Notify(Object lock_)
    {
        lock  =  lock_;
        this.setName(this.getClass().getName());
    }
    public  void  run()
    {
        fun();
    }

    public void fun(){
        synchronized(lock){
            lock.notify(); //notify()之后还有大量代码处于同步块中
            System.out.println("Have notified");
            try{
                Thread.sleep(2000);
            }catch(Exception e){
                e.printStackTrace();
            }
            System.out.println("sleep complete");
        }// 同步块结束
    }
}

package MyPackage;

public class TestThread_Wait extends Thread{
    Object lock = null;
    public TestThread_Wait(Object lock_)
    {
        lock = lock_;
        this.setName(this.getClass().getName());
    }
    public void run()
    {
```

```
            fun();
        }

        public  void fun(){
            synchronized(lock){
            try{
                lock.wait();
            }catch(Exception e){
                e.printStackTrace();
            }
            System.out.println("is notified");

            }
        }
}

package  MyPackage;

public class ThreadTest {
    public static void main(String[] args) {
    Object  shareobj  =  new  Object();
    TestThread_Wait   thread1   =   new   TestThread_Wait(shareobj);
    thread1.start();

    TestThread_Notify thread3 = new TestThread_Notify(shareobj);
    thread3.start();
}

}
```

打印结果如下。

```
Have notified
sleep complete
is notified
```

从打印的结果来看，lock.notify () 执行之后，并没有马上唤醒等待该锁的线程，而是在该同步块执行完成之后，等待该锁的线程才被真正唤醒。需要注意的概念如下。

（1）调用 obj 的 wait () 和 notify () 前，必须获得 obj 锁，即 wait () 必须写在 synchronized (obj)... 代码段内。

（2）wait () 会导致当前线程释放锁，即调用 obj.wait () 后，线程 A 就释放了 obj 的锁，此时其他线程可以获得该锁。

（3）当 obj.wait () 返回后，线程 A 将再次获得 obj 锁，才能继续执行。

（4）如果 A1、A2、A3 都在 obj.wait ()，则 B 调用 obj.notify () 只能唤醒 A1、A2、A3 中的一个（具体哪一个由 JVM 决定）。

（5）obj.notifyAll () 能全部唤醒 A1、A2、A3，但是如果要继续执行 obj.wait () 的下一条语句，就必须获得 obj 锁，因此，A1、A2、A3 中只有一个有机会获得锁继续执行，如 A1，其余的需要等待 A1 释放 obj 锁之后才能继续执行。

（6）当 B 调用 obj.notify/notifyAll 时，此时 B 正持有 obj 锁，因此，A1、A2、A3 虽被唤醒，但是仍无法获得 obj 锁。直到 B 退出 synchronized 块，释放 obj 锁后，A1、A2、A3 中的某一个才有机会获得锁继续执行。

wait ()、wait (long)、notify () 和 notifyAll () 的含义如下。

- wait ()：使持有对象锁的线程释放锁。
- wait (x)：使持有对象锁的线程释放锁的时间为 x 毫秒，在等待期间，可以被其他线程唤醒，如果没有被唤醒，x 时间过后，线程将自动被唤醒。wait () 和 wait (0) 等价。
- notify ()：唤醒一个正在等待该对象锁的线程。如果等待的线程不止一个，那么被唤醒的线程由 JVM 确定。
- notifyAll ()：唤醒所有正在等待该对象锁的线程。此时应该优先使用 notifyAll () 方法，因为唤醒所有线程比唤醒一个线程更容易让 JVM 找到最适合被唤醒的线程。

有 synchronized 的地方不一定有 wait 和 notify，有 wait 和 notify 的地方必有 synchronized。这是因为 wait 和 notify 不是属于线程类，而是每一个对象都具有的方法，而且这两个方法都和对象锁有关，有锁的地方就必有 synchronized。

synchronized 与 wait、notify 没有绝对的关系。在 synchronized 声明的方法、代码块中，完全可以不用 wait、notify 等方法。但是，如果在线程对某个资源存在某种争用的情况下，则必须使用 wait 或者 notify。

4.9　线程的阻塞

为了解决对共享存储区的访问冲突，Java 引入了同步机制。通过考察多个线程对共享资源的访问，发现同步机制已经不够了，因为所要求的资源不一定在任意时刻都准备好了被访问；反过来，同一时刻准备好了的资源也可能不止一个。为了解决这种情况下的访问控制问题，Java 引入了对阻塞机制的支持。

阻塞是指暂停一个线程的执行以等待某个条件发生（如某资源就绪），学过操作系统对它就一定很熟悉了。Java 提供了大量方法来支持阻塞，下面进行逐一分析。

（1）sleep ()：sleep () 允许指定以 ms 为单位的一段时间作为参数，它可使线程在指定的时间内进入阻塞状态，不能得到 CPU 时间，指定的时间一过，线程可重新进入可执行状态。

sleep () 被用在等待某个资源就绪的典型情形：测试发现条件不满足时，让线程阻塞一段时间后再重新测试，直到条件满足为止。

（2）suspend () 和 resume ()：它们需要配套使用，suspend () 可使线程进入阻塞状态，且不会自动恢复，只有其对应的 resume () 被调用时，才能使线程重新进入可执行状态。

suspend () 和 resume () 被用在等待另一个线程产生结果的典型情形：测试发现结果还没有产生时，让线程阻塞；当另一个线程产生了结果后，调用 resume () 使其恢复。

（3）yield ()：yield () 可使线程放弃当前分得的 CPU 时间，但是不使线程阻塞，即线程仍处于可执行状态，随时可能再次分得 CPU 时间。调用 yield () 的效果等价于调度程序认为该线程已执行了足够的时间，从而转到另一个线程。

（4）wait () 和 notify ()：它们需要配套使用，wait () 可使线程进入阻塞状态，其有两种形式：带参数 wait (long timeout) 和无参数 wait ()。前者是当对应的 notify () 被调用或者超出指定时间时，线程重新进入可执行状态，后者则必须等对应的 notify () 被调用后才能被唤醒。

初看起来它们与 suspend () 和 wait () 没有什么区别，但事实上它们是截然不同的。它们区别的核心在于，suspend () 和 resume () 阻塞时不会释放占用的锁（如果占用了的话），而 wait () 则会触发释放锁。由上述的核心区别导致了一系列细节上的区别。

首先，suspend () 和 resume () 相关所有方法都隶属于 Thread 类，但 wait () 和 notify () 直接隶属于 Object 类，也就是说，所有对象都拥有这一对方法。初看起来这十分不可思议，但是实际上却是很自然的，因为这一对方法阻塞时要释放占用的锁，而锁是任何对象都具有的，调用任意对象的 wait () 可导致线程阻塞，并导致该对象上的锁被释放。而调用任意对象的 notify () 则使因调用该对象的 wait () 方法而阻塞的线程中，随机选择一个解除阻塞（但要等到获得锁后才真正可执行）。

其次，suspend () 和 resume () 的所有方法都可在任何位置调用；而 wait () 和 notify () 调用必须放置在 synchronized 或块中，否则程序虽然仍能编译，但在运行时会出现 IllegalMonitorStateException 运行异常。

4.10 Java 线程的优先级

Java 线程模型支持线程优先级。本质上，线程的优先级是从 1 到 10 之间的一个数字，数字越大表明任务越紧急。JVM 首先调用优先级较高的线程，然后才调用优先级较低的线程。但是，该标准对具有相同优先级的线程的处理是随机的。

如何处理这些线程取决于基层的操作系统策略。在一些情况下，优先级相同的线程分时运行；在另一些情况下，线程将一直运行到结束。请记住，Java 支持 10 个优先级，基层操作系统支持的优先级可能要少得多，这样就会造成一些混乱。因此，只能将优先级作为一种很粗略的工具使用。通常情况下，请不要依靠线程优先级来控制线程的状态。

但是，不要指望利用线程优先级来解决系统中优先级高低的问题。当系统负荷不高的时候，设置优先级基本上没有什么价值；在负荷比较高的情况下，设置优先级基本上解决不了任何问题。实际上，Java 的 GC 会对实时性造成极大的削弱，通过控制线程优先级即使能获得一点点的实时好处，也被 GC 特性给大大削弱了。因此在 Java 中，线程优先级是一个鸡肋特性，不要指望它能带来什么帮助。如果实在需要优先级，请选择其他开发语言，或者选择实时 Java 虚拟机。

4.11 关于多线程的错误观点

线程数量多会导致性能下降，并造成系统不稳定。每个人都有一个线程数量上的心理“阈值”，有的人潜意识里认为一个系统有几十个线程比较合理，而有的人认为几百个也是合理的。在目前的大型应用系统中，即使一个系统中存在 2000 个线程，也不要大惊小怪。很多大型的 Java 应用程序运行在具有多 CPU（或者多核）的硬件上，而这种硬件随着多 CPU 的普及也变得越来越普通。具体需要多少线程，还取决于系统有多少的阻塞（如 I/O 阻塞等）。

第 5 章

幽灵代码

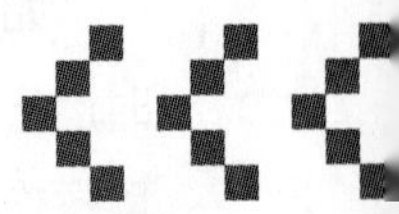

本章介绍一些常见的幽灵代码模式。之所以说这些类型的代码是“幽灵”，是因为它们具有一个共同的特点：来无影，去无踪。在外面看起来，代码似乎无懈可击，但正在运行的系统会偶尔无缘无故突然罢工或者突然变慢，系统重启后或许很长时间又能正常运行，当认为事情已经过去的时候，某一天问题又像幽灵一样再次出现。这类问题在现实中经常被归类为环境问题，成为“悬案”。某些代码模式天生具有这种隐蔽性和危险性，只有提前意识到这类问题，才能很好地避免它的发生。

5.1　由异常而导致的函数非自主退出

Java 中引入了异常处理机制，函数通过抛出异常，可以把控制还给调用者，由于异常的存在使控制可能永远无法达到函数“正式”的结束点，而是直接跳转至调用者。在某些场合下应该确保异常不被忽略。这种异常处理机制所隐含的函数跳转特别隐蔽，会导致程序开发者无意识的疏忽，而这种疏忽就有可能会造成致命的后果。

如果函数没有对异常进行捕获，一旦发生异常，那么该函数将直接退出，从而导致该函数的“善后”代码没有得到执行，而这种“善后”代码的执行缺失会导致系统存在很大的隐患，特别是与资源处理相关的代码，这种疏忽造成的问题会严重影响系统的稳定性。

这种问题在正常测试下一般不会暴露（正常的功能测试很少会抛出异常），它往往在生产环境下才会暴露，而且往往运行了很长时间才会“现形”。这就是非常隐蔽的幽灵代码模式，它是指由于函数有未捕获的异常，导致函数异常退出，而函数中的重要代码没有得到执行。总之，如果由于中间的代码抛出了异常导致后面的关键代码没有被执行，就属于严重影响稳定性的问题。具体影响有多大，依赖于这个关键代码在系统中的影响有多大[①]。对于一些资源（系统资源或者自定义资源）来说，使用与关闭需要成对出现，如果由于异常退出导致关闭资源的代码没有被执行，则会造成资源泄漏。资源泄漏累积多了，将就会导致整个系统无法工作。例如，打开一个文件，由于异常退出导致关闭文件代码没有被执行，则会造成文件句柄泄漏；打开一个 socket，没有 close，则会造成文件句柄泄漏；打开一个数据库连接，使用完后没有关闭，就会造成连接泄漏，等等。

下面就介绍这种能造成异常退出的幽灵代码模式。

---

① 幽灵代码导致致命问题的案例请参考 7.1.2 节。

```
...   // 其他可能抛出异常的代码

...   // 资源清理等必须要执行的代码 ，当上面的代码抛出异常时
      // 导致该语句得不到执行，那么资源就造成了泄漏

...
```

这种代码在很多场合都会导致严重的系统挂死等致命问题。这种代码模式之所以称为幽灵代码，是因为它极难在编程期间被发现（特别是当申请资源跟释放资源代码不靠在一起时，问题就变得更加隐蔽）①。同时在运行期间也往往不留任何踪迹，即使系统有一个设计得非常好的日志系统，将所有异常情况都进行了日志记录，也会由于相关日志分散在各处，导致这种问题难以被直接发现。这种问题常常来无影，去无踪，非常难以抓到。上述幽灵代码应做如下修改。

```
try{
     ...   // 其他可能抛出异常的代码
}
catch(Throwable t){  // 最好使用更低级别的 Throwable 而不是 Exception
     ...   // 抓住这些异常，确保后面的资源清理代码，在任何时候都可以得到执行
}
...  // 资源清理等关键的“善后”代码
```

或者修改如下。

```
try{
     ...   // 其他可能抛出异常的代码
}
catch(MyException e){// 自定义的异常
     ...
}finally{  // 通过 finally，确保任何情况下，资源清理代码都会得到执行
     ...   // 资源清理等关键的“善后”代码
}
```

异常处理幽灵代码模式，会导致的问题如下。

（1）由于异常没有抓住导致后面的关键代码得不到执行，资源得不到释放。常见的资源如下。

① 在 C++ 中也支持异常这种概念，但并不是每个程序员都喜欢这种错误处理模式。很多程序员在 C++ 中不使用异常机制是基于效率的考虑，但还有一个很重要的原因是，这种不可预知的代码返回点会导致系统问题，即上面所提到的幽灵代码模式。在代码中使用错误码 return errono 返回，由于这种清晰可见的执行次序容易发现关键的“善后”代码是否被放在了 return 之后，从而避免系统存在隐患，这一点再次验证了“简单就是美”的哲学。

①文件句柄（文件或者 socket）；

②数据库连接；

③自定义的资源。

（2）由于不可预知的异常抛出，导致永久生命周期的线程意外退出，如服务器的消息处理线程。该线程以 while (true) 无限循环的方式处理队列中的消息，由于异常退出无限循环，那么该线程将会结束，导致整个系统停止工作。

（3）由于数据库事务没有提交或者回滚导致数据库锁表，这种故障会造成整个分布式运行环境的崩溃。

（4）其他与应用相关的问题。

从上面的介绍看，避免这个幽灵代码的修改方法有两种，其中之一是将关键代码放在 catch (Throwable t) 异常处理代码中，确保任何异常情况下关键代码仍然可以被执行。那么为什么在关键场合需要 catch (Throwable t)，而不是更常见的 catch (Exception e) 呢?

这是因为在一般情况下，catch (Exception e) 基本上能够捕捉到绝大多数异常，但是在苛刻的运行环境下，仍然有漏网之鱼，即有可能抛出 Throwable，而不是 Exception，这在某些应用下，一次遗漏也会造成致命的问题。Throwable 比 Exception 更为低级一些，可以保证所有的异常都能被捕获，从而使得在任何情况下，“善后”代码都能得到执行。

下面列出了 Java 中定义 Throwable 级别的异常。Throwable 明显比 java.lang.Exception 涵盖了更多的异常。从下面的列表中可以看出，java.lang.Exception 继承自 java.lang.Error, 除此之外而还有很多其他的异常也继承自 java.lang.Error，如 sun.management. AgentConfigurationError 等。因此，java.lang. Exception 异常只覆盖了一部分异常，它并不代表所有异常。

如在某些极端情况下，不恰当的代码有可能存在 StackOverflowError 的问题，同样，瞬间的高访问量也可能导致暂时的内存不足（java.lang.OutOfMemoryError）。如果因为这一两次失败就导致整个系统不可用，则该系统的可靠性是比较低的。一个健壮的系统需要确保能够自动恢复，因此在关键的代码处，捕获 Throwable 相比于捕获 Exception 更加安全可靠。

提示： 最隐蔽的就是最危险的！某些类型的问题，在实验室很难被测试出来，必须通过良好的代码习惯才能避免。

```
java.lang.Object
|--java.lang.Throwable
|   |--java.lang.Error
|   |   |--sun.management.AgentConfigurationError
|   |   |--java.lang.annotation.AnnotationFormatError
|   |   |--java.lang.AssertionError
|   |   |--sun.awt.DebugHelperImpl.AssertionFailure
|   |   |--java.awt.AWTError
|   |   |--java.nio.charset.CoderMalfunctionError
|   |   |--javax.xml.transform.FactoryFinder.ConfigurationError
|   |   |--...
|   |   |--java.lang.LinkageError
|   |   |   |--java.lang.ClassCircularityError
|   |   |   |--java.lang.ClassFormatError
|   |   |   |   |--java.lang.reflect.GenericSignatureFormatError
|   |   |   |   |--java.lang.UnsupportedClassVersionError
|   |   |   |--java.lang.ExceptionInInitializerError
|   |   |   |--java.lang.IncompatibleClassChangeError
|   |   |   |   |--java.lang.AbstractMethodError
|   |   |   |   |--java.lang.IllegalAccessError
|   |   |   |   |--java.lang.InstantiationError
|   |   |   |   |--java.lang.NoSuchFieldError
|   |   |   |   |--java.lang.NoSuchMethodError
|   |   |   |--java.lang.NoClassDefFoundError
|   |   |   |--java.lang.UnsatisfiedLinkError
|   |   |   |--java.lang.VerifyError
|   |   |--sun.nio.ch.Reflect.ReflectionError
|   |   |--sun.misc.ServiceConfigurationError
|   |   |--javax.swing.text.StateInvariantError
|   |   |--java.lang.ThreadDeath
|   |   |--com.sun.jmx.snmp.IPAcl.TokenMgrError
|   |   |--javax.xml.transform.TransformerFactoryConfigurationError
|   |   |--java.lang.VirtualMachineError
|   |   |   |--java.lang.InternalError
|   |   |   |--java.lang.OutOfMemoryError
|   |   |   |--java.lang.StackOverflowError
|   |   |   |--java.lang.UnknownError
|   |   |--java.lang.Exception        // 只捕获 Exception 并不能保证捕获了所有的
                                      // 异常
|   |   |   |-- ...      // 该处异常不属于 java.lang.Exception
```

另外，线程的强行终止也会使一些关键的资源释放代码无法得到执行，从而导致资源泄露。如代码中出现语句 Thread.currentThread ().interrupt ()，那么就需要十分小心了。正式的代码中，是不应该出现 Thread.currentThread ().interrupt () 语句的，这种语句就像 C/C++ 中的 go to 一样，会使代码的可读性变差，从而导致各种隐患很难被发现。

异常幽灵代码可能会导致系统中隐藏很多可靠性问题，其中资源泄漏是最常见的问题。本节将就资源泄漏进行详细的说明。当申请的资源没有得到释放时，就造成了资源泄漏。资源泄漏是指程序申请了资源，但由于程序的缺陷，最终失去了对资源的控制而无法释放。常见的资源如下。

- 自定义资源，如连接池，线程池。
- 系统资源，如文件句柄（TCP/IP 连接或者文件）。
- 线程。
- 对象内存。
- 无法被释放的锁对象。

在 JDK1.5 中，JDK 提供除了 sychronized 的锁实现机制，这些锁要求显式获取锁，并释放锁。如 ReentrantLock、ReentrantLock.lock () 和 ReentrantLock. unlock ()，它们必须成对出现。在介绍的幽灵代码模式中，一旦处理不当就会造成执行 unlock () 遗漏，那么其他所有请求该锁的线程会永远地被阻塞在那里。

对于上面提到的资源，当使用完成后，一定要显式调用关闭资源的代码。一旦遗漏，势必造成资源的耗尽，最终导致系统无法工作。有的程序员认为，在对象离开作用域之后，Java 将启动垃圾回收，而垃圾回收会自动将资源释放掉，这种说法实际上是不成立的。

Java 的自动垃圾回收只能保证内存被回收，不能保证资源被回收，二者是完全不同的概念。不同的资源回收有不同的方法，可能是逻辑上的，也可能是物理上的。总而言之，必须显式地调用资源的回收代码，资源才能被真正地回收。下面分别以文件和数据库连接池资源为例来进行说明。

```
Context ctx = new  InitialContext();
DataSource  ds   =  (DataSource)ctx.lookup(dataSourceName);
Connection  con   =  ds.getConnection();
...
conn.close();  // 将连接回收池（资源回收）
```

在这里的资源回收是指将数据库连接释放回收池，该连接可以再次被其他地方申请使用。Connection 的 close () 方法执行的是将连接回收池操作，只有 Connection.close ()

方法被调用，才能确保数据库连接资源被回收。有兴趣的读者可以参考 tomcat 的数据库连接池的 close () 源代码实现。在这里自动垃圾回收与资源回收没有任何关系，自动垃圾回收只做了它应该做的事情。

```
FileInputStream  infile  =    FileInputStream("c:\\test.txt");
int n = infile.read(buff); // 从文件读取数据
infile.close(); // 关闭文件
```

这里资源回收的含义是指告诉操作系统将文件关闭，接着操作系统会进行清空该文件内存缓冲、释放文件句柄等相关操作。只有 FileInputStream.close () 方法被调用，才能确保文件句柄资源被回收清理，否则就会造成文件句柄泄漏。当泄漏到一定程度之后，由于打开的文件句柄的数量超过了操作系统下对每一个进程的最大限制数，那么该系统将无法再打开文件。在这里，自动垃圾回收也不会自动清理资源了，其代码段如下。

```
stream.read();
...  // 这里其他的代码，如果抛出异常，那么下面的 stream.close()
// 就无法执行，导致 stream 永远得不到关闭
stream.close();    // 关键“善后”代码进行处理
```

应该做如下修改。

```
stream.read();
try{
    ...  // 其他可能抛出异常的代码
}
catch(Throwable  t){    // 最好使用更低级别的 Throwable，而不是 Exception
    ...  // 抓住这些异常，确保后面的资源清理代码在任何时候都可以得到执行
}
stream.close();    // 资源清理，关键“善后”代码进行处理
```

或者修改如下。

```
stream.read();
try{
    ...  // 其他可能抛出异常的代码
}
catch(){
    ...
}
finally{
    stream.close();    // 资源清理
}
```

实际上，这种异常的代码模式（一旦异常，如果没有捕获，则自动退到上一级）在资源管理方面需要特别小心。当外层代码无法预知所调用的函数抛出什么类型的异常时，为了避免出现以上所提到的资源泄漏，往往只有以下两个选择。

（1）捕捉所有异常，在异常代码中加入资源清理的代码，确保资源获取与释放成对出现。特别注意的是，在某些情况下，系统抛出的可能是 Throwable 异常，而不是 Exception 异常，所以需要使用 catch (Throwable t) 才更加安全。

（2）增加 finally 语句，将异常清理的代码放在其中。

C++ 中虽然也提供了异常机制，但很多 C++ 程序中根本没有使用语言级别提供的异常处理机制，反而使用类似错误码的机制，手工控制返回的时机，这里面除了性能的考量因素外，上面提到的关于异常处理的代码结构容易隐藏问题也是原因之一。毕竟自己控制 return 点能让不可预知的资源清理问题（如内存释放）都在明处，使问题容易在编程期间被发现。

5.2 wait () 与循环

以下是一种常见的代码模式。

```
public  synchronized  void myfun()
{
    if(!available){
    try{
    lock.wait();
    }catch(Exception e){}
    }
    ...
}
```

上面代码的问题如下。

（1）正常情况下 wait () 被唤醒，是由于持有锁的另一个线程调用了 notify () 或者 notifyAll ()，但另一个线程也可能调用了 Thread.interrupted ()，此时该线程被唤醒，但实际上条件可能并不满足，即 available 仍然是 false。

（2）在这个线程被唤醒并获得锁，而当前线程调用到 wait () 上会释放所持有的锁，一旦退出 wait ()，由于所执行的代码仍然在 synchronized 代码块中，因此该线程又一次占有锁。之间会有一个时间窗，在这个期间，available 变量可能被其他线程修改，仍然为 false。

正确的方法是将 wait () 放在一个循环中，当该线程被唤醒，重新检查条件时，如果满足，则继续，反之则继续等待。

```
public  synchronized  void myfun()
{
    while(!available){
    try{
    lock.wait();
    }catch(Exception e){}
    }
    ...
}
```

将 wait () 放在循环中，就避免了上面提到的两种情况，使其在任何情况下都能执行正确的代码逻辑。

5.3 Double-Checked Locking 单例模式

Double-Checked Locking（双检查锁）是一种使用非常广泛的代码模式，用于多线程场合下的懒初始化（lazy Initialization）。

```
public  MyInstance  getInstance()
{
    if(this.instance   ==  null){
        synchronized(this){
            this.instance   =   new  MyInstance();
        }
    }
    return  this.instance;
}
```

如果两个或者两个以上的线程同时执行到语句“if (this.instance == null)”（尽管可能性很小，但仍然有可能发生，系统长期运行时发生的概率更大），此时 this.instance 为 null，就会使这几个线程都执行 new MyInstance () 语句，造成一个实例被创建了多次，如图 5-1 所示。

时间点	线程A	线程B
0	检查this.instance，为空	检查this.instance，为空
1	执行new MyInstance()创建一个实例	...
2	...	执行new MyInstance()创建一个实例

图 5-1　Double-Checked Locking 单例模式多线程场合下可能的执行时序

为了避免由于多线程导致的多次创建对象，可以直接将 this.instance == null 的检查放在同步块中，代码如下。

```
public  synchronized  MyInstance getInstance()
{
    if(this.instance   ==  null){
        this.instance   =   new  MyInstance();
    }
    return  this.instance;
}
```

详细内容请参考文献 [23]。这里仅仅是一个例子，如果是普通对象出现创建多次的情况，可能问题并不大，但是在某些场合下可能会导致严重的问题。例如，打开一个串口，第一个打开成功，第二个打开失败，恰好 this.instance 指向的是第二个实例，那么后面该串口通过 this.instance 的操作将永远无法成功。

5.4　另一种异常陷阱——连续的关键接口调用

某些场合会要求某些代码一定要被执行。这里以文件句柄为例，两个文件流使用完毕后，一定要关闭，否则会造成文件句柄泄漏。如果恰好有超过两个的文件流要关闭，可能会习惯性地将多个文件流的关闭放在一起，其代码如下。

```
try{
    stream1.close();    //如果这句代码抛出异常，
    stream2.close();    //那么这一行将得不到执行，造成一个文件句柄泄漏
} catch(Exception e){
}
```

这种代码的写法隐藏着一些问题，因为第一句可能失败并抛出异常，造成第二句没有

得到执行，从而导致一个文件句柄泄漏。如果这种情况发生多次，势必会耗尽所有的文件句柄。

将每一个文件的关闭都放在各自的 try catch 块中，可避免句柄泄漏，代码修改如下。

```
try{
stream1.close();
}catch(Exception e){
}
try{
stream2.close();        //stream2 的关闭不受 stream1 的影响。
}catch(Exception e){
}
```

在实际应用中，有很多资源的关闭或释放都可能出现同样的问题，比如以下几种情况。

（1）连续关闭多个文件或者 socket。

（2）连续关闭多个数据库连接。

（3）连续调用多个 Parlay① 接口，当拆除电话呼叫时，要求每一个 Parlay 拆话接口都要调用到。如果一个抛出异常，其他接口没有调用到的话，则会由于相关对象被引用导致内存泄漏等问题。

（4）其他。

① 一种电信业务接口。

第 6 章

常见的 Java 陷阱

本章介绍常见的 Java 陷阱。

6.1 不稳定的 Runtime、getRuntime()、exec ()

Runtime、getRuntime ()、exec () 都可以执行一个外部程序。API（调用接口）创建一个外部进程，并返回一个 Process 的子类对该进程进行控制。Process 类提供了执行进程输出、输入、等待完成、获取错误码，以及杀死进程的方法。

但 JDK 提供的这个 API 在实际运行中有很多不稳定性，经常出现的问题如下。

（1）在 Windows 平台下可用的外部进程调用，在 Unix/Linux 中却不可用，或者导致程序挂起。

（2）调用 exe 程序没有问题，调用脚本程序却没有成功。

（3）正常退出的脚本执行没有问题，异常退出的脚本却导致 exec () 的挂起。

（4）返回结果不正确，等等。

对此，参考文献 [9] 有非常深入的分析。

通过 java.lang.Runtime.getRuntime () 可以获取 Java 运行期对象，借助该引用使 exec () 函数执行外部程序，如开发者经常使用这种方法启动一个浏览器来显示 html 帮助，exec () 的四个版本如下。

- public Process exec (String command)。
- public Process exec (String [] cmdArray)。
- public Process exec (String command, String [] envp)。
- public Process exec (String [] cmdArray, String [] envp)。

通过这些方法，可以将命令和相应的参数传给操作系统，使操作系统创建一个进程（一个运行的程序），并将 Process 类的对象引用，返回给 Java 虚拟机。Process 是一个抽象类，每一个操作系统对应一个 Process 的子类。这些方法的集中参数形式如下。

（1）包含程序名称和一个完整参数的字符串（空格作为分隔符）。

（2）程序和参数分离的一个 String 数组。

（3）一组环境变量形成的数组（环境变量格式为 name=value)。

Runtime.exec () 的第一个陷阱是 IllegalThreadStateException。下面的例子中调用 javac 外部程序的代码如下。

```
public class ExitPitfall {
    public static void main(String[] args)    {
```

```
        try
        {
            Runtime rt = Runtime.getRuntime();
            Process  proc  =   rt.exec("javac");
            int  exitcode  =  proc.exitValue();
            System.out.println("exit  code:  "  +  exitcode);
        }
        catch (Throwable t){
            t.printStackTrace();
        }
    }
}
```

程序产生的输出如下。

```
C:\work\sketch\Java\pitfall_exec>java -classpath bin ExitPitfall
java.lang.IllegalThreadStateException: process has not  exited
at java.lang.ProcessImpl.exitValue(Native Method)
at ExitPitfall.main(ExitPitfall.java:8)
```

如果外部进程没有完成，exitValue () 方法将回抛出 IllegalThreadStateException 异常，那么如何来解决这个问题呢？通过使用 waitFor () 可以避免该异常。实际上通过 waitFor () 也可以获取返回值。这意味着不需要将 exitValue () 和 waitFor () 联合使用，任何一个都可以完成该功能。但是有一种情况二者有明显的差异：当外部程序永远不退出时，为避免 Java 程序被阻塞，就应该使用 exitValue ()，而不是 waitFor ()。

因此，可以通过 catch IllegalThreadStateException 异常或者使用 waitFor () 等待外部程序完成来避免这个陷阱。

修改上面的程序，等待外部进程完成的代码如下。

```
public  class  ExitPitfall1 {
    public static void main(String[] args)    {
        try
        {
            Runtime rt = Runtime.getRuntime();
            Process  proc  =   rt.exec("javac");
            int  exitcode  =  proc.waitFor();
            System.out.println("exit  code:  "  +  exitcode);
        }
        catch (Throwable t){
            t.printStackTrace();
```

```
        }
    }
}
```

然而，程序仍然没有任何输出，反而被挂起，无法结束。为什么 javac.exe 进程无法完成呢？也就是说，为什么 Runtime.exec () 会挂起?

尽管 Runtime.exec () 看起来相当简单 , 但这个 API 在使用时却特别容易犯错误。当运行 javac 时，如果没有任何参数，那么它将产生一系列的关于如何运行该程序的输出，以及可用输入参数的问题。

这些输出是通过 stderr 流进行输出的。在等待进程退出之前，可以写一个程序来耗尽该流。虽然下面的程序可以执行，但不是一个好的通用程序，更好的解决方案是清空标准输出流和错误输出流，即同步清空这些流。

```
import   java.io.BufferedReader;
import  java.io.InputStream;
import  java.io.InputStreamReader;

public  class  ExitPitfall2 {
    public static void main(String   args[])
    {
        try
        {
            Runtime   runtime   =   Runtime.getRuntime();
            Process   proc   =   runtime.exec("javac");
            InputStream  stderr  =  proc.getErrorStream();
            InputStreamReader isr = new InputStreamReader(stderr);
            BufferedReader   reader   =   new   BufferedReader(isr);
            String  line  = null;
            while ( (line = reader.readLine()) !=     null)
                System.out.println(line);
            int  exitcode  =  proc.waitFor();
            System.out.println("exit  code:  "  +  exitcode);
        } catch (Throwable t)
        {
            t.printStackTrace();
        }
    }
}
```

运行结果如下。

```
C:\work\sketch\Java\pitfall_exec>java -classpath bin ExitPitfall2
```

用法：javac　< 选项 > < 源文件 >

其中，可能的选项包括内容如下。

-g　生成所有的调试信息。

-g:none　不生成任何调试信息。

-g:{lines,vars,source}　只生成某些调试信息。

-nowarn　不生成任何警告。

-verbose　输出有关编译器正在执行的操作消息。

-deprecation　输出使用已过时的 API 源位置。

-classpath < 路径 >　指定查找用户类文件的位置。

-cp < 路径 >　指定查找用户类文件的位置。

-sourcepath < 路径 >　指定查找输入源文件的位置。

-bootclasspath < 路径 >　覆盖引导类文件的位置。

-extdirs < 目录 >　覆盖安装的扩展目录的位置。

-endorseddirs < 目录 >　覆盖签名的标准路径的位置。

-d < 目录 >　指定存放生成的类文件的位置。

-encoding < 编码 >　指定源文件使用的字符编码。

-source < 版本 >　提供与指定版本的源兼容性。

-target < 版本 >　生成特定 VM 版本的类文件。

-version　版本信息。

-help　输出标准选项的提要。

-X　输出非标准选项的提要。

-J< 标志 >　直接将 < 标志 > 传递给运行时的系统。

```
exit  code: 2
```

ExitPitfall2 可以运行且可以获得返回值 2。正常情况下，返回值 0 意味着成功，其他非 0 值意味着发生了错误。假设一个命令在 Windows 操作系统下可以运行，如 dir、copy 等内部命令，许多新程序员会使用 Runtime.exec ()，但后果是，他们落入了 Runtime.exec 的第二个陷阱。示例如下。

```
import   java.io.BufferedReader;
import  java.io.InputStream;
import  java.io.InputStreamReader;

public class WinCommandPitfall {
    public static void main(String   args[])
    {
        try
        {
            Runtime rt = Runtime.getRuntime();
            Process  proc  =  rt.exec("dir");
            InputStream  stdin  =  proc.getInputStream();
            InputStreamReader isr = new InputStreamReader(stdin);
            BufferedReader  br  =  new  BufferedReader(isr);
            String  line  = null;
            while  (  (line  =  br.readLine())  != null)
                System.out.println(line);
            int  exitcode  =  proc.waitFor();
            System.out.println("exit  code:  "  +  exitcode);
        } catch (Throwable t)
        {
            t.printStackTrace();
        }
    }
}
```

运行结果如下。

```
C:\work\sketch\Java\pitfall_exec>java -classpath bin WinCommandPitfall
java.io.IOException: CreateProcess: dir  error=2
at  java.lang.ProcessImpl.create(Native Method)
at  java.lang.ProcessImpl.<init>(ProcessImpl.java:81)
at  java.lang.ProcessImpl.start(ProcessImpl.java:30)
at  java.lang.ProcessBuilder.start(ProcessBuilder.java:451)
at  java.lang.Runtime.exec(Runtime.java:591)
at  java.lang.Runtime.exec(Runtime.java:429)
at  java.lang.Runtime.exec(Runtime.java:326)
at  WinCommandPitfall.main(WinCommandPitfall.java:11)
```

返回值为 2，意味着 dir.exe 文件未找到。这是因为 dir 是 Windows 的内部解析命令，不是一个独立的可执行应用程序。运行 Windows 下的 command 内部命令，需要借助

commond.com (Windows 95) 或者 com.exe (Windows NT,2000,XP) 来完成，示例代码如下。

```
import  java.util.*;
import  java.io.*;

class MyStreamThread extends Thread {
    InputStream is;
    String  type;

    MyStreamThread(InputStream is, String type) {
        this.is  = is;
        this.type  =  type;
    }

    public  void  run() {
        try {
            InputStreamReader isr = new InputStreamReader(is);
            BufferedReader  br  =  new  BufferedReader(isr);
            String  line  = null;
            while  ((line  =  br.readLine())  != null)
            System.out.println(type  +  ">"  +  line);
        } catch  (IOException ioe) {
            ioe.printStackTrace();
        }
    }
}
public class WinCommandPitfall1 {
    public static void main(String args[]) {
        if (args.length  <  1)   {
            System.out.println("USAGE: java CommandPitfall1 <cmd>");
            System.exit(1);
        }

        try {
            String   osName   =    System.getProperty("os.name");
            String[]  cmd  =  new   String[3];

            if (osName.equals("Windows NT")||osName.equals ("Windows XP")){
                cmd[0]  = "cmd.exe";
                cmd[1]  = "/C";
```

```
                cmd[2]  =  args[0];
            } else if (osName.equals("Windows 95")) {
                cmd[0]  = "command.com";
                cmd[1]  = "/C";
                cmd[2]  =  args[0];
            }

            Runtime rt = Runtime.getRuntime();
            System.out.println("Execing " + cmd[0] + " " + cmd[1] + " "
                + cmd[2]);
            Process  proc  =   rt.exec(cmd);
            MyStreamThread  errorstream  =  new MyStreamThread(proc
            .getErrorStream(),   "ERR");
            MyStreamThread outputstream = new   MyStreamThread(proc
            .getInputStream(),   "OUTPUT");

            errorstream.start();
             outputstream.start();

             int exitcode = proc.waitFor();
            System.out.println("exit code: " + exitcode);
        } catch (Throwable t) {
            t.printStackTrace();
        }
    }
}
```

运行 GoodWindowsExec，输出如下。

```
C:\work\sketch\Java\pitfall_exec>java -classpath bin WinCommandPitfall1
"dir  *"
Execing cmd.exe /C dir *
OUTPUT> 驱动器 C 中的卷没有标签
OUTPUT> 卷的序列号是 84FE-C588 OUTPUT>
OUTPUT>
OUTPUT> C:\work\sketch\Java\pitfall_exec 的目录
OUTPUT>
OUTPUT>2007-12-31  09:48   <DIR>  .
OUTPUT>2007-12-31  09:48   <DIR>  ..
OUTPUT>2007-12-31  09:48   388   .project
OUTPUT>2007-12-31  09:48   <DIR>  src
```

```
OUTPUT>2007-12-31  09:48   <DIR>  bin
OUTPUT>2007-12-31  09:48   232   .classpath
OUTPUT>2007-12-31  09:51   33      run_ExitPitfall.bat
OUTPUT>2007-12-31  09:54   34      run_ExitPitfall1.bat
exit  code: 0
OUTPUT>2007-12-31  09:58   34      run_ExitPitfall2.bat
OUTPUT>2007-12-31  10:14   45  复件 run_CommandPitfall1.bat
OUTPUT>2007-12-31  10:31   39 run_WinCommandPitfall.bat
OUTPUT>2007-12-31  10:31   48 run_WinCommandPitfall1.bat
OUTPUT> 15 个文件    1,107   字节
OUTPUT> 4 个目录  3,082,616,832 可用字节
```

使用关联文档类型运行将启动对应该文档类型的应用程序，如启动 word（.doc 扩展名），可键入如下代码。

```
>java WinCommandPitfall1 "test.doc "
```

CommandPitfall1 使用 os.name 系统属性决定操作系统的类型，然后选择合适的命令解析程序，使用 MyStreamThread 处理错误输出和标准输出。MyStreamThread 清空独立线程传给它的任何流。

因此，为了避免 Runtime.exe () 的第三个陷阱，先不能假设一个命令必然是可执行程序。如何判断执行的命令是可执行程序还是内部命令，其方法如下。

getInputStream () 用来获取进程的输出流。注意这里的 InputStream 是从 Java 角度来看，而不是从外部程序的角度来看的，外部程序的输出即是 Java 程序的输入。同样地，外部程序的输入流，从 Java 角度来看却是一个输出流。

Runtime.exec () 不是命令行或者 shell Runtime.exec ()，最后一个陷阱是错误地认为 exec () 可以接受命令行或者 shell 中能接受的任何命令。Runtime.exec () 的能力是非常有限的，并且不能跨平台。因此，Runtime.exec () 往往被误解成可以接受作为命令行的任何字符串。

提示： 在命令行下输入一个命令时，往往包含命令的名称、参数，以及相关的重定向控制等。但如果因此认为把这样一个完整的命令行传给 Runtime.exec()，它就会按照设想去做事，这是非常错误的。

下面介绍一个使用 exec () 重定向的例子。

```
import java.util.*;
import java.io.*;
```

```
class MyStreamThread extends Thread {
    InputStream is;
    String type;

    MyStreamThread(InputStream is, String type) {
        this.is = is;
        this.type = type;
    }

    public void run() {
        try {
            InputStreamReader isr = new InputStreamReader(is);
            BufferedReader br = new BufferedReader(isr);
            String line = null;
            while ((line = br.readLine()) != null)
                System.out.println(type + ">" + line);
        } catch (IOException ioe) {
            ioe.printStackTrace();
        }
    }
}

public class WinRedirectPitfall {
    public static void main(String args[])
    {
        try
        {
            Runtime rt = Runtime.getRuntime();
            Process proc = rt.exec("netstat -an > a.txt");

            MyStreamThread errorGobbler = new
            MyStreamThread(proc.getErrorStream(), "ERROR");

            MyStreamThread outputGobbler = new
            MyStreamThread(proc.getInputStream(), "OUTPUT");

            errorGobbler.start();
            outputGobbler.start();

```

```
                int exitcode = proc.waitFor();
                System.out.println("exit code: " + exitcode);
            } catch (Throwable t)
            {
                t.printStackTrace();
            }
        }
}

```

运行该例程如下。

```
C:\work\sketch\Java\pitfall_exec>java -classpath bin WinRedirectPitfall
ERROR>
ERROR>      显示协议统计信息和当前 TCP/IP 网络连接
ERROR>
ERROR>NETSTAT [-a] [-b] [-e] [-n] [-o] [-p proto] [-r] [-s] [-v]
[interval]
ERROR>
ERROR> -a  显示所有连接和监听端口
ERROR> -b  显示包含于创建每个连接或监听端口的
ERROR>     可执行组件。在某些情况下已知可执行组件
ERROR>     拥有多个独立组件，并且在这些情况下
ERROR>     包含于创建连接或监听端口的组件序列
ERROR>     被显示。这种情况下，可执行组件名
ERROR>     在底部的 [] 中，顶部是其调用的组件，
ERROR>     等等，直到 TCP/IP 部分。注意此选项
ERROR>     可能需要很长时间，如果没有足够权限
ERROR>     可能失败
ERROR> -e  显示以太网统计信息。此选项可以与 -s
ERROR>     选项组合使用
exit  code: 1
ERROR> -n  以数字形式显示地址和端口号
ERROR> -o  显示与每个连接相关的所属进程 ID
ERROR> -p proto   显示 proto 指定的协议的连接；proto 可以是
ERROR>     下列协议之一：TCP、UDP、TCPv6 或 UDPv6
ERROR>     如果与 -s 选项一起使用以显示按协议统计信息，proto 可以是下列协议之一：
ERROR> IP、IPv6、ICMP、ICMPv6、TCP、TCPv6、UDP  或 UDPv6
ERROR> -r  显示路由表
ERROR> -s  显示按协议统计信息。默认显示 IP、
ERROR> IPv6、ICMP、ICMPv6、TCP、TCPv6、UDP  和 UDPv6 的统计信息
```

```
ERROR>   -p 选项用于指定默认情况的子集
ERROR>   -v 与 -b 选项一起使用时将显示包含
ERROR>   为所有可执行组件创建连接或监听端口的
ERROR>   组件
ERROR>   interval  重新显示选定统计信息，每次显示之间
ERROR>   暂停间隔（以秒计）。按 <Ctrl>+C 组合键停止操作
ERROR>   显示统计信息。如果省略，则 netstat 显示当前
ERROR>   配置信息（只显示一次）
```

程序 WinRedirectPitfall 将一个简单的 netstat 程序输出重定向到 a.txt 文件，然而根本没有产生 a.txt 文件，其中 jecho 程序只是简单地把命令行参数值直接输出，这种方式是行不通的。因为这里把 exec() 当成了 shell 解析器，实际上它仅能执行单个可执行程序（程序或者脚本）。如果需要处理流，如重定向或者输入其他程序中，则必须用程序来做。

```
import  java.util.*;  import   java.io.*;
class MyStreamThreadWithRedirect extends Thread  {
    InputStream is;
    String  type;
    OutputStream os;

    MyStreamThreadWithRedirect(InputStream is, String type)
    {
        this(is,  type,  null);
    }

    MyStreamThreadWithRedirect(InputStream is, String type,
OutputStream   redirect)
    {
        this.is  = is;
        this.type  =  type;
        this.os   =  redirect;
    }

    public  void  run()
    {
        try{
            PrintWriter  pw  =  null;
            if (os  != null)
                pw  =  new   PrintWriter(os);

```

```
                InputStreamReader isr = new InputStreamReader(is);
                BufferedReader br = new BufferedReader(isr);
                String line=null;
                while ( (line = br.readLine()) != null){
                    if (pw != null){
                        pw.println(line);
                    }
                }
                if (pw != null)
                    pw.flush();
            } catch (IOException ioe){
            ioe.printStackTrace();
            }
    }
}
import java.io.FileOutputStream;

public class WinRedirectPitfall1 {
    public static void main(String args[])
    {
        try{
            FileOutputStream fos = new FileOutputStream("a.txt");
            Runtime rt = Runtime.getRuntime();
            Process proc = rt.exec("netstat -an");
            MyStreamThreadWithRedirect errorGobbler = new
            MyStreamThreadWithRedirect(proc.getErrorStream(),
"ERROR", fos);

            MyStreamThreadWithRedirect outputGobbler = new
            MyStreamThreadWithRedirect(proc.getInputStream(),
"OUTPUT", fos);

            errorGobbler.start();
            outputGobbler.start();

            int exitcode = proc.waitFor();
            System.out.println("exit code: " + exitcode);
            fos.flush();
            fos.close();
        } catch (Throwable t){
```

```
                t.printStackTrace();
            }
        }
    }
```

运行 WinRedirectPitfall1 产生的输出如下。

```
C:\work\sketch\Java\pitfall_exec>java -classpath bin
WinRedirectPitfall1
exit code: 0
```

运行 WinRedirectPitfall1 时，a.txt 被创建了，说明该程序执行成功。解决这个 exec 陷阱主要是通过控制外部进程的标准输出流来控制重定向。创建一个独立的 OutputStream，接收外部进程的标准输出，然后写到指定文件名的文件中，用这种方式可完成外部进程重定向的功能。

既然 Runtime.exec () 参数是和操作系统相关的，不同的操作系统下，输入的命令也会随之不同。在写代码之前，最好测试输入的参数是否合法，然后再确定参数的写法。

避免 Runtime.exec () 陷阱的总结如下。

（1）只有外部进程退出，才能获取到返回值。

（2）必须马上处理外部程序的输入、输出及错误流。

（3）必须使用 Runtime.exec () 执行程序（指可执行程序）。

（4）不能像命令行一样使用 Runtime.exec ()。

在复杂的场合下，可以使用 JNI 来完成类似的功能。使用 C/C++ 的 system () 函数完成外部进程的调用，而使用 Java 来调用该 C/C++ 编译而成的 JNI 动态库，C/C++ 的 system () 实现非常完美。这样就会很少遇到各种各样的怪问题了。

6.2 JDK 自带 Timer 的适用场合

6.2.1 java.util.Timer

java.util.Timer 提供了定时器的实现，该 Timer 的实现调度线程与执行任务线程为同一个线程，这就意味着如果执行任务线程耗时较长，则会直接影响后续任务的触发精度。

为了验证该问题，可执行如下代码。

```
----------------Main_UtilTimer.java----------------
package MyPackage;
import java.util.Timer;

public class Main_UtilTimer {
    public static void main(String[] args) {
    Timer timer = new Timer();

    MyTimerTask task1 = new MyTimerTask(1);
    MyTimerTask task2 = new MyTimerTask(2);
    MyTimerTask task3 = new MyTimerTask(3);
    timer.schedule(task1, 5000);
    timer.schedule(task2, 5000);
    timer.schedule(task3, 5000);
    }
}

----------------Main_UtilTimer.java----------------
package MyPackage;
import java.util.TimerTask;

public class MyTimerTask extends TimerTask {

    int taskid;
    public MyTimerTask(int _taskid){
        taskid = _taskid;
    }
    public void run()
    {
        try{
            System.out.println("execute timer task:"
                + taskid + " at :" + System.currentTimeMillis());
            Thread.sleep(15000);
        }
        catch(Exception e){
            e.printStackTrace();
        }
    }
}
```

5s 之前打印的堆栈如下。

```
Full thread dump Java HotSpot(TM) Client VM (1.5.0_13-b05 mixed mode,
sharing):
"DestroyJavaVM" prio=6 tid=0x00035b78 nid=0xe68 waiting on
condition
"Timer-0" prio=6 tid=0x00a861a8 nid=0xec0 in Object.wait()
at java.lang.Object.wait(Native Method)
-waiting on <0x22c011e8> (a java.util.TaskQueue)
at java.util.TimerThread.mainLoop(Unknown Source)
-locked <0x22c011e8> (a java.util.TaskQueue)
at java.util.TimerThread.run(Unknown Source)
"Low Memory Detector" daemon prio=6 tid=0x00a58a80 nid=0xe70 runnable
"CompilerThread0" daemon prio=10 tid=0x00a57660 nid=0xe88 waiting on
condition
"Signal Dispatcher" daemon prio=10 tid=0x00a93830 nid=0xe8c waiting on
condition
"Finalizer" daemon prio=8 tid=0x0003f7a8 nid=0xe7c in Object.wait()
at java.lang.Object.wait(Native Method)
-waiting on <0x22bd0ad0> (a java.lang.ref.ReferenceQueue$Lock)
at java.lang.ref.ReferenceQueue.remove(Unknown Source)
-locked <0x22bd0ad0> (a java.lang.ref.ReferenceQueue$Lock)
at java.lang.ref.ReferenceQueue.remove(Unknown Source)
at java.lang.ref.Finalizer$FinalizerThread.run(Unknown Source)
"Reference Handler" daemon prio=10 tid=0x0003e328 nid=0xe04 in Object.
wait()
at java.lang.Object.wait(Native Method)
-waiting on <0x22bd09e0> (a java.lang.ref.Reference$Lock)
at java.lang.Object.wait(Unknown Source)
at java.lang.ref.Reference$ReferenceHandler.run(Unknown Source)
-locked <0x22bd09e0> (a java.lang.ref.Reference$Lock)
"VM Thread" prio=10 tid=0x00a49f28 nid=0xe5c runnable
"VM Periodic Task Thread" prio=10 tid=0x00a81cd8 nid=0xe00 waiting on
condition
```

5s 之后 Timer 任务执行时打印的堆栈如下。

```
Full thread dump Java HotSpot(TM) Client VM (1.5.0_13-b05 mixed mode,
sharing):
"DestroyJavaVM" prio=6 tid=0x00035b78 nid=0xe68 waiting on condition
"Timer-0" prio=6 tid=0x00a861a8 nid=0xec0 waiting on condition
at java.lang.Thread.sleep(Native Method)
at MyPackage.MyTimerTask.run(MyTimerTask.java:15)
```

```
at  java.util.TimerThread.mainLoop(Unknown Source)
at  java.util.TimerThread.run(Unknown Source)
"Low Memory Detector" daemon prio=6 tid=0x00a58a80 nid=0xe70 runnable
"CompilerThread0" daemon prio=10 tid=0x00a57660 nid=0xe88 waiting on
condition
"Signal  Dispatcher" daemon prio=10 tid=0x00a93830  nid=0xe8c waiting
on condition
"Finalizer" daemon prio=8 tid=0x0003f7a8 nid=0xe7c in Object.wait()
at java.lang.Object.wait(Native Method)
-waiting on <0x22bd0ad0>  (a  java.lang.ref.ReferenceQueue$Lock)
at  java.lang.ref.ReferenceQueue.remove(Unknown Source)
-locked <0x22bd0ad0> (a java.lang.ref.ReferenceQueue$Lock)
at  java.lang.ref.ReferenceQueue.remove(Unknown Source)
at java.lang.ref.Finalizer$FinalizerThread.run(Unknown Source)
"Reference Handler" daemon prio=10 tid=0x0003e328 nid=0xe04 in Object.
wait()
at  java.lang.Object.wait(Native  Method)
-waiting on <0x22bd09e0> (a java.lang.ref.Reference$Lock)
at  java.lang.Object.wait(Unknown Source)
at  java.lang.ref.Reference$ReferenceHandler.run(Unknown Source)
-locked <0x22bd09e0> (a java.lang.ref.Reference$Lock)
```

执行的结果如下。

```
execute timer task:1 at :1197985233784
execute timer task:3 at :1197985248786
execute timer task:2 at :1197985263787
```

从第一个堆栈可以看出，定时器的调度线程为“Timer-0”。但在触发用户的定时任务时，执行线程仍然是“Timer-0”，也就是说调度线程和执行线程是同一个。同时，从打印出的结果来看，三个定时任务之间是依次执行的，而第三个任务比第一个晚了 15s [1197985248786-1197985233784=15002 (ms)]，它们本应该是同时执行的。

这个情况在某些要求精确的场合会造成严重的问题。解决的方法是在用户的任务代码中启动另一个线程来执行。当然，当任务的数量很多时，这样可能会导致某个瞬间线程过多，甚至超过系统所允许的最大值。这时最好使用线程池来执行定时任务代码，这样就可以把线程数量控制在一定的范围内，从而避免因线程超过系统的最大数量而导致系统运行失败。这是一个很完美的解决方案。

比较完善的代码如下。

```
----------------Main_AsyncUtilTimer.java----------------
package MyPackage;
import java.util.Timer;
public class Main_AsyncUtilTimer {
    public static void main(String[] args) {
    Timer timer = new Timer();

    MyAsyncTimerTask task1 = new MyAsyncTimerTask(1);
    MyAsyncTimerTask task2 = new MyAsyncTimerTask(2);
    MyAsyncTimerTask task3 = new MyAsyncTimerTask(3);
    timer.schedule(task1, 5000);
    timer.schedule(task2, 5000);
    timer.schedule(task3, 5000);
    }
}
----------------MyAsyncTimerTask.java----------------
package MyPackage;
import java.util.TimerTask;
import java.util.concurrent.LinkedBlockingQueue;
import java.util.concurrent.ThreadPoolExecutor;
import java.util.concurrent.TimeUnit;

public class MyAsyncTimerTask extends TimerTask {

    int taskid;
    public MyAsyncTimerTask(int _taskid){
        taskid = _taskid;
    }
    public void run()
    {
        int nTasks = 50;
        int tpSize = 100;
        ThreadPoolExecutor threadpool = new
ThreadPoolExecutor(tpSize, tpSize,
        50000L, TimeUnit.MILLISECONDS, new LinkedBlockingQueue
<Runnable>());

        MyTimerExecutorThread exethread = new
MyTimerExecutorThread(taskid);

        exethread.start();
```

```
    }
}

----------------MyAsyncTimerTask.java----------------
package  MyPackage;
import     java.util.concurrent.*;
import     java.util.concurrent.atomic.*;

public  class  MyTimerExecutorThread  extends Thread{
    int  taskid;
    public  MyTimerExecutorThread(int _taskid){
        taskid   =  _taskid;
    }
    public  void run(){
        try{
            System.out.println("execute  timer  task:"
            +  taskid  +  " at  :" +  System.currentTimeMillis());;
            Thread.sleep(15000);
        }
        catch(Exception e){
            e.printStackTrace();
        }
    }
}
```

执行结果如下。

```
execute timer task:1 at :1197995590286
execute timer task:3 at :1197995590286
execute timer task:2 at :1197995590286
```

从结果可以看出来，三个定时任务同时触发，且没有互相影响。这种实现方法的优点如下。

- 定时任务之间无任何影响，保证了触发精度。
- 由于使用了线程池，避免了大量任务同时触发导致的线程数量超过系统限制。因此，这个方案既能保证触发精度，又能保证系统的可靠性。

6.2.2 java.swing.Timer

java.swing.Timer 是 swing 包中带的一个定时器，这个定时器与 java.util.Timer 的区别在于，swing 的 Timer 任务执行时，使用的是 swing 事件分发线程。定时器事件与键盘 / 鼠标等事件使用的是同一个事件分发器和执行线程。

同样，如果使用了这个 Timer 实现，那么任务和键盘鼠标事件的处理是在同一个线程中进行的，定时任务是一个一个来执行的，因此会影响定时任务触发的精度。一般情况下，用户的定时任务不要使用 Timer 实现。

6.3 JDK 自带线程池的陷阱

JDK 自带线程池的特点：开始 new 出最少数量的线程，当有新任务添加到该线程池中时，会有一个线程去执行。如果当时没有可用的线程，那么这个任务就放在队列中待执行。如果新到的任务太多，导致积压的任务过多，多到任务队列装不下的时候，就会创建出新的线程。

这种实现在非实时的场合可能不会导致太大的问题，但是在实时应用场合，如电信领域的 SIP 呼叫类应用，当一个任务在队列中等待时间过长（如超过 500ms），就会导致大量消息重发或者呼叫失败。在这种场合下，将线程池的最小线程数量指定大一些，可避免线程不足导致的任务处理延迟从而造成的超时。

6.4 Timer 的使用陷阱

需要特别注意的是，有的程序员每次启动一个定时任务时，都会 new 出一个新的 Timer () 实例，然后调用该实例的 schedule () 方法。这样做的问题是，每次 new 出一个 Timer () 实例，都会产生一个专门负责调度的线程（java.util.TimerThread.mainLoop），该线程是无限循环的，永不退出，如果系统创建了很多 Timer () 实例，那么系统的线程就会越来越多，最终导致进程异常。

下面的代码运行后，打印堆栈会发现对应一个无限循环调用 java. util. TimerThread. mainLoop () 线程。

```
Timer timer = new Timer();
timer.schedule(new  Task(),  60  * 1000);
```

正确的做法是，只创建一次（或者有限次）的 Timer () 实例，然后统一使用这个 Timer 实例进行 schedule ()。

```
at com.MyTask$1.run() at
java.util.TimerThread.mainLoop(Timer.java:512) at
java.util.TimerThread.run(Timer.java:462)
```

第 7 章

关于数据库

在大型的 Java 服务端程序中，对数据库的使用需要特别的关注。数据库在执行某些 SQL 语句时，会进行锁表 / 锁行操作。尽管程序员察觉不到这些底层操作，但上层如果处理不当，将会导致整个系统瘫痪，对系统的可靠性和稳定性造成巨大的影响。

7.1 关于数据库表死锁与锁表的问题

虽然死锁与锁表有一些关联，但又有相当大的不同。死锁是由于两个事务互相等待被对方占有的锁而导致的真正含义上的死锁。这种死锁模式从理论上说，是两个事务永远无法结束，但这种死锁数据库能够检测出来，与其二者都无法进行，还不如让一个事务失败，这样另一个事务还可以正常进行。失败的事务回滚，由应用程序决定下一步的动作，这样不至于出现整个系统挂死的情况。

当一个事务操作数据库（update 等）时，在事务 commit/rollback 之前表的相关行是会被一直锁住的，但如果事务由于某些原因一直没有被提交，那么相关的表是一直被锁住的，而其他的事务由于该表的相关行被锁住，导致一直等待对方释放，这样造成所有的事务都无法进行，系统最终挂死。在集群或者分布式环境下，这种问题会直接导致其他机器发生连锁宕机。

7.1.1 关于表死锁

事务提交缓慢比锁表更为严重。关于集群模式下的数据库访问如何保证时序的问题（如工作流，保证两个机器上的工作项以一定的顺序执行），可以使用单机结合 QueuedLock 解决。

1. 表死锁的原因

当两个或多个用户正在等待被对方锁定的数据时，死锁就会发生。死锁会导致两个事务不能继续运行。图 7-1 描述了两个事务死锁的场景。

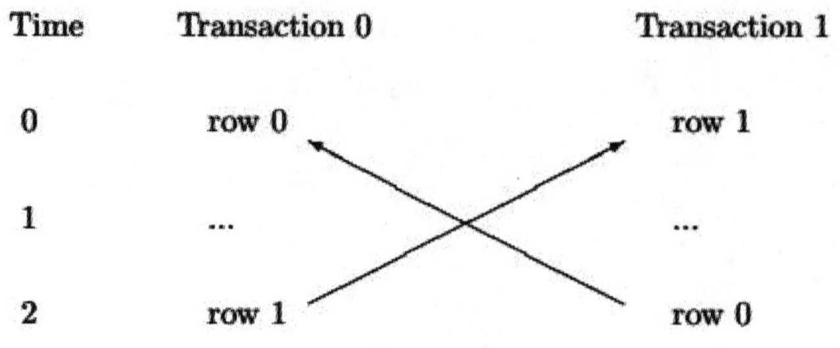

Time	Transaction 0	Transaction 1
0	row 0	row 1
1	...	...
2	row 1	row 0

图 7-1　表死锁

在时间点为 0 时，事务 0 要更新第 0 行，事务 1 要更新第 1 行，因此二者分别给自己要更新的行进行了锁行操作，即事务 0 锁住了第 0 行，事务 1 锁住了第 1 行。在时间点为 1时，二者又做了一些操作（此处不再赘叙）。在时间点为 2时，事务 0 企图更新第1行数据，由于第 1 行已经被事务 1 锁住，因此此时只能等待对方释放行锁。事务 1 同时企图更新第 0 行数据，由于第 0 行已经被事务 0 锁住，因此只能等待对方释放行锁。由于这两个事务互相都要等待被对方占有的锁，自己才能继续，因此就造成了死锁。二者永远没有机会继续运行下去。

2. 表死锁的检测

Oracle 等商业化数据库软件可以自动检测出死锁，强行将死锁事务中的一个回滚，这样来释放一个发生冲突的行锁。在分布式事务下，这种死锁发生的机理是相同的。

3. 表死锁的避免

多表死锁一般可以通过调整事务访问表的顺序进行避免，即以相同的顺序来访问表，或者手工来精确控制锁也可以。所有相关的程序员会通过先锁主表，然后再锁详细表的方式更新数据，这样就可避免死锁。当一个事务中需要一系列的锁时，应首先申请排他锁。

4. 手工加锁

数据库一般会根据判断自动进行加锁以确保数据的完整性，以及语句级的读一致性。也可以手工对锁进行控制。在下面几种情况下，就需要使用手工来控制锁。

（1）应用程序需要事务级的读一致性或者重复读。换句话说，在事务期间，查询必须得到一致的数据，而不能被其他事务干扰。可通过手工使用显式的锁（或者只读事务、可序列化的事务）来保证事务级的读一致性。

（2）应用程序需要对一个资源进行排他存取，从而不需要等待其他事务完成。在事务级，下面的 SQL 语句可以实现加锁功能。

- The SET TRANSACTION ISOLATION LEVEL statement.
- The LOCK TABLE statement (which locks either a table or when used with views the underlying base tables).
- The SELECT ... FOR UPDATE statement.

当事务提交或者回滚的时候，这些语句占有的锁就会自动释放。一旦用户使用了事务级的手工加锁，就要保证事务的完整性。

表一旦发生死锁，从逻辑上就可以由数据库检测出来。为了避免数据库系统瘫痪，数据库一般会自动让一个事务失败，而让另一个事务继续进行，因此表死锁不至于导致很严重的问题，至多导致一个事务失败。如果程序对失败进行了处理，那么对系统不会造成任何影响。

7.1.2 关于锁表

锁表是由于两个事务在特定的关联行上加锁导致的。当一个事务在操作数据库（update 等）时，在事务 commit/rollback 之前，表的相关行是会被一直锁住的，当然在一定的时间内，表被锁住是保证事务一致性的唯一手段。

如果事务由于某些原因一直没有被提交或回滚，那么相关的行是一直被锁住的，而其他的事务在继续进行之前只能等待对方被释放，这样导致所有的事务都无法进行，造成系统最终挂死。更严重的是，由于数据库无法判断事务不提交的真正原因，也就不能擅自做出事务失败回滚的操作，只能等待应用层的指令（提交或回滚）。该问题一旦在一台机器上发生，那么其他访问该数据库行的机器也会被挂起，最终导致整个系统瘫痪。

提示： 事务既没有提交也没有回滚，是锁表的唯一原因。如果事务由于某种代码缺陷导致永远没有提交 / 回滚，那么这个锁表是永久的，直到 Java 进程退出，或者数据库连接被关闭。如果事务只是提交慢，那么在提交之前表是一直锁住的，一旦提交就会被解锁，这往往是一个性能问题。

这种问题是需要高度重视的问题。要避免这种情况，唯一的办法是要保证所有的事务都能提交，特别是在出现幽灵代码[①]的情况下。

（1）由于异常导致提交或者回滚代码没有得到执行。

```
transaction.start();
......  // 这里其他的代码，如果抛出异常
// 那么下面的事务提交或者回滚就无法执行
// 导致事务永远无法提交 / 回滚，从而导致永久的锁表
transaction.commit();   或者 transaction.rollback();
```

代码修改如下。

```
transaction.start();
try{
     ...    // 其他可能抛出异常的代码
}
catch(Throwable t){ // 注意抓住 Throwable 比 Exception 更安全
     ...    // 抓住所有异常，确保后面的资源清理代码可以执行到
}
transaction.commit();   或者 transaction.rollback();
```

① 可怕的幽灵代码再次出现，一旦在这里出现，那么对整个系统的影响将是致命的。

或者修改如下。

```
transaction.start();
try{
    ...     //其他可能抛出异常的代码
}
catch(){
    ...
}
finally{
    transaction.commit();    或者 transaction.rollback();
}
```

（2）由于不满足 if/else 条件等而导致提交或者回滚代码没有得到执行。

（3）事务代码非常分散，在不满足某些条件时，导致提交或者回滚代码没有得到执行。

（4）由于问题转移带来的锁表假象（或者属于性能问题，事务提交太慢，从数据库来看，表是长时间被锁住）。

这种代码导致的锁表问题一般隐藏都很深，在实验室测试时不容易暴露。这种问题一旦发生在生产环境，影响将是致命的。很不幸的是，前面介绍的定位手段对这种问题几乎没有帮助，因为它是应该执行的代码而没有执行，在系统中留不下任何痕迹，从而很难进行定位。写代码时规避该问题是唯一有效的办法。另外，如果生产环境许可的话，可以从数据库侧查找是哪个 SQL 导致了表被锁，通过这个信息也能逐步找到嫌疑代码。但由于这种问题是致命的，因此一旦生产环境发生问题，往往是马上进行重启，不给定位留时间。

警告：在真实的生产环境下，锁表会影响整个系统，锁表比死锁更为可怕。死锁只会导致一个事务失败，而锁表将影响全局，而且是致命的。

7.2　Oracle 的锁表 / 死锁

SQL 性能极差的情况如下。

```
SELECT TASKID FROM TASK_DETAIL WHERE TASKID NOT IN (SELECT TASKID
FROM TBL_PERSIST_CALLBACK UNION SELECT TASKID FROM WF_TBL_SYSTEM_
TIMERS)
```

修改语句后，其性能非常好，性能可提高几百倍。

```
SELECT TASKID
FROM  TASK_DETAIL a
WHERE NOT EXISTS
 (SELECT 1
FROM   WF_TBL_PERSIST_CALLBACK  b
WHERE  a.taskid  = b.taskid)
AND NOT EXISTS
 (SELECT 1 FROM WF_TBL_SYSTEM_TIMERS  c
WHERE  a.taskid  = c.taskid)
```

通过 topas pid 查询 SQL。

```
select  sql_text
from v$session a, v$process b, v$sqltext   c
where   a.SQL_HASH_VALUE=c.HASH_VALUE  and
a.PADDR = b.ADDR and
b.SPID = 2420858
order  by c.piece
```

监控锁表的 SQL。

```
select  o.owner,
o.object_name,
o.object_type,
o.last_ddl_time,
o.status,
l.session_id,
l.oracle_username,
l.locked_mode
from dba_objects o,gv$locked_object l
where  o.object_id=l.object_id
```

性能监控的 SQL。

```
select  round(fetches/(executions+1)),
sql_text,
t.EXECUTIONS,
t.VERSION_COUNT,
t.CPU_TIME,
t.ELAPSED_TIME,
t.DISK_READS,
```

```
fetches,
hash_value,
t.BUFFER_GETS
from v$sqlarea t
order by DESC

select  sql_text
from   V$sqltext
where hash_value=1118282882 order by pieces;
```

7.3 使用事务的方法

使用事务会保证数据的一致性，这是事务带来的最大价值。在数据要求绝对正确的场合，如银行，事务是不二的选择。但事务不一定适合所有场合。在数据完整性要求不是很严苛的情况下，不使用事务也许是一个更好的选择。使用事务会带来的副作用如下。

（1）会带来一定的复杂性和可靠性的问题，如没有 catch 异常的话，会导致 rollback/commit 没有提交，最终导致锁表，其他等待该锁的所有事务挂起。前面已经介绍过，这种由于事务没有提交 / 回滚而导致的锁表对系统的影响是致命的 , 会使整个系统停止工作。

（2）在设计不合理的情况下，事务时间过长，会导致数据库锁竞争，造成整体性能急剧下降。

第 8 章

字符集与编码

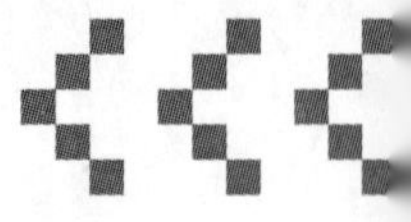

今天，很多系统都需要考虑国际化的问题，而字符集就是首要关注的内容。“字符集”和“编码”两个词频繁地出现在各种技术书籍中，其有很多技术细节需要关注，下面将主要介绍相关概念。

- 字符集。
- 编码。
- Unicode 和 UTF 的关系。
- 宽字节与双字节。

8.1　字符集

字符集，顾名思义就是字符的集合，这个集合中定义了每个字符的编码，注意这里提到的是字符集而不是字符编码。字符集只定义了每个符号对应的编号，这个编号与计算机没有任何关系。字符集并不规定每个字符在计算机中用几个字节表示，这属于编码（encoding）的范畴，字符集和编码是两码事，理解这一点是非常重要的，否则很容易被一些概念搞得晕头转向。

8.2　编码

编码是指一个字符在计算机中怎样存放，是采用 1 字节、2 字节，还是不定长的字节?在介绍编码之前先介绍几个名词。

（1）单字节（Single-byte Character Set, SBCS）：在计算机中用 1 字节表示 1 个字符（字符集里定义的），如英文和欧洲语系的文字。

（2）多字节（Multi-byte Character Set, MBCS）：在计算机中用多字节表示 1 个字符，如有的字符是 1 字节，而另外的字符是 2 个或者 2 个以上的字符，每个字符的长度可能不同。

双字节（Double-byte Character Set, DBCS）：在计算机中固定采用 2 字节表示 1 个字符。

GB2312、GBK、Big5 一般既是字符集，又是编码。而 Unicode 只是字符集而不是编码方式，Unicode 字符集的编码方式（在计算机内表示）有以下几种。

- 最初采用 2 字节编码（ascii 也采用 2 字节）；
- UTF-32 采用固定的 4 字节编码；

- UTF-16 和 UCS-2 相似，带有扩展机制，也是变长编码（2 字节或者 4 字节）。
- UTF-8 采用变长编码（1~6 字节不等）。

关于 UTF-8 编码方式的特点如下。

①采用变长编码（1~6 字节不等）。

②通过 haffman 编码区分后面有多少字节。

UTF-8 编码方式的优点如下。

①对英文而言，仍然采用单字节编码，这样保证了后向的兼容性，对于英文文档不存在转换的问题，老程序可以兼容英文文档，同时比较节省空间。

②编码中不会出现 0x00，这样在 C/C++ 这种以 0x00 作为字符串结束的语言中，不会导致混乱。

③容易找到字符的边界，不会出现一个字被截断的乱码情况。

④逐字节编码，不存在大头 / 小头的问题 (Big endian/Little endian)。

UTF-8 编码的缺点如下。

判断字符长度和数量等需要从头开始遍历，效率较低，所以有些程序在内存中采用 UCS-2 定长字节表示（定长字符、字符串长度等运算非常容易），但保存在磁盘中则以 UTF-8 方式，这样可以节省存储空间。

通过上面的介绍，总结一下 Unicode 和 UTF-8 的关系：Unicode 是字符集，它只定义了每个字符的编号，没有定义在计算机中的格式（存储格式或者表达格式）；UTF-8 则是 Unicode 字符集对应的计算机的存储格式，即编码。Unicode 编码一般是指原生编码，即每个字符的编号，尽管有时也不严谨地叫编码；UTF-8 则特指计算机内部的存储编码，即 Unicode 是字符集名称，而 UCS-2、UTF-8 这些是编码名称。Unicode 与 UTF-8 的映射关系如表 8-1 所示。

表 8-1　Unicode 与 UTF-8 的映射关系

Unicode	UTF-8
U-00000000 - U-0000007F:	0xxxxxxx
U-00000080 - U-000007FF:	110xxxxx 10xxxxxx
U-00000800 - U-0000FFFF:	1110xxxx 10xxxxxx 10xxxxxx
U-00010000 - U-001FFFFF:	11110xxx 10xxxxxx 10xxxxxx 10xxxxxx
U-00200000 - U-03FFFFFF:	111110xx 10xxxxxx 10xxxxxx 10xxxxxx 10xxxxxx
U-04000000 - U-7FFFFFFF:	1111110x 10xxxxxx 10xxxxxx 10xxxxxx 10xxxxxx 10xxxxxx

注意 xxx 的位置由字符编码数的二进制表示的位填入。第一个字节的开头“1”的数量就是整个串中字节的数目。如 1110xxxx 开头有三个 1，表示由三个字节组成。计算机处理

的时候，将根据这个指示进行截断读取。例如，Unicode 字符 U+00A9 = 1010 1001（版权符号）在 UTF-8 里的编码为

11000010 10101001 = 0xC2 0xA9

字符 U+2260 = 0010 0010 0110 0000（不等于）编码为

11100010 10001001 10100000 = 0xE2 0x89 0xA0

8.3 编码的识别

既然有那么多编码，如何知道数据文件中应采用哪种编码方式呢？答案是没有准确的方法。在继续介绍数据文件和编码的关系之前，先做一个小试验：在 Windows 下打开记事本程序，新建一个文本文件，键入“联通”，并保存。然后再打开该文件，发现并没有“联通”两个字，那是为什么呢？

在 Windows 下的记事本文件中，文件的头部记录了编码的类型，编码是 FFFE，表示该文件是 UTF-8 的编码，而“联通”的编码恰好是 FFFE，因此使得记事本程序误认为 FFFE 是一个文件头。

实际上，具体数据文件中采用的编码方式依赖于各个系统自己的设计，没有通用的方法来判断，但在某些通用的文件格式中，有约定如下。

- http：使用 Content-Type (HTTP header 中或者 meta tag) 进行表示。
- e-mail: 使用 Content-Type,Content-Transfer-Encoding 进行表示。
- BOM-Byte Order Mark: 在文件的头部增加一个标记来标明文件编码类型。

00 00 FE EF：UTF-32,big endian

FF FE 00 00：UTF-32,little endian

FE FF：UTF-16, big endian

FF FE：UTF-16, little endian

EF BB BF：UTF-8

使用 XML 解析器判断 XML 文件编码的方法如下。

（1）先检查文件头是否有 BOM 编码，如果有，则根据 BOM 编码进行确定。

（2）如果没有 BOM 编码，则按 ascii 格式读取 XML 声明，根据 XML 声明中的编码属性确定编码，如 <？ xml version= "1.0 " encoding= "UTF-8 "？ >。

（3）如果二者都存在，且 BOM 编码的声明和 XML 声明不一致，或者声明与文件中实际的数据不一致，那么均不能正确完成读取。

8.4 关于编码的转换

编码是可以转换的，但必须是两个字符集都存在的字符才可以相互转换，如 conv -f UTF-8 -t GB2312 file.txt > file-gb.txt，可将 UTF 转换成 gb2312。

C/C++ 中 byte 就是 char，可以将多字节转换为宽字节，或者将宽字节转换为多字节。前面已经介绍过，由于 UTF-8 可以节省存储空间，因此在持久化到文件时，其采用比较广泛。但由于 UTF-8 的每个字符不确定长度，在程序处理方面很不方便，如计算字符串的长度、搜索一个子串都非常困难（必须从头开始遍历）。因此在程序内存中一般采用的是固定字长的方式，处理过程如下。

（1）从磁盘读入内存后，是 UTF-8 编码，即多字节方式。

（2）C/C++ 程序通过调用 mbstowcs () 将多字节转换为宽字节，即每个字符用 Unicode 的 4 字节表示（64 位的机器可能是 8 字节），具体使用 4 字节或者 8 字节对系统没有影响，关键要看 wchat_t 的长度。

（3）当需要写磁盘时，可通过 wcstombs () 将宽字节转换为多字节，然后保存。

在 C++ 中是不直接支持各种字符集的，需要手工编写代码进行转换，在不同的操作系统下函数名称亦有不同。

① Linux：

- mbstowcs：多字节转换为宽字节。
- wcstombs：宽字节转换为多字节。

② Windows：

- MultiByteToWideChar ()：多字节转换为宽字节。
- WideCharToMultiByte：宽字节转换为多字节。

③ Java（手工处理字符集）：

- String a = new String (bytes, "encodeing ")：将 bytes 数组作为 encoding 的编码来处理。
- bytes=String.getBytes ("encodeing ")：将 String 中的字符串按指定的编码方式转变为字节数组。

（4）其他。

① Windows 对编码的支持：

- Windows 2000 只支持 UCS-2。
- 从 Windows XP 开始支持 UTF-8。

②在运行程序时可以指定编码类型（程序根据该环境变量指定的编码类型进行数据处理，当然前提是程序支持）。

- Windows：通过控制面板 / 区域和语言选项 / 非 Unicode 程序的语言进行设置。
- UNIX/Linux：通过 LC_ALL、LC_CTYPE、LANG 等进行设置。

③对于变长编码来说，在文件中不能随机获取一个字符，要结合上下文一起判断，才能正确取到一个完整的字符。

第9章

JVM 运行参数解析

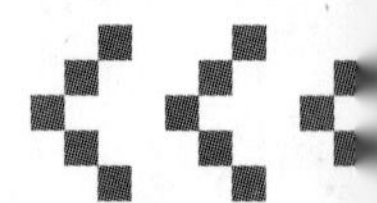

本章介绍 JVM 命令行参数的作用[①]，其中 JVM 命令行参数分为三种：标准的运行期参数、-X 扩展参数和 -XX 扩展参数。

9.1 Java 运行期参数

9.1.1 Java 运行期参数

直接输入 Java 命令行（见参考文献 [14]），打印如下。

```
C:\Documents and Settings\Admin>java Usage: java [-options] class
[args...]
(to execute a  class)
or java  [-options]  -jar jarfile [args...] (to execute a jar file)
where  options include:
-client to select the "client" VM
-server to  select  the  "server" VM
-hotspot   is a  synonym  for the  "client" VM       [deprecated] The
default  VM  is client.
-cp  <class  search  path  of  directories  and  zip/jar files>
-classpath <class  search  path  of directories and  zip/jar files>   A
; separated list of directories,  JAR  archives, and  ZIP  archives to
search  for class files.
-D<name>=<value>
set a system  property
-verbose[:class|gc|jni]
enable  verbose output
-version   print  product  version  and exit
-version:<value>
require the specified version to  run
-showversion   print  product  version  and continue
-jre-restrict-search | -jre-no-restrict-search
include/exclude user private JREs in the version  search
-?  -help  print this help  message
-X  print  help  on  non-standard options
-ea[:<packagename>...|:<classname>]
-enableassertions[:<packagename>...|:<classname>] enable assertions
-da[:<packagename>...|:<classname>]
```

① 本章以 SUN 的 JDK 为蓝本进行介绍。

```
-disableassertions[:<packagename>...|:<classname>] disable assertions
-esa | -enablesystemassertions
enable  system  assertions
-dsa | -disablesystemassertions
disable  system assertions
-agentlib:<libname>[=<options>]
load native agent library <libname>, e.g. -agentlib:hprof  see also,
-agentlib:jdwp=help and  -agentlib:hprof=help
-agentpath:<pathname>[=<options>]
load  native  agent  library by  full pathname
-javaagent:<jarpath>[=<options>]
load Java programming language agent, see  java.lang.instrument
```

（1）-client：选择 client 模式下的运行模式。

举例：java -cient -classpath classes MyClass

虚拟机为了满足不同场合的运行要求，提供了两种模式，一种是 server 模式，另一种是 client 模式。如果是内存比较大，对性能要求苛刻的场合，建议运行在 server 模式下，虚拟机可通过使用较大的内存来换取更高的性能。

如果是内存比较小，但对性能要求不高的场合，建议运行在 client 模式下，虚拟机可使用有限的内存来保证正常运行。这种方式适合于小内存、短期运行的程序，可以牺牲速度，换取内存。

从 JDK 1.5 以来，当应用程序启动时，如果用户没有在命令行中显式指明虚拟机运行的模式，启动器会自动尝试检查该应用是运行在一个 server 类型的机器上，还是 client 类型的机器上，如果是 server 类型的机器，则自动使用 server 模式启动虚拟机。这主要是基于性能考虑，server 模式虽然启动过程比 client 慢，但其运行期性能却比 client 模式高。

注意：J2SE 5.0 中，只有两个 CPU 且内存在 2G 以上的物理机器才是 server 类型的机器。但不同的操作系统下 server 类型的标准也有不同，请参考 SUN 的官方文档（见参考文献 [14]）。为了保险起见，尽量用手工方式在命令行中指定虚拟机的运行模式。

（2）-server：选择 client 模式下的运行模式。适合于大内存且长期运行的程序，可以更大的内存换取更快的速度。

举例：java -server -classpath classes MyClass

（3）-hotspot：-hotspot 和 -client 是相同的含义。

举例：java -hotspot -classpath classes MyClass

（4）-cp 或者 -classpath：设置虚拟机运行的 classpath。在该路径（或者 jar, 或者

zip 文件）下面搜索 class 文件，如果存在多个路径（或者 jar、zip 文件），在 Windows 下采用“;”作为分隔符。在UNIX下采用“:”作为分隔符。在命令行中指定-classpath或者-cp可以覆盖 CLASSPATH 环境变量的设置。如果没指定 classpath，则缺省是当前目录。

举例：java -classpath classes;lib/mylib.jar MyClass

（5）-D<name>=<value>：定义运行期变量（或者系统属性），功能与环境变量相同。

举例：-DROOTPATH=c:\myprogram

（6）-verbose:class：Java 虚拟机运行期间打印 class 的加载情况，代码如下。

```
[Loaded  sun.net.util.IPAddressUtil from D:\jdk1.5.0_13\jre\lib\rt.jar]
[Loaded  java.util.regex.MatchResult from D:\jdk1.5.0_13\jre\lib\rt.jar]
[Loaded  java.util.regex.Matcher  from  D:\jdk1.5.0_13\jre\lib\rt.jar]
[Loaded  java.util.SubList    from    D:\jdk1.5.0_13\jre\lib\rt.jar]
[Loaded  java.util.RandomAccessSubList from D:\jdk1.5.0_13\jre\lib\rt.jar]
[Loaded  java.util.ListIterator    from    D:\jdk1.5.0_13\jre\lib\rt.jar]
[Loaded  java.util.SubList$1  from   D:\jdk1.5.0_13\jre\lib\rt.jar]
[Loaded  java.util.AbstractList$ListItr from D:\jdk1.5.0_13\jre\lib\rt.jar]
[Loaded  org.xml.sax.EntityResolver  from  D:\jdk1.5.0_13\jre\lib\rt.jar]
[Loaded  org.xml.sax.DTDHandler  from  D:\jdk1.5.0_13\jre\lib\rt.jar]
[Loaded  org.xml.sax.ContentHandler from D:\jdk1.5.0_13\jre\lib\rt.jar]
[Loaded  org.xml.sax.ErrorHandler   from  D:\jdk1.5.0_13\jre\lib\rt.jar]
```

从上面的例子中可以看出该系统加载了哪些库文件的哪些类。根据这个信息可以对类的加载情况进行分析。在实际应用中作用如下。

- 查看哪个 jar 文件被使用了，特别是当系统中多个版本的同名 jar 包出现类冲突时，通过该信息可以知道哪个 jar 文件被加载。
- 检查 Permsize 的内存溢出原因。在某些系统存在动态修改产生类的情况时，不恰当的编程会不断出现有类被加载而又不卸载的情况，最后造成 perm 内存耗尽。通过 -verbose:gc 就可以检查出这类问题①。

举例：gjava -classpath classes;lib/mylib.jar -verbose:class MyClass

（7）-verbose:gc：Java 虚拟机运行期间，打印 GC 的情况如下。

```
8190.813:[GC  164675K->251016K(1277056K),  0.0117749 secs]
8190.825:[Full  GC  251016K->164654K(1277056K),  0.8142190   secs]
8191.644:[GC  164678K->251214K(1277248K),  0.0123627 secs]
8191.657:[Full  GC  251214K->164661K(1277248K),  0.8135393   secs]
8192.478:[GC  164700K->251285K(1277376K),  0.0130357 secs]
```

① 通过 javassist[12] 等可以动态修改类，这些可能会导致类重复被加载的情况。

```
8192.491:[Full  GC  251285K->164670K(1277376K),  0.8118171   secs]
8193.311:[GC  164726K->251182K(1277568K),  0.0121369 secs]
8193.323:[Full  GC  251182K->164644K(1277568K),  0.8186925   secs]
8194.156:[GC    164766K->251028K(1277760K),  0.0123415 secs]
8194.169:[Full  GC  251028K->164660K(1277760K),  0.8144430   secs]
```

各项含义如下。

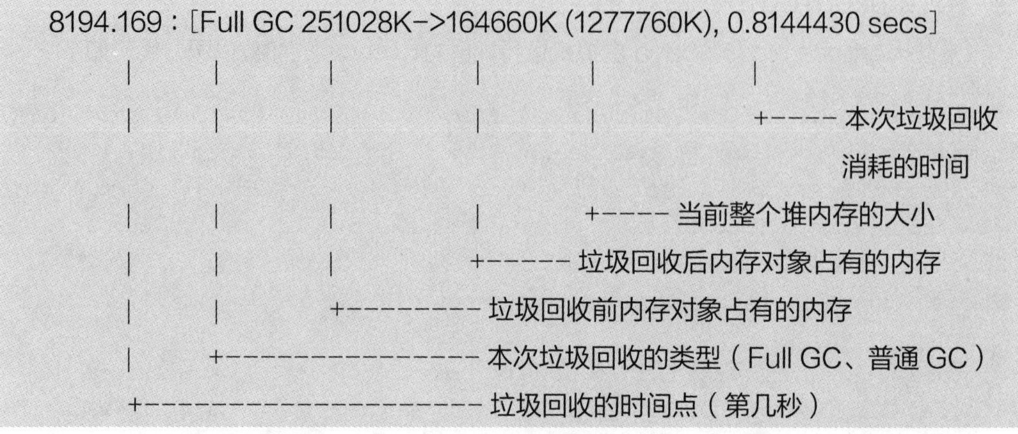

其中，完全垃圾回收表示本次垃圾收集器对所有垃圾进行了回收。既然有完全回收，那么就有不完全回收，平时大多数情况下垃圾收集器进行的是不完全垃圾回收。此时回收后还有部分垃圾没有被回收，从这个数据无法分析出程序的对象到底占用了多少内存，因此在实际问题的分析过程中，只有进行完全垃圾回收才有分析的价值，因为它可以反映出 Java 对象真正占用的内存大小。

通过分析 Full GC 信息，可以进行内存泄漏分析等。

举例：java -classpath classes：lib/mylib.jar -verbose:gc MyClass

（8）-verbose:jni：详细打印 JNI 本地接口的使用情况。

举例：java -classpath classes; lib/mylib.jar -verbose:jni MyClass

```
[Dynamic-linking native method java.lang.StrictMath.pow ... JNI]
[Dynamic-linking  native  method  java.lang.Float.intBitsToFloat  ... JNI]
[Dynamic-linking native method java.lang.Double.longBitsToDouble ... JNI]
[Dynamic-linking native method java.lang.Float.floatToIntBits ... JNI]
[Dynamic-linking native method java.lang.Double.doubleToLongBits ... JNI]
[Dynamic-linking native method java.lang.Object.registerNatives ... JNI]
[Registering JNI native method java.lang.Object.hashCode]
[Registering JNI native method java.lang.Object.wait]
[Registering   JNI   native   method  java.lang.Object.notify]
[Registering JNI native method java.lang.Object.notifyAll]
[Registering  JNI  native  method   java.lang.Object.clone]
```

（9）-version：打印当前的 JDK 版本。

举例：java -version

其代码如下。

```
E:\apache-tomcat-5.5.25\bin>java -version
java version "1.5.0_13"
Java(TM) 2 Runtime Environment, Standard Edition (build  1.5.0_13-b05)
Java  HotSpot(TM)  Client  VM  (build  1.5.0_13-b05,  mixed  mode, sharing)
```

（10）-version:<value>：以指定版本的虚拟机来运行 Java 程序。

举例：java -version:1.4 -classpath classes;lib/mylib.jar MyClass

（11）-showversion：打印产品的版本。

举例：java -showversion -classpath classes;lib/mylib.jar MyClass

（12）-jre-restrict-search | -jre-no-restrict-search：在版本搜索中包含 / 排除用户私有 JRE。

举例：java -jre-restrict-search -classpath classes;lib/mylib.jar MyClass

（13）-？ -help：打印帮助信息。

举例：java -help

（14）-X：打印扩展（-X 参数）帮助。

举例：java -X

（15）-ea[：<packagename>...|:<classname>]：Enable assertion（断言启用）

（16）-enableassertions[:<packagename>...|:<classname>]：激活断言，缺省情况为禁止。如果 -enableassertions 或者 -ea 没有跟随参数，则表示激活所有断言。如果跟随参数，则表示仅对指定的包或者类激活断言。如果跟随的参数是“...”，则表示只激活当前工作目录下未命名包的断言。如果不是以“...”为结尾，则表示激活指定类中的断言。如果一个命令行中包含多个选项（多个 -ea 或者 -enableassertions），则以加载这些类的顺序为准。例如，如果运行一个程序仅想激活 com.wombat.fruitbat 包中的断言（and any subpackages），其命令行如下。

```
java -ea: com.wombat.fruitbat... <Main Class>
```

-enableassertions 和 -ea 可以应用于所有的 class，以及系统 class（系统类没有 classloader）。只有一个例外：如果在没有参数的情况下，这个开关对系统 classloader 无效，这样很容易激活所有用户类的断言，除了系统类。对于系统类激活断言，可使用 -enablesystemassertions。

举例：java -enableassertions -classpath classes;lib/mylib.jar MyClass

（17）-da[:<packagename>...|:<classname>]：Disable assertion（断言禁用）

（18）-disableassertions[:<packagename>...|:<classname>]：关闭断言。（缺省值也是关闭）disableassertions 或者 -da 如果没有参数的话，表示关闭所有断言。如果跟随着参数，并且用“...”结尾，则表示关闭参数中指定包的断言，并且同时关闭子包中的断言。如果参数仅仅是“...”，则表示只关闭当前工作目录下的无名包（unamed package）。如果只跟随参数但没有“...”结尾，则表示只关闭指定参数中指定类的断言。运行一个程序，打开 com.wombat.fruitbat 包中的断言，却关闭类 com.wombat.fruitbat.Brickbat 中的断言，其命令行如下。

```
java -ea: com.wombat.fruitbat... -da: com.wombat.fruitbat.Brickbat <Main
Class>
```

-disableassertions 或者 -da 开关适用于所有的类加载器，包括系统类（系统类无类加载器），但有一个例外：无参数的格式，开关对系统类无效，之所以这样设计，是因为这样可以很容易打开所有类的断言，除了系统类。对系统类断言的控制，虚拟机提供了一个独立的命令行选项，即 - disablesystemassertions。

举例：java -disablesystemassertions -classpath classes;lib/mylib.jar MyClass

（19）-esa | -enablesystemassertions：激活所有系统类中的断言（设置系统类的缺省断言状态为 true）。

举例：java -enablesystemassertions -classpath classes;lib/mylib.jar MyClass

（20）-dsa | -disablesystemassertions：禁止所有系统类中的断言（设置系统类的缺省断言状态为 false）。

举例：java -disablesystemassertions -classpath classes;lib/mylib.jar MyClass

（21）-agentlib:<libname>[=<options>]：加载本地代理库，其内容如下。

- -agentlib:hprof。
- -agentlib:jdwp=help。
- -agentlib:hprof=help。

9.1.2 JVM TI（JVM Tool Interface）是什么？

JVM TI 是监控工具的可编程接口。它提供了检测虚拟机状态的机制，同时也提供了控制虚拟机中运行程序的能力。JVM TI 目的是提供一个 VM 接口，通过这个接口，监测工具可以完全了解 JVM 内部的状态，包括但不限于 CPU 剖析、调试、监控、线程分析、代码覆盖分析等。但 JVM TI 不是在所有厂商的 Java 虚拟机中都可用。JVM TI 是一个双向接口，JVM TI 的 client 端，这里称为 Agent，当有感兴趣的事件在 JVM 发生时，Agent 可以事件的方式被 JVM 通知到。同时 JVM TI 也可以通过接口或事件的方式主动查询或控制 JVM 应用程序。

Agent 代理和虚拟机运行在同一个进程中，并和虚拟机直接通信。通信是通过本地接口进行的（JVM TI）。本地进程内接口允许以最小代价对虚拟机进行最大的控制。代理一般相对小而精悍，可以被包含大量功能的外部独立进程进行控制，它对 Java 应用程序的干扰最小。下面两个命令行选项可确保虚拟机启动期间正确装载和运行代理。命令行选项除指明动态库的名字，同时还包含启动期间传给代理的选项。

（1）-agentlib：<agent-lib-name>=<options> -agentlib。后面跟要加载的动态库名字。该动态库既可以是指明全路径的，也可以放在动态库缺省路径下。<agent-lib-name> 被扩展为操作系统下特定的文件名。在系统启动间 <options> 会传给代理，如 -agentlib：foo=opt1,opt2。在 Windows 下，虚拟机将尝试从系统 PATH 环境变量所指向的路径装载 foo.dll；在 UNIX 下，虚拟机将尝试从系统 LD_LIBRARY_PATH 环境变量所指向的路径装载 libfoo.so。

（2）-agentpath：<path-to-agent>=<options> -agentpath。后面跟的路径表示要装载动态库的绝对路径。<options> 指明的选项在系统启动期间会传给代理，如 -agentpath：c：\myLibs\foo.dll=opt1,opt2 表示装载 c：\myLibs\foo.dll。

启动期间代理动态库的 Agent_OnLoad 函数将会被调用到。

9.2 Java -X 扩展运行参数

-X 为 Java 扩展运行参数，扩展运行参数由 JDK 厂家自定义，不同的 JDK 实现有不同的参数格式。如 SUN JDK -X 的选项如下。

```
C:\Documents and Settings\Admin>java  -X
-Xmixedmixed mode  execution (default)
-Xint  interpreted  mode  execution only
-Xbootclasspath:<directories  and  zip/jar files separated  by ;>
set search path for bootstrap classes and resources
-Xbootclasspath/a:<directories and zip/jar files separated by ;> append
to end of bootstrap class path
-Xbootclasspath/p:<directories and zip/jar files separated by ;>
prepend in front of bootstrap class path
-Xnoclassgc   disable  class  garbage  collection
```

```
-Xincgc enable  incremental  garbage collection
-Xloggc:<file>  log GC  status to a file with time   stamps
-Xbatch disable background compilation
-Xms<size> set  initial Java  heap size
-Xmx<size> set maximum Java heap   size
-Xss<size> set java thread stack   size
-Xprof  output  cpu  profiling data
-Xfuture   enable strictest checks, anticipating future   default
-Xrs   reduce use of OS signals by Java/VM (see documentation)
-Xcheck:jni    perform additional checks for JNI   functions
-Xshare:off    do not attempt to use shared class    data
-Xshare:auto   use shared class data if possible (default)
-Xshare:on require using shared class data, otherwise   fail.
The -X options are non-standard and subject to change without notice.
```

相关参数说明如下。

（1）-Xmixed：混合模式执行（缺省值），即解释模式和 JIT 混合执行。

举例：java -Xmixed -classpath classes;lib/mylib.jar MyClass

（2）-Xint：解释模式执行。禁止将类中的方法编译成本地代码，所有的字节码以解析方式进行。在该模式下，Java HotSpot 虚拟机可适配编译器，其在性能方面的优势将无法体现。

举例：java -Xint -classpath classes;lib/mylib.jar MyClass

（3）-Xbootclasspath:<directories and zip/jar ftles separated by ;>：将路径、jar、zip 库增加到启动 class 的搜索路径中，以“；”作为分隔符。这样做违反了 Java 2 Runtime Environment binary code license。

举例：ava -Xbootclasspath:classes;lib/mylib.jar MyClass

（4）-Xbootclasspath/a:<directories and zip/jar ftles separated by ;>：将路径、jar、zip 库加增加到缺省的 bootclasspath 中，以“；”作为分隔符。

举例：java -Xbootclasspath/a:classes;lib/mylib.jar MyClass

（5）-Xbootclasspath/p:<directories and zip/jar ftles separated by;>：将路径、jar、zip 库增加到缺省的 bootclasspath 前面，以“；”作为分隔符。注意，应用程序使用该命令的目的是覆盖 rt.jar 中的类，这样做违反了 Java 2 Runtime Environment binary code license。

举例：java -Xbootclasspath/p:classes;lib/mylib.jar MyClass prepend in front of bootstrap class path

（6）-Xnoclassgc：不进行 class 的垃圾回收。

举例：java -Xnoclassgc -classpath classes;lib/mylib.jar MyClass

（7）-Xincgc：打开增量垃圾回收。

增量垃圾回收开关在缺省情况下是关闭的。增量垃圾回收可以减少程序运行期偶发的长时间垃圾回收。增量垃圾收集器将在一定的时间与程序并发执行，这段时间将对正在执行的程序有一定的性能影响。

举例：java -Xincgc -classpath classes;lib/mylib.jar MyClass

（8）-Xloggc:<ftle>：将 GC 信息打印到指定的文件中。与 -verbose:gc 类似，-Xloggc:<file> 将 GC 信息直接打印到一个文件中。如果两个参数都提供了信息，那么以 -Xloggc:<file> 为准。

举例：java -Xloggc:c：\mylog.txt -classpath classes;lib/mylib.jar MyClass

（9）-Xbatch：关闭后台编译。

正常情况下，JVM 将以后台的方式编译 class 的方法，一直按解析模式运行代码，直到后台编译完成。-Xbatch 标记关闭后台编译，所有方法的编译都作为前台任务完成，直到编译完成。

举例：java -Xbatch -classpath classes;lib/mylib.jar MyClass

（10）-Xms<size>：指明堆内存的初始大小。该值必须是 1024 的倍数，并且大于 1MB。它通过 k 或者 K 后缀表示以 KB 字节为单位，m 或者 M 表示以 MB 字节为单位，缺省值为 2M。

举例：java -Xms512M -classpath classes;lib/mylib.jar MyClass

代码如下。

```
-Xms6291456
-Xms6144k
-Xms6m
```

（11）-Xmx<size>：指明最大的堆内存大小，该值必须是 1204 字节的倍数，k 或者 K 表示以 KB 字节为单位，m 或者 M 表示以 MB 字节为单位，缺省值为 64MB。

举例：java -Xmx512M -classpath classes;lib/mylib.jar MyClass

代码如下。

```
-Xmx83886080
-Xmx81920k
-Xmx80m
```

（12）-Xss<size>：设置线程堆栈的大小。

举例：java -Xss512K -classpath classes; lib/mylib.jar MyClass

（13）-Xprof：打开 CPU 剖析功能。

剖析正在运行的程序，发送剖析数据到标准输出。这个选项可作为程序开发期的一个有效工具，但由于其对性能有巨大影响，并不建议在生产环境下使用。

```
-Xrunhprof[:help][:<suboption>=<value>,...]
```

打开 CPU、堆、监视器（锁）的剖析，可以跟随一系列的“<suboption>=<value>”列表，元素之间作为分隔符使用。运行 java -Xrunhprof：help 可以获取子选项的列表和缺省值。

举例：java -Xprof -classpath classes;lib/mylib.jar MyClass

（14）-Xfuture：执行严格的类文件格式检查。考虑到后向兼容性，Java 2.x 版本 JDK 虚拟机的缺省类文件格式检查相比 Java 1.1.x 版本的要松一些。打开 -Xfuture 选项，将执行更严格的类文件格式检查，这样可以确保类文件与标准定义的类文件格式更加一致。鼓励开发者在新开发的代码中打开该选项，因为将来版本的 Java 应用程序启动器缺省时，将会启动严格的类文件格式检查。

举例：java -Xfuture -classpath classes;lib/mylib.jar MyClass

（15）-Xrs：减少由 JVM 使用的操作系统信号量。

为了确保 Java 应用程序的正确停止，JVM 提供了 shutdown 钩子策略。目的是确保系统退出之前，用户的“善后”代码可以得到执行（如将缓存数据持久化等）。SUN 的虚拟机提供了对某些信号量的处理。

如果使用了 -Xrs 命令行选项，有如下两个后果。

① SIGQUIT 线程堆栈打印不可用，即无法使用 kill -3 打印线程堆栈；

②已有的 shutdown 钩子函数调用的用户代码，当虚拟机停止的时候将不会被自动调用，因此当 JVM 将要停止时，通过手工调用 System.exit ()来确保原有的钩子函数被执行。

举例：java -Xrs -classpath classes;lib/mylib.jar MyClass

（16）-Xcheck:jni：对 JNI 函数执行特别的附加检查。虚拟机在处理 JNI 请求之前，会对传给 JNI 调用的参数进行校验，同时对运行期环境数据也进行校验。如果验证出非法数据，虚拟机会将其作为一个致命错误而终止。但该选项打开后，性能会有一定的下降。

举例：java -Xcheck:jni -classpath classes;lib/mylib.jar MyClass

（17）-Xshare:off：关于使用共享类数据。

举例：java -Xshare:off -classpath classes; lib/mylib.jar MyClass

（18）-Xshare:auto：在可能的情况下，使用共享的类数据。

举例：java -Xshare:off -classpath classes;lib/mylib.jar MyClass

（19）-Xshare:on：一定要使用共享的类数据，否则执行失败。

举例：java -Xshare: off -classpath classes;lib/mylib.jar MyClass

9.3 关于即时编译器（JIT）

JIT（Just-In-Time）允许实时将 Java 字节码自动编译成本机可执行代码，以使程序执行的速度更快，有些 JVM 包含 JIT 编译器。为了做到与平台无关，Java 先把源代码编译成字节码，再由 JVM 的 interpreter 转换成适合该平台的机器码。但其解析运行很慢，于是把运行期执行频繁的热字节码先用 JIT com-piler 处理成本地代码，下次遇到相同的代码可以直接调用，以加快运行速度，如图 9-1 所示。

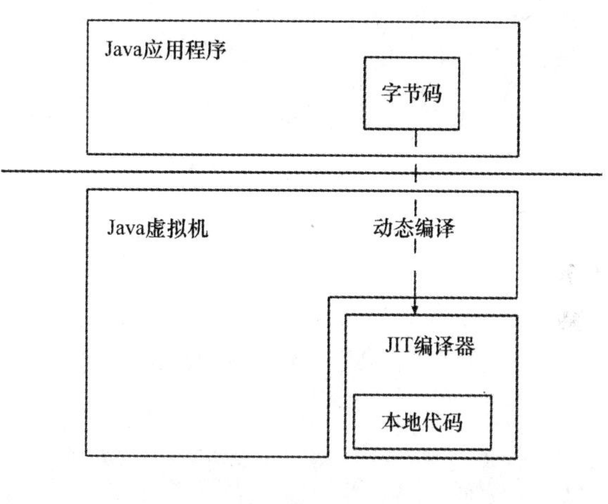

图 9-1　JIT

字节码解析很慢，JVM 运行时，解析器必须读取字节码且译码，然后才能执行，循环往复，这个过程为 CPU 带来了额外的消耗。JIT 就是为解决这个性能问题而引入了即时编译技术（Just-In-Time compilation）。在 IBM JDK 中，JIT 不是 JVM 的组成部分，但它是 Java 运行环境的一个标准组件。

为了使 Java 性能和可伸缩性尽可能好些，需要使用最新版本的操作系统和 Java，以及 JIT。

提示：当 JIT 生效时，打印的线程堆栈可能看不见线程执行的源代码类名和行号等信息。

如果一个方法被 JIT 编译器编译后，打印出的堆栈最后会有“(Compiled Code)”字样，其代码如下。

```
"Task-10" (TID:0x359B9600, sys_thread_t:0x3588E928, state:R,
nativeID:0x0009105B) prio=5
at org.apache.commons.el.Logger.logError(Logger.java:481)
```

```
at  org.apache.commons.el.Logger.logError(Logger.java(Inlined  Compiled
Code))
at  org.apache.commons.el.Logger.logError(Logger.java(Inlined  Compiled
Code))
at  org.apache.commons.el.ArraySuffix.evaluate(ArraySuffix.java(Compiled
Code))
at  org.apache.commons.el.ComplexValue.evaluate(ComplexValue.
java(Compiled Code))
                                    |
                                    表示该方法被 JIT 编译器编译过 <-------------+
...
at   com.ibm._jsp._more._jspx_meth_page_param_18(_more.java:11511)
at com.ibm._jsp._more._jspService(_more.java:687)
...
at com.ibm.ws.util.ThreadPool$Worker.run(ThreadPool.java(Compiled Code))
```

系统使用 JIT 会带来性能的极大提升，极端情况下，可能会有十多倍的提升。

9.4 -Xrunhprof

OptimizeIt 和 JProfiler 都可以进行内存和 CPU 的剖析。使用 OptimizeIt 进行内存剖析的命令行如下。

```
-Xbootclasspath/p: "c: \OptimizeitEntSuite60\lib\bootcp\oibcp_1.4.2_06.
jar "
```

但实际上 SUN 的虚拟机有自带的剖析工具：-Xrunhprof，具体使用如下。

```
D:\>java -Xrunhprof:help
HPROF: Heap and CPU Profiling Agent (JVMTI Demonstration Code)
hprof usage: java  -agentlib:hprof=[help]|[<option>=<value>,  ...]
Option Name and Value  Description     Default
---------------------  -----------     -------
heap=dump|sites|all   heap profiling    all
cpu=samples|times|old  CPU usageoff
monitor=y|n    monitor  contention     n
format=a|b text(txt)  or  binary  output      a
file=<file>  write  data  to  file java.hprof[.txt]
net=<host>:<port> send data over a socket     off
depth=<size>   stack  trace  depth      4
```

```
interval=<ms>  sample  interval in ms  10
cutoff=<value> output  cutoff  point   0.0001
lineno=y|n line number in traces?      y
thread=y|n thread  in  traces?  n
doe=y|n dump on exit?  y
msa=y|n Solaris  micro  state  accounting n
force=y|n  force  output to <file>      y
verbose=y|n   print messages about dumps     y
Obsolete Options
----------------
gc_okay=y|n
Examples
--------
-Get sample cpu information every 20 millisec, with a stack depth of 3:
java -agentlib:hprof=cpu=samples,interval=20,depth=3 classname
-Get heap usage information based on the allocation sites:
java  -agentlib:hprof=heap=sites classname
Notes
-----
-The  option  format=b  cannot  be  used  with monitor=y.
-The  option  format=b  cannot  be  used  with  cpu=old|times.
-Use of the -Xrunhprof interface can still be used, e.g.
java  -Xrunhprof:[help]|[<option>=<value>,  ...]
will  behave  exactly  the  same as:
java  -agentlib:hprof=[help]|[<option>=<value>, ...]
Warnings
--------
-This is demonstration code for the JVMTI interface and use of BCI,
it is  not  an  official  product  or  formal  part  of  the J2SE.
-The -Xrunhprof interface will be removed in a future    release.
-The option format=b is considered experimental, this format may change
in  a  future release.
```

9.4.1 Java 虚拟机运行期剖析器接口的介绍

Java 虚拟机运行期剖析器接口（Java Virtual Machine Profiler Interface，JVMPI）是介于 Java 虚拟机和其剖析器之间的双向接口函数。一方面，Java 虚拟机在发生各种事件时都会通知 Java 虚拟机剖析器代理，这些事件包括如下几个方面。

- 堆栈分配。

- 线程启动。
- 线程停止。
- 方法调用。
- 对象分配。

另一方面，Java 虚拟机的剖析器代理会通过 JVMPI 发送命令来请求更多的信息。例如，如果剖析器的终端（如 OptimizeIt 或者 JProfiler）需要，Java 虚拟机剖析器代理就可以请求关闭或者打开指定事件的通知。

剖析器终端与剖析器代理有可能不在同一个进程中，也可能位于同一台机器的不同进程中，或者在通过网络连接的不同机器上。基于 JVMPI 的剖析工具能够获得 Java 虚拟机运行时的很多信息。例如：

- 内存分配点（Heap memory allocation sites）。
- CPU 使用的高频区（CPU usage hot-spots）。
- 没有回收的不必要对象（Unnecessary object retention）。
- 监视资源竞争（Monitor contention）等。

借助上面提到的这些信息，可以对 Java 进程进行全面分析，如内存泄漏、线程死锁等问题。市场上有很多类似的分析工具，如 JProfiler、OptimizeIt 等，这些工具其实都是借助 JVMPI 来实现的。当然 JDK 自带的剖析器代理也是基于该接口实现的。下面就对 JDK 自带的剖析器代理做详细介绍。实际上图形化的剖析工具看起来确实比较直观一些，只要掌握原理，JDK 自带的剖析器在分析问题时也非常容易[①]，特别在某些不便使用商业化剖析工具的场合下，JDK 自带剖析器是非常方便的。

9.4.2 运行虚拟机期剖析器代理的原理及 hProf 代理的使用

运行：java -agentlib：hprof=heap=all myclass。

其中 java -agentlib:hprof=cpu=y myclass 当执行 kill -3 或者 System.exit () 时，相关信息就会被打印出来。

9.4.3 信息分析

1. 内存分析

在产生的 java.hprof.txt 文件中有如下信息，这些信息是关于对象内存的，通过它们可以分析出内存泄漏等问题。

① 命令行的输出看起来比较恐怖，但其信息非常集中。

```
percent live    alloc'ed  stack class rank     self   accum   bytes objs
bytes   objs trace name
1   9.14%   9.14%   506768 7295    506768 7295    300000 char[]
2   3.14%   12.27%  173960 7232    173960 7232    300000 java.lang.String
3   2.85%   15.12%  157920 1974    228720 2859    300978 java.lang.reflect.Method
4   2.80%   17.92%  155496 2815    177480 3245    303706 char[]
5   2.74%   20.66%  151856 70      2326592        573    300077 byte[]
6   2.31%   22.98%  128368 3139    274512 4968    303802 char[]
7   1.48%   24.46%  82080  10      155952 19      301361 byte[]
8   1.35%   25.80%  74808  3117    119232 4968    303801 java.lang.String
9   1.30%   27.10%  71888  730     72160  732     302169 char[]
10  1.22%   28.32%  67560  2815    77880  3245    303705 java.lang.String
11  1.18%   29.50%  65552  1       65552  1       303607 byte[]
12  0.97%   30.47%  53608  9       53608  9       311207 byte[]
13  0.89%   31.36%  49368  2057    145992 6083    307496 java.lang.String
14  0.89%   32.25%  49248  6       65664  8       313545 byte[]
15  0.84%   33.09%  46864  730     47008  732     302167 char[]
16  0.72%   33.81%  40000  1000    181520 4538    307502 java.util.TreeMap
17  0.71%   34.53%  39600  1650    56136  2339    300166 java.util.ArrayList
18  0.67%   35.19%  37008  9       193264 47      303605 char[]
19  0.66%   35.85%  36680  655     36680  655     304042 java.lang.Object[]
20  0.65%   36.50%  36080  451     36160  452     301479 java.util.HashMap$Entry[]
21  0.59%   37.10%  32800  2       32800  2       312424 char[]
22  0.58%   37.67%  32000  1000    132288 4134    307512 java.util.TreeMap$Entry
23  0.58%   38.25%  32000  1000    145216 4538    307511 java.util.TreeMap$Entry
...
416  0.02%   77.25%    1048   5  2136   10   313732    char[]
417  0.02%   77.27%    1048   5  4272   20   312169    char[]
418  0.02%   77.29%    1040   1  1040   1    312645    int[]
419  0.02%   77.31%    1040   8  1040   8    309281    char[]
420  0.02%   77.33%    1040   1  1040   1    307630    java.util.HashMap$Entry[]
421  0.02%   77.34%    1040   65 1040   65   301962    java.util.HashSet
422  0.02%   77.36%    1040   13 1040   13   301030    java.util.HashMap$Entry[]
 |    |        |       |    |    |    |     |          |
 |    |        |       |    |    |    |     |          +-- 类名
 |    |        |       |    |    |    |     +--- 分配点
 |    |        |       |    |    |    +------- 已分配的对象数
 |    |        |       |    |    +------------ 已分配的字节数
 |    |        |       |    +----------------- 当前分配的对象数
 |    |        |       +---------------------- 当前分配的字节数
```

```
 |    |      +---------------------------- 累计百分比
 |    +---------------------------------- 当时占分配内存总数的百分比
 +---------------------------------------- 名次
TRACE 307627:
  java.util.AbstractMap.<init>(AbstractMap.java:53)
  java.util.HashMap.<init>(HashMap.java:164)
  java.util.HashMap.<init>(HashMap.java:193) org.apache.tomcat. util.
buf.StringCache.<clinit>(StringCache.java:64)
TRACE 307628:
  java.util.HashMap.<init>(HashMap.java:181)
  java.util.HashMap.<init>(HashMap.java:193) org.apache.tomcat. util.
buf.StringCache.<clinit>(StringCache.java:64) org.apache. catalina.
core.StandardServer.initialize(StandardServer.java:774)
TRACE 307629:
  java.util.AbstractMap.<init>(AbstractMap.java:53)
  java.util.HashMap.<init>(HashMap.java:164)
  java.util.HashMap.<init>(HashMap.java:193) org.apache.tomcat. util.
buf.StringCache.<clinit>(StringCache.java:82)
TRACE 307630:
  java.util.HashMap.<init>(HashMap.java:181)
  java.util.HashMap.<init>(HashMap.java:193) org.apache.tomcat.util.
buf.StringCache.<clinit>(StringCache.java:82)
  org.apache.catalina.core.StandardServer.initialize(StandardServer.
java:774)
TRACE 307631:
  org.apache.tomcat.util.buf.StringCache.<init>(StringCache.java:30)
org.apache.catalina.core.StandardServer.initialize(StandardServer.
java:774) org.apache.catalina.startup.Catalina.load(Catalina.java:504)
org.apache.catalina.startup.Catalina.load(Catalina.java:524)
TRACE 307632:
  java.lang.String.<init>(String.java:520)
  java.lang.String.substring(String.java:1770) org.apache.commons.
modeler.Registry.findDescriptor(Registry.java:957) org.apache.commons.
modeler.Registry.findManagedBean(Registry.java:666)
```

列名含义如下。

- rank：根据已经分配内存的多少进行排序所得的名次（将同一个线程堆栈分配的对象所占内存的大小进行排名）。

- percent self：使用特定方法为指定的类对象分配内存大小所占分配总内存的百分比（打印 hprof 时，该对象所占用当时内存的百分比）。
- percent accum：截止到最后一次采样，self 部分的累计值（有些已经被回收，因此比 percent self 大）。
- live bytes：当前分配的字节数。
- live objs：当前分配的对象数。
- alloc'ed bytes：已经分配的字节数。
- alloc'ed objs：已经分配的对象数。
- trace：内存分配动态上下文（线程堆栈）中的 Trace ID。
- name：类名。

如下表示 0.02% 是由跟踪点 307630 所指的方法来分配的，即该方法中分配的 java. util. HashMap$Entry。

```
420  0.02  77.33  1040  1  1040  1   307630 java.util.HashMap$Entry[]
```

对象大约占 0.02%，而跟踪点 307630 所指的动态上下文（线程堆栈）如下。

```
TRACE 307630:
  java.util.HashMap.<init>(HashMap.java:181)
  java.util.HashMap.<init>(HashMap.java:193)
  org.apache.tomcat.util.buf.StringCache.<clinit>(StringCache.java:82)
org.apache.catalina.core.StandardServer.initialize(StandardServer.
java:774)
```

TRACE 307630：表示对象分配点，即是由哪个方法分配的。它实际上是一个堆栈，表示堆栈所指的代码流程分配了该对象。动态上下文的每一帧都包含类名、方法名、原代码文件名和行号，用户可以为 HProf 设置动态上下文的最大帧数，默认为 4。动态上下文中不仅指明哪些方法进行了内存分配，而且还指明哪些方法调用这些方法进行了内存分配。

通过 hprof 输出进行内存泄漏分析的方法如下。

（1）从内存上下文中找出占用内存特别多的对象。

（2）从内存分配上下文中查看哪段代码分配了这块内存，并清理出可疑的代码范围。

（3）结合对应的原代码，分析内存没有释放的原因。

因此在没有 OptimizeIt 或者 JProfiler 等内存分析工具时，借助 hprof 同样可以进行内存泄漏问题的定位。

2. CPU 分析

hprof 也能提供 CPU 剖析的能力，借助这些信息可以对热点函数进行分析，以定位性能问题或者其他死锁等问题。

```
CPU  SAMPLES BEGIN (total = 703) Wed Nov 14 21:11:32  2007
rank   self accum count  trace method
1   78.95%    78.95% 555 300525  java.net.PlainSocketImpl.socketAccept
2   1.99%     80.94% 14  300098  java.lang.ClassLoader.defineClass1
3   0.85%     81.79% 6   300369  java.io.FileOutputStream.writeBytes
4   0.57%     82.36% 4   300573  java.lang.Shutdown.halt0
5   0.43%     82.79% 3   300295  java.util.zip.Inflater.inflateBytes
6   0.43%     83.21% 3   300336  java.lang.Class.getDeclaredConstructors0
7   0.28%     83.50% 2   300406  java.io.WinNTFileSystem.getBooleanAttributes
8   0.28%     83.78% 2   300423  java.lang.String$CaseInsensitiveComparator.compare
9   0.28%     84.07% 2   300509  java.lang.Thread.start0
10  0.28%     84.35% 2   300513  org.apache.tomcat.util.http.mapper.Mapper.addHost
...
70  0.14%     92.89% 1   300558  java.net.PlainSocketImpl.socketBind
71  0.14%     93.03% 1   300352  java.util.jar.Attributes.read
72  0.14%     93.17% 1   300345  java.text.DateFormat$Field.<clinit>
73  0.14%     93.31% 1   300338  org.apache.tomcat.util.digester.Digester.endDocument
74  0.14%     93.46% 1   300337  java.io.Win32FileSystem.resolve
75  0.14%     93.60% 1   300570  java.util.EventObject.<init>
76  0.14%     93.74% 1   300335  java.lang.Throwable.fillInStackTrace
77  0.14%     93.88% 1   300334  java.util.zip.InflaterInputStream.<init>
78  0.14%     94.03% 1   300333  java.io.WinNTFileSystem.getBooleanAttributes
79  0.14%     94.17% 1   300332  java.net.URLClassLoader$1.run
80  0.14%     94.31% 1   300331  java.lang.Throwable.fillInStackTrace
81  0.14%     94.45% 1   300330  org.util.IntrospectionUtils.setProperty
|    |         |     |    |          |
|    |         |     |    |          +- 类名
|    |         |     |    +------------- 分配点，即动态上下文中的 Trace ID
|    |         |     +------------------ 该堆栈采样过程被命中的次数
|    |         +------------------------ 累计占用的 CPU 百分比
|    +---------------------------------- 最后采样的，所占用的 CPU 百分比
+--------------------------------------- 排名
...
TRACE 300525:
java.net.PlainSocketImpl.socketAccept(PlainSocketImpl.java:Unknown line)
java.net.PlainSocketImpl.accept(PlainSocketImpl.java:384) java.net.
```

```
ServerSocket.implAccept(ServerSocket.java:450) java.net.ServerSocket.
accept(ServerSocket.java:421)
TRACE 300098:
java.lang.ClassLoader.defineClass1(ClassLoader.java:Unknown line)
 java.lang.ClassLoader.defineClass(ClassLoader.java:620) java.security.
SecureClassLoader.defineClass(SecureClassLoader.java:124) java.net.
URLClassLoader.defineClass(URLClassLoader.java:260)
TRACE 300369:
java.io.FileOutputStream.writeBytes(FileOutputStream.java:Unknown line)
java.io.FileOutputStream.write(FileOutputStream.java:260) java.
io.BufferedOutputStream.write(BufferedOutputStream.java:105) java.
io.PrintStream.write(PrintStream.java:412)
TRACE 300573:
java.lang.Shutdown.halt0(Shutdown.java:Unknown line)
java.lang.Shutdown.halt(Shutdown.java:145) java.lang.Shutdown.
exit(Shutdown.java:219)
java.lang.Terminator$1.handle(Terminator.java:35)
TRACE 300295:
java.util.zip.Inflater.inflateBytes(Inflater.java:Unknown line)
java.util.zip.Inflater.inflate(Inflater.java:215) java.util.zip.
InflaterInputStream.read(InflaterInputStream.java:128) sun.misc.Resource.
getBytes(Resource.java:77)
TRACE 300336:
java.lang.Class.getDeclaredConstructors0(Class.java:Unknown line)
java.lang.Class.privateGetDeclaredConstructors(Class.java:2357)
java.lang.Class.getConstructor0(Class.java:2671) java.lang.Class.
newInstance0(Class.java:321)
```

列名含义如下。

- rank：采样过程中所占用的 CPU 的排名（与命中次数是吻合的）。
- self：使用特定方法堆栈最后一次活动所占用的 CPU 百分比（一个堆栈结束后，可能又被调起）。
- accum：累计占用的 CPU 的百分比（该堆栈可能有多次活动，如果 accum=self，就意味这该堆栈一直处于活动状态）。
- count：该堆栈采样过程中被命中的次数。
- trace：动态上下文（线程堆栈）中的 Trace ID。
- thread：线程堆栈的方法名（完整的堆栈可从 trace point 对应的 trace 中找到）。

hProf 代理定期从当前所有运行线程中采样，记录堆栈活动信息，其中 count 一列显示了每个线程堆栈在采样过程中被命中的次数，从这些信息中可以看出哪些线程使用 CPU 最频繁。被命中的次数越多，说明这个线程运行的时间越长。

通过 hprof 输出可以进行性能瓶颈分析。导致系统缓慢的原因有很多，对于因 Java 代码导致的系统缓慢，可以借助 hprof 输出进行分析。

（1）占用 CPU 时间太长的原因如下。

- 出现死循环。
- 长时间等待一个锁。
- 资源出现竞争。

（2）根据代码逻辑找到可疑的堆栈，并进行分析。

使用hprof时，如果系统根本无法达到出现性能瓶颈高压，还应该借助直接堆栈分析法。

9.5 正确的视角看虚拟机

虚拟机实际上就是一个程序，当程序启动时就开始执行保存在 .class 文件中的字节码指令。.class 中指令的执行是由虚拟机程序来执行的。更直观地说，.class 相当于是脚本，java.exe 是脚本执行程序。就像 perl 脚本执行程序中，perl 是可执行程序，perl 脚本是脚本，perl 可执行程序根据 perl 脚本指令运行。perl 脚本与 class 文件的差别在于，perl 脚本是可读的，而 class 文件是二进制不可读的，但二者的地位是一样的。理解了 .class 和虚拟机的关系，就会知道在执行 .class 文件时发生了什么，这样有助于对一些系统内在行为的理解。class 是 JVM 的运行脚本，把 class 看成是脚本更容易理解如下问题。

- 哪些操作会涉及本地代码的调用?
- 哪些操作会涉及本地内存的使用?
- Java 线程和本地线程是什么关系?
- 在 Java 中创建一个 socket 时，触发了哪些系统调用?
- 在 Java 代码中调用本地代码接口（JNI）即可以实现 Java 调用 C++，那么在一个 C++ 程序中是否可以调用 Java 代码?

第10章

常用的问题定位工具

本章将介绍问题定位过程中用到的其他辅助工具。将这些工具结合起来使用，就可以找到系统性能瓶颈、调试故障，判断出错的原因等。但是哪个工具更适合完成任务呢？这关键在于获得的信息及与之匹配的工具。

10.1 远程调试

通过在 Java 启动的命令行中增加如下参数：-Xdebug -Xrunjdwp：transport=dt.socket,server=y,address=3333,suspend=n，可以启动远程调试功能，使用本机的 IDE 远程调试远端的 Java 程序。

10.2 UNIX 下的进行分析利器 proc

/proc 文件系统不是普通意义上的文件系统，它是一个到运行中进程地址空间的访问接口。/proc 借助这些工具，可以对进程进行剖析，从而定位相关问题[①]。

10.2.1 pstack

用法：pstack [java pid]

打印当前进程每个线程的调用堆栈。这里的线程堆栈是指本地线程堆栈，而非 Java 线程堆栈。

操作系统	Solaris	Linux	AIX	HP
命令	pstack	lsstack/pstack	procstack	NA

在 Linux 下使用 pstack，示例如下。

```
$pstack 12323
Thread  2  (Thread  1084229968  (LWP 3369)):
#0  0x00000037dcacbd66 in poll () from  /lib64/libc.so.6
#1  0x00002aaaab6c05e4 in wxapp_poll_func ()
#2  0x00000037e1e31fee in virtual thunk to IceDelegateM::Ice::Object::
... ...
#3  0x00000037e1e324aa in g_main_loop_run () from /lib64/libglib-
2.0.so.0
#4  0x00000037e635b0c3 in gtk_main () from /usr/lib64/libgtk-x11-
```

① Windows 下可以使用 taskinfo 工具进行类似的分析。

```
2.0.so.0
#5  0x00002aaaab6d854d in wxEventLoop::Run ()
#6  0x00002aaaab767d4b in wxAppBase::MainLoop ()
#7  0x00002aaaaab40e4c in wxEntry ()
#8  0x0000000000428f50 in work ()
#9   0x00000037dd60baa3 in pthread_once () from /lib64/libpthread.so.0
#10  0x00002aaaad100992  in boost::call_once ()
#11  0x0000000000428f27 in mythread_proc  ()
#12  0x000000000042728d in boost::detail::function:: ... ...
#13  0x00002aaaad101c9e in boost::function0<void, std::allocator ... ...
#14  0x00002aaaad101712 in virtual thunk to
IceDelegateM::Ice::Object::ice_ids(...)
#15  0x00000037dd606407 in start_thread () from /lib64/libpthread.so.0
#16  0x00000037dcad4b0d in clone () from /lib64/libc.so.6
Thread 1 (Thread 46912546288176 (LWP 3368)):
#0  0x00000037dcacddf2 in select () from  /lib64/libc.so.6
#1  0x00002aaaabfe4c4f in processEventsAndTimeouts ()
#2  0x00002aaaabfe58aa in glutMainLoop ()
#3  0x0000000000426cf5 in main ()
#0  0x00000037dcacddf2 in select () from  /lib64/libc.so.6
```

pstack 命令对诊断进程的挂起或者内存转储的状态非常有用。它默认显示进程中所有线程的堆栈情况，也可以作为一种原始的性能分析技巧，通过对进程堆栈的取样观察，可以确定进程把主要时间花在了哪些部分。

10.2.2 pfiles

用法：pfiles [java pid]

列出该进程打开的所有文件和 socket，其代码如下。

```
# pfiles 349 349: /usr/sbin/syslogd Current rlimit:65536 filedescriptors
0: S_IFDIR mode:0755 dev:102,3 ino:2 uid:0 gid:0 size:1536 O_RDONLY /
1: S_IFDIR mode:0755 dev:102,3 ino:2 uid:0 gid:0 size:1536 O_RDONLY   /
2:S_IFDIR mode:0755 dev:102,3 ino:2 uid:0 gid:0 size:1536 O_RDONLY /
3: S_IFCHR mode:0000  dev:270,0
ino:50368 uid:0 gid:0 rdev:41,53 O_RDWR /devices/pseudo/udp@0:udp
4: S_IFDOOR mode:0444 dev:279,0 ino:57 uid:0 gid:0 size:0
O_RDONLY|O_LARGEFILE  FD_CLOEXEC  door  to nscd[132]
/var/run/name_service_door
5: S_IFCHR mode:0600 dev:270,0 ino:50855940 uid:0 gid:3 rdev:97,0
```

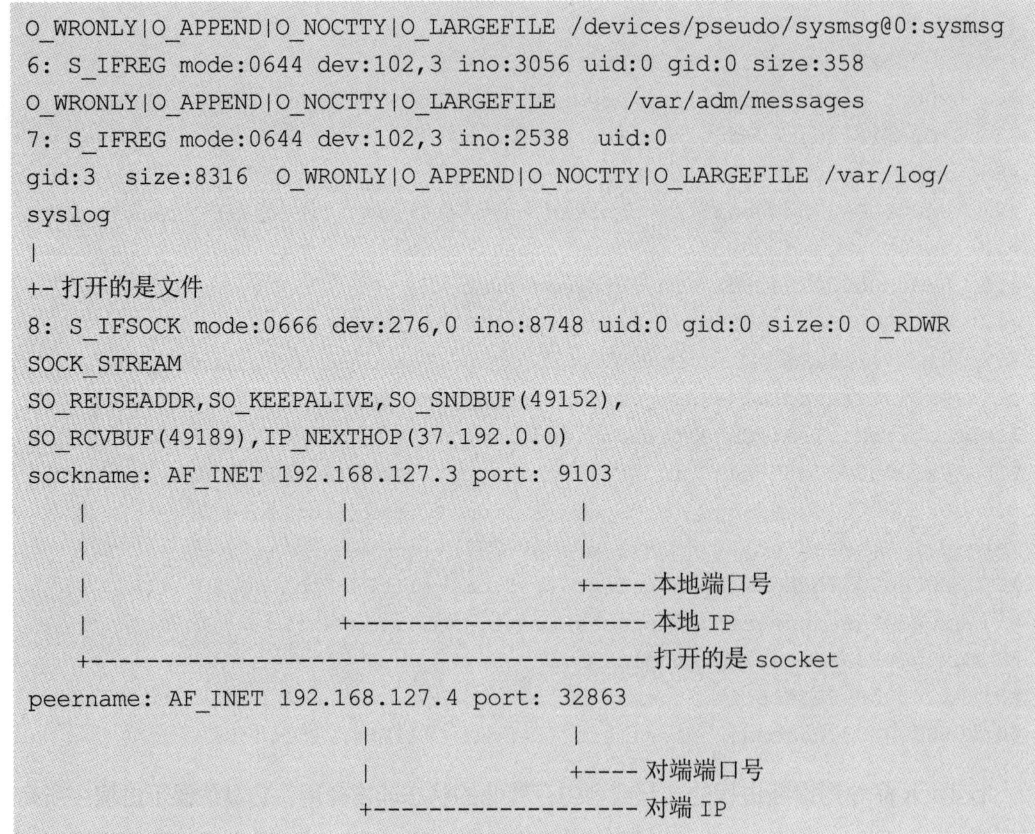

```
O_WRONLY|O_APPEND|O_NOCTTY|O_LARGEFILE /devices/pseudo/sysmsg@0:sysmsg
6: S_IFREG mode:0644 dev:102,3 ino:3056 uid:0 gid:0 size:358
O_WRONLY|O_APPEND|O_NOCTTY|O_LARGEFILE     /var/adm/messages
7: S_IFREG mode:0644 dev:102,3 ino:2538  uid:0
gid:3  size:8316  O_WRONLY|O_APPEND|O_NOCTTY|O_LARGEFILE /var/log/
syslog
|
+- 打开的是文件
8: S_IFSOCK mode:0666 dev:276,0 ino:8748 uid:0 gid:0 size:0 O_RDWR
SOCK_STREAM
SO_REUSEADDR,SO_KEEPALIVE,SO_SNDBUF(49152),
SO_RCVBUF(49189),IP_NEXTHOP(37.192.0.0)
sockname: AF_INET 192.168.127.3 port: 9103
    |                  |                 |
    |                  |                 |
    |                  |                 +---- 本地端口号
    |                  +-------------------- 本地 IP
    +--------------------------------------- 打开的是 socket
peernname: AF_INET 192.168.127.4 port: 32863
                         |               |
                         |               +---- 对端端口号
                         +------------------ 对端 IP
```

在不同的操作系统下，这个命令会稍有不同，如表 10-1 所示。

表 10-1　不同操作系统下的命令名称

操作系统	Solaris	Linux	Aix	HP
命令名称	pfiles	lsof	NA	NA

有时会打印不出文件名，如

1018:S_IFREG mode：0644 dev:291,0 ino:35047 uid:3221 gid:102 size:2425 O_RDONLY | O_LARGEFILE

如果打开的文件已被删除，那么就无法打印出文件名，此时可以借助文件结点通过如下方式找到文件名。

find . -type f -exec ls -i -print | grep 335047

借助于该命令，找到泄漏的文件或者socket就很容易缩小问题的范围了。如果是文件，可根据文件的名字找，如果是socket，就根据端口号找，这样很快就能确定是哪个功能模块造成的句柄泄漏，然后检查相关的源代码，问题就能得到定位了。

10.2.3 pldd

用法：pldd [pid]

列出本进程使用的动态库。如果程序中有 JNI 调用，就可以使用该命令找到此进程到底调用了哪些动态库。

```
#  pldd 1239
1239:   /usr/sbin/syslogd
/usr/lib/libnsl.so.1
/usr/lib/libpthread.so.1
/usr/lib/libdoor.so.1
/usr/lib/libc.so.1
```

10.2.4 pmap

用法：pmap [pid]

使用 pmap 命令可以显示组成进程内存空间的各个内存映射，也可以使用 pmap 查看进程占用物理内存（RSS）的大小并收集有关进程使用内存的更多信息。因为进程通过共享库的使用及其他共享内存映射的方式，与其他进程共享这些内存，可能会出现由于把同一共享内存统计多次而高估系统范围内的内存使用的状况。要缓解这种状况，可以把那些非共享的匿名内存数量当作进程独有内存使用的一个估计数（Anon 列）。进程的内存分为以下两类。

（1）虚拟内存。虚拟内存指分配给进程的虚拟空间数量。

（2）物理内存。物理内存也叫驻留内存，是指分配给进程的真实内存页面的数量。

```
#pmap  -x  3368
3368:  ./sketchv
Address           Kbytes  RSS   Anon   Locked   Mode    Mapping
0000000000400000  316     -     -      -        r-x--   sketchv
000000000064f000  20      -     -      -        rw---   sketchv
0000000000654000  3568    - -   -      -        rw---   [anon]
0000000040000000  4       -     -      -        -----   [anon]
0000000040001000  10240   - -   -      -        rw---   [anon]
00000037db800000  108     -     -      -        r-x--   ld-2.7.so
00000037dba1a000  4       -     -      -        r----   ld-2.7.so
00000037dba1b000  4       -     -      -        rw---   ld-2.7.so
...
00007ffff126c000  84      -     -      -        rw---   [stack]
```

```
00007ffff13fe000    8        -     -      -          r-x--     [anon]
ffffffffff600000    4        -     -      -          r-x--     [anon]
----------------    ------   ------       -          -----     ------
total               kB       421820       -          -         -
```

通过 pmap -x 可以看到哪个动态库分配了多少内存。如果在一个 JNI 库中存在本地内存泄漏，那么借助 pmap 可以将范围缩小到一个动态库上。

10.2.5 ptree

用法：ptree [pid]

显示与指定进程相关的血统关系，即进程的父子关系。

```
#  ptree  1838
1933   /usr/dt/bin/dtlogin    -daemon
6359   /usr/dt/bin/dtlogin    -daemon
6380   /bin/ksh   /usr/dt/bin/Xsession
6390   /usr/openwin/bin/fbconsole
...
```

10.2.6 pwdx

用法：pwdx [pid]

显示指定进程的运行目录。

```
# pwdx 213
213:   /export/home/zmw/pp/bin
```

10.2.7 plimit

用法：plimit [pid]

显示指定进程的限制。

```
# pwdx 4100
4100: myprocc
resource               current          maximum
time(seconds)          unlimited        unlimited
file(blocks)           unlimited        unlimited
data(kbytes)           unlimited        unlimited
stack(kbytes)          8192             unlimited
```

```
coredump(blocks)       unlimited          unlimited
nofiles(descriptors)   30000              30000
vmemory(kbytes)        unlimited          unlimited
```

10.3 UNIX 的进程统计工具 prstat

进程统计实用工具（prstat）显示了一个正在实用系统资源进程的概要信息，prstat 可以按一定的时间间隔统计信息，并打印到屏幕上。

```
$  prstat
PID    USERNAME   SIZE   RSS   STATE  PRI  NICE  TIME     CPU    PROCESS/NLWP
24543  zmw        1323M  187M  cpu0   0    10    0:54:33  78.2%  java/23
26555  zmw        23M    7M    cpu0   0    10    7:56:22  0.2%   ftpd/1
14543  zmw        323M   37M   cpu0   0    10    2:45:73  0.1%   initd/1
...
Total: 91 processes,521 lwps,load averages: 39.06, 28.24, 6.68
```

prstat 默认用一列显示每个进程的输出，每项根据 CPU 消耗量进行排序，各列的含义如下。

- PID：进程的 ID。
- USERNAME：进程的所有者名称（用户名）。
- SIZE：所有的映射虚拟内存大小，包括映射文件及设备。
- RSS：驻留集合的大小。表示映射到进程的物理内存的总量，包括共享给其他进程的物理内存。进程的内存占用可以划分为两大类型：虚拟大小和驻留集合大小。虚拟大小是指进程占用虚拟内存的全部大小，即组成地址空间的单个映射虚拟大小的总和，进程虚拟内存的某些或全部是放在物理内存的，这个大小称为进程的驻留集合大小，即 RSS。
- STATE：进程状态。
- PRI：进程优先级。
- NICE：用于优先级计算的精确数字。
- TIME：进程的累计执行时间。
- CPU：CPU 使用时间的百分比。
- PROCESS/NLWP：进程名和进程的线程数。

另外，prstat 还提供了另一个重要的选项：-L。使用 -L 选项，prstat 显示每行是一个线程，而不是一个进程。示例如下。

```
$  prstat
PID    USERNAME  SIZE   RSS   STATE  PRI  NICE  TIME     CPU    PROCESS/LWPID
24543  zmw       1323M  187M  cpu0   0    10    0:54:33  40.2%  java/1
26555  zmw       1321M  7M    cpu2   0    10    7:56:22  2.2%   java/2
14543  zmw       1223M  37M   cpu3   0    10    2:45:73  0.8%   java/3
...
```

在这里只有最后一列和上面的各列不同。

- PROCESS/LWPID：进程名和对应的轻型进程 ID（LWP）。

这个选项对分析某些线程有帮助。

10.4 UNIX 的剖析工具

UNIX 主要包括如下剖析工具。

- truss:solaris 跟踪本进程使用的操作系统调用和信号量，如 truss -p 2343 -v all 1。
- strace：Linux 跟踪本进程使用的操作系统调用和信号量。
- dtrace：solaris10 跟踪本进程使用的操作系统调用和信号量，其功能更强大。
- sotruss：solaris 跟踪共享库的系统调用，如 sotruss date 将列出 date 用到的所有动态库各自调用的系统调用。

10.5 路由跟踪命令 traceroute/tracert

路由跟踪命令 traceroute/tracert 显示路由到目的地址所经过的路由器，可以诊断网络阻塞。代码如下。

```
C:\>tracert  www.google.com
Tracing route to www-china.l.google.com [64.233.189.104] over a maximum
of 30  hops:
1   <1  ms  <1  ms  <1  ms  192.168.0.1
2   *       *       *       Request timed out.
3   18  ms  18  ms  17  ms  58.60.17.93
4   17  ms  18  ms  17  ms  58.60.24.97
5   17  ms  18  ms  18  ms  58.60.24.53
6   19  ms  17  ms  17  ms  202.97.64.18
```

10.6　swap 交换分区管理

交换分区在 UNIX 中非常重要，当系统莫名其妙出错时，交换分区就是可疑点之一。一般情况下，交换分区至少保证要有 8G。在 Solaris 系统下，可以通过如下命令来增加交换分区。

```
mkfile  4000M  /myswapfile            // 创建一个 4G 的交换文件
swap -a myswapfile                    // 将该文件增加为交换文件
swap -l                               // 列出所有的交换分区
swap -s                               // 系统中总交换分区的大小
```

10.7　文件类型 / 符号表

文件类型 / 符号表主要包括如下命令。

- file core：检查 core 文件是由哪个进程产生的。
- nm：查看 ob、so 等文件中的符号表，如果是 C++ 则可以使用 nm a.so | c++filt。

10.8　Windows 的相关工具

10.8.1　查找端口号被哪个进程占用

如下代码为查看 80 端口被占用的进程。

```
netstat -ano | findstr "80"
TCP 0.0.0.0:80 0.0.0.0:0  LISTENING    10640
TCP 0.0.0.0:7680    0.0.0.0:0     LISTENING    10100
TCP 0.0.0.0:49664  0.0.0.0:0      LISTENING    580
TCP 127.0.0.1:49800    0.0.0.0:0 LISTENING    9816
TCP 192.168.3.30:32917 59.37.96.250:80  ESTABLISHED   7804
TCP [::]:80 [::]:0  LISTENING     10640
TCP [::]:7680   [::]:0 LISTENING 10100
TCP [::]:49664  [::]:0 LISTENING 580
```

10.8.2 根据进程 ID 查询进程名称

如下代码为查询进程号“10640”的应用程序。

```
tasklist|findstr "10640"
java.exe   10640 Console 1      736,732 K
```

10.8.3 根据进程名称查询其运行期参数

如下代码为查询进程 java.exe 的运行参数。

```
wmic process where caption="java.exe"  get processid,caption,commandline
/value
Caption=java.exe
CommandLine=java  -jar  d:\mytest.jar  --ftp.url=192.168.199.40
ProcessId=10640
```

10.8.4 结束进程

如下代码为结束进程 java.exe。

```
C:\>taskkill /f /t /im javaw.exe
```

第11章

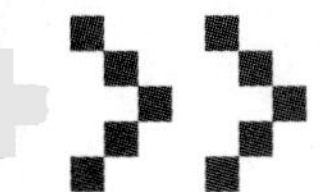

计算架构与存储架构

当前大量的系统要求能够支撑大规模请求，同时基于运行成本的考量，系统应该进行横向扩展，动态增加或减少计算资源。横向扩展能力是大规模系统的基础，当系统具备了横向扩展能力，那么系统的弹性将大大增强。在一些应用领域，如线上购物系统，系统的弹性至关重要，它可以很好地应对由商业促销活动带来的短期访问峰值的飙升。总之，技术架构应该满足如下要求。

- 硬件故障不会导致服务中断。
- 硬件故障不会造成数据丢失。
- 系统可以根据业务规模横向扩展（动态或静态），以支撑大规模的业务系统。

解决这三大挑战，依赖于从上到下的全系统设计，包括计算架构和存储架构。

11.1 计算架构——基于无状态的设计

关于计算架构，业界存在两大流派，如图11-1所示。

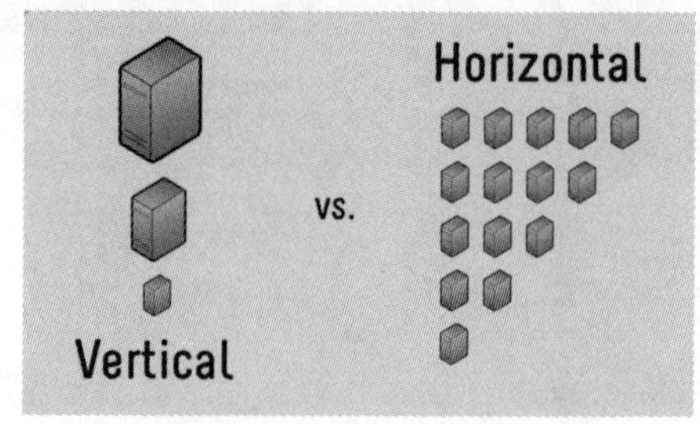

图 11-1 横向扩展与纵向扩展

一派是以IBM、Oracle、HP等为代表的传统IT架构。这种IT架构是通过单机可靠性来保证系统可靠性的，并以提升单机的能力来保证其计算能力。当系统需要扩展时，就会购买更高端的机器（小型机→中型机→大型机）进行扩展，这种方式叫纵向扩展架构。纵向扩展架构是通过强大的机器构建更强大的系统，即将可靠的系统构筑在可靠的硬件之上。

另一派是以Google、Amazon等为代表的互联网新兴IT架构，这种IT架构是通过存储冗余来保证数据可靠性的，并用分布式来保证其计算能力。当系统需要扩展时，可通过增加普通机器进行扩展，这种方式叫横向扩展架构。它的核心思想是将可靠的系统构建在不可靠的硬件之上，即在烂机器上做大系统。通过软件的方式解决可靠性及计算能力的聚合。

1. 纵向扩展架构

纵向扩展架构的优点是，上层软件开发相对较容易，如数据库事务的处理由数据库引擎自行处理，不需要应用层进行干预。特别是银行领域，这是特别重要的一个需求[①]。但它的缺点也很明显。

① 资金转账就是一个最典型的事务一致性场景。

（1）首次采购成本很高，一台小型机动辄上百万元。

（2）系统升级时，原始投资浪费。当计算能力不足时，只能更换为更强的机型和配置，原有机器退役。

（3）系统升级会造成服务中断，对系统切换有很高要求，切换风险大。

（4）计算能力有上限。尽管小型机可以升级为中型机，甚至大型机，但在某些超大型应用中（如面向全球 30 亿名用户的社交软件），计算能力仍然无法胜任。

（5）系统维护复杂。随着生产数据的增长，维护复杂度也呈指数级上升。当海量的数据存在一台超大型机器上时，数据的备份要么选用慢备份设备，如磁带（磁带的数据恢复是一个颇具挑战的技术任务），要么选择存储柜（成本高昂）。

2. 横向扩展架构

横向扩展架构是通过分布式来保证计算能力的扩展，通过并存储冗余来保证存储能力的扩展，以及数据的可靠性，其优点如下。

（1）首次采购成本低。使用低端机型（PC、刀片服务器等）即可将系统构建起来。

（2）保护原始投资。当计算能力不足时，只需增加新机器，原有机器可继续服务。

（3）系统无感知升级。当有机器损坏或者增加新的机器时，可平滑进行[①]，用户完全无感知。

（4）计算能力无上限。当计算能力不足时，直接新加机器就可以完成。

（5）具备故障自动隔离能力，用户无感知。

（6）系统维护非常简单。由于存储冗余，因此无需备份数据，也不存在恢复数据这类容易出错的维护操作。

总体来说，纵向扩展架构依赖于硬件提供的可靠性和计算能力，横向扩展架构依赖于软件构建的可靠性及可扩展性，即“纵向架构通过好机器构建高可靠的大系统，横向架构通过一堆烂机器 + 好的软件架构完成同样的任务”。

尽管横向扩展架构有诸多的优点，但有两种场景是比较难完成的。

（1）在事务一致性方面，虽然横向扩展架构很完备，但其分布式事务却难以保证一致性。分布式事务著名的 CAP 理论已经证明，一致性 (Consistency)、可用性 (Availability)、分区容错性 (Partition tolerance) 三者不可同时兼得，如图 11-2 所示。如

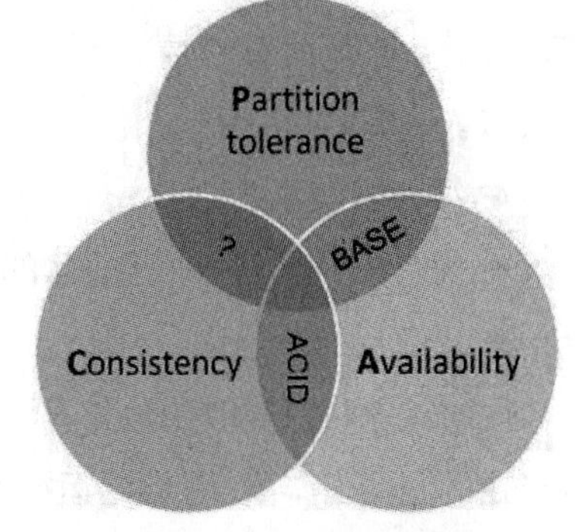

图 11-2 CAP 理论

① 软件定义存储（SDS）、增加新机器或者替换老机器时，可直接将物理机器上架或者下架，整个业务不发生任何中断，系统维护极其简单。

果采用了这种架构，软件工程师需要小心地进行取舍，并对发生的不期望结果进行预案。

（2）对于不可拆分的计算任务，分布式是无能为力的。尽管自然界中绝大多数计算任务是可以拆分的，但科学计算中确实存在一部分计算任务是不可分解的，这种情况只能在单机上完成。

纵向扩展架构与横向扩展架构都有自己的适用场景，当构建一个可靠的大型系统时就需要融合二者，构建混合系统。首先对系统数据进行分类，对强事务一致性的数据，采用纵向扩展方案；对于弱事务一致性的数据，采用横向扩展方案。

横向扩展架构最核心的是无状态设计。当软件基于无状态设计时，系统就具备了横向扩展的基础和能力。无状态的调用本质上是指下一次的调用不依赖于上一次的调用，具体内容如下。

- 服务器重启后，客户端无感知。

①客户端不需要重新登录。

②客户端当前进行的与服务器相关操作可以继续进行。

- 同一个请求可以被调度到不同的服务器上进行，无须关心该请求被哪台机器处理。

无状态设计是系统可以横向扩展的基础，当一个系统的计算层是无状态设计的，那么该系统就具备弹性负载的能力。无状态设计需要贯穿整个系统，下面举两个最常见的应用场景。

11.1.1 场景一 设计无状态的验证码

基于方便性考虑，目前越来越多的系统采用手机号作为登录账号。手机号注册需要一个验证码，该验证码是有时效性的，如3min内有效。目前大多数系统验证码在服务端产生，并缓存在服务器端（缓存会导致状态产生），APP端并不维护相关信息。该设计属于有状态的设计，在下面3种情况下，服务器端的缓存会丢失，使正在进行的客户端注册过程遭遇失效。

- 缓存服务器重启。
- 缓存服务器各种原因导致的失效。
- 缓存服务器迁移。

同时，这种需要放在服务器端进行验证码有效性的检查，除了额外给服务器端开发带来一定的编程工作量，还会给运行期带来工作负载，特别在当前大量使用公有云的场合下，云的租用会增加额外的费用负担。

实际将验证码有效性的检查直接放在APP端上，会收到意想不到的好处，其流程如下。

（1）用户在APP端输入要注册的手机号。

（2）APP 端随机生成 6 位数字，并将其保存在 APP 应用的内存中。

（3）APP 端请求服务器将这 6 位数通过短信的方式发送到指定的手机号上。

（4）用户收到验证码短信。

（5）用户将该验证码输入 APP 的验证码输入框中。

（6）APP 检查用户输入的验证码是否与内存中保存的验证码相同。

（7）……

通过这样一个小小的改动，验证码的生成流程就不再需要服务器干预，使整个系统大大简化。

11.1.2　场景二　设计无状态的 Session 数据

有些系统，在每个用户登录时会在服务器端保存该用户的会话（Session）信息，缓存包括用户登录的时间、Session 数量等，这种设计的缺点如下。

（1）当对应的服务器端重启时，客户端就需要重新登录才能产生对应的 Session 数据，使客户端正常运行。

（2）缓存 Session 数据往往要求后续该用户的所有请求都发往 Session 初始化的服务器，这会造成极大的限制。如当服务器前端增加了 Load Banlance（软件 LB，或者与 F5 类似的硬件 LB），那么就需要前端的负载均衡器具备 Session 粘滞能力。这将对 LB 选型带来限制。

（3）限制系统的负载弹性伸缩能力。因为 Session 缓存数据的存在，使系统无法任意弹性伸缩。

一个更好的设计方法是，将 Session 数据作为 Token 放在每个 Session 请求中，服务端从 Token 中提取状态数据。其流程如下。

（1）用户在 APP 客户端输入账号、密码，并点击登录。

（2）服务器端检查账号密码，然后根据 Session 数据，打包生成一个加密的 Token 字符串，返回给客户端。

（3）客户端将该 Token 缓存在本地，每次后续请求都携带（Piggyback）该 Token。

（4）服务端接收服务请求，如果需要 Session 状态数据，则从该 Token 中拆离，然后执行相关操作。

通过将缓存在服务端的状态数据挪到请求参数中，服务器端变为无状态，因此任何一台服务器都可以正确处理该客户端的请求。无论是弹性伸缩，还是 Failover 都可以自由进行，系统的处理能力几乎可以无限扩展。

11.2 存储架构——数据分片

尽量将计算架构做到无状态，当计算层无状态后，系统的计算能力可以进行无缝横向扩展。但实际上会有持久化数据存在，这些持久化数据也是一种状态数据，而状态数据是无法消除的，这就带来另外一个问题，对于持久化数据，应该如何处理，才能使系统的横向扩展能力无限增强?

系统最重要的是数据，因此数据安全是一个系统首要考虑的因素，数据安全包含 3 方面的含义。

- 数据不会丢失，包括不因为硬件失效而导致数据永久丢失。
- 更新存储设备系统时不发生中断。
- 数据容易备份，且容易恢复。

一个好的存储系统有两大特点：一是通过冗余保证数据安全，二是通过硬件的热替换确保服务不中断。

系统中的数据类型可以归类为如下 3 种。

（1）结构化数据。结构化数据又分为以下 3 种。

①关系型数据，即以二维关系表为组织形式的 SQL 数据。这种数据一般用关系型数据库进行存储，即 SQL 型的数据；

②图数据，即数据结构中以图（Graph，连通性）为组织形式的数据；

③拓扑数据，即以 Topo 图为组织形式的数据，常见的有地理数据库（空间数据库），如 PostGIS、Oracle 的 SpatialDB 等；

④其他。如点、线、面形成的三维立体数据（3D Volumn 数据、AutoCAD 三维数据等），目前尚没有商用的通用性数据库出现；

⑤专业领域的数据，如 DNA 数据。目前也没有商用的通用性数据库出现。

（2）非结构化的小数据。这种数据用 NoSQL 分布式数据库进行存储。

（3）文件型数据。这种数据一般用分布式文件系统进行存储，它分为以下两种。

①大文件，如几个 G 的视频文件等；

②小文件，如 word、excel 等办公文件等。

数据存储横向扩展架构的能力取决于正确的数据分片。不同数据类型的数据分片有不同的技巧。具体按照哪个维度进行分片是有非常大差别的。

11.2.1　结构化关系型数据（SQL）的存储

由于 SQL 之间有各种关联查询，如果数据分片不恰当，那么一个查询可能需要在多台数据库服务器上进行，然后再将结果进行汇总聚合，这将带来巨大的性能负担。造成该情况的主要原因是系统无法使用数据库提供的查询引擎，只能在应用层增加相关代码。由于未知哪些机器存在相关数据，只能将每台机器都查一遍，因此，大量的无效计算消耗了大量的计算资源，这些无效计算将随着机器的增加而导致计算量呈指数级上升，随着这种无效计算量的上升，最终因增加机器而获得的有效计算能力性价比越来越低，最后整个系统的查询能力将到达“天花板”，一旦发生这种情况，即使增加再多的机器也无济于事。

当一个系统的横向扩展能力有限（增加再多的机器也无法使总吞吐量增加），那么说明这个系统的架构设计存在严重问题。理想的设计是，物理硬件可以线性增加，只要加硬件，系统总的吞吐量就会上升。评价一个系统的扩展能力，就要看这个系统是否可以无限制地增加硬件。

结构化关系型数据的关联关系无法避免，即结构化的数据分片原则是从系统可能的查询倒推，分析哪些类型的数据有耦合性，哪些数据没有耦合性。其数据分片的思路如下。

（1）将没有耦合的数据从系统中拆出来，这些数据很容易分片。将数据分布在不同的机器上，这些数据就具备了横向扩展能力。

（2）将关联度高的数据进行高内聚，分布在少量的机器上。由于这些数据是高耦合的，即使存在聚合层，其所有的计算也都是有效的，不会浪费计算能力。

当数据分片确定以后，还需要保证单机数据的安全，即不因硬件故障（如磁盘损坏）而导致数据丢失。有以下 3 种可选思路。

（1）数据库采用 Cluster（1+*N*，1 写 *N* 读）模式。当一台机器出现问题（无论是计算还是存储），另外一台机器就会自动接管，业务完全不受影响。这种模式可以完美应对硬盘损坏，以及计算机损坏，它是数据库可靠性的最佳模式。

（2）SAN 采用独立硬件做磁盘管理，一旦硬盘损坏，SAN 存储会自动进行处理，无须中断系统。这种模式只能很好地解决硬盘故障，但无法解决 SAN 系统自身的损坏故障。因此平时一定要做备份，万一出现除硬盘外的硬件故障[①]，就需要找备用机器手工进行恢复（安装数据库软件等），如图 11-3 所示。

① SAN 的可靠性很高，因此硬件损坏的可能性非常低，但仍然保证不了 100% 没有损坏。

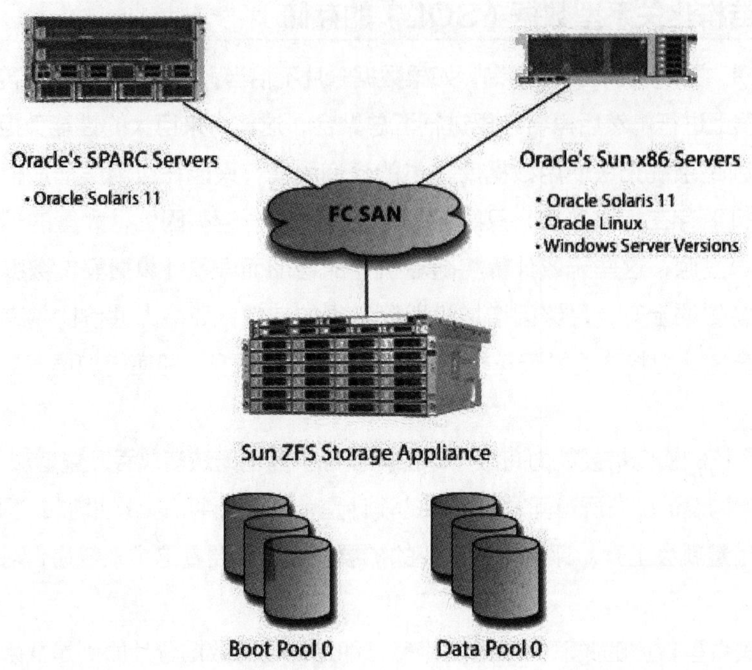

图 11-3 SAN

（3）计算机自带 Raid。这种方式与第二种方式相同，只能应对磁盘损坏故障，无法解决计算机的损坏故障。一旦计算机系统出现故障，将无法工作，需要进行人工处理。

11.2.2 非结构化数据（NoSQL）的存储

非结构化数据的存储软件（mongoDB、cassandra 等）都支持存储冗余，任何一台机器发生故障（硬盘故障或者计算机失效），对整个系统都不会造成任何影响。当补充新机器时，系统不发生中断，数据又会自动同步到新机器上。

11.2.3 小文件存储

小文件（word、excel）存储包括以下两种方式。

（1）采用分布式文件系统的方式。由于分布式文件系统都支持存储冗余 + 计算冗余，所以任何一台机器发生故障（硬盘故障或者计算机失效）时，对整个系统都不会造成任何影响。当补充新机器时，系统不会发生中断，数据又会自动同步到新机上，如图 11-4 所示。

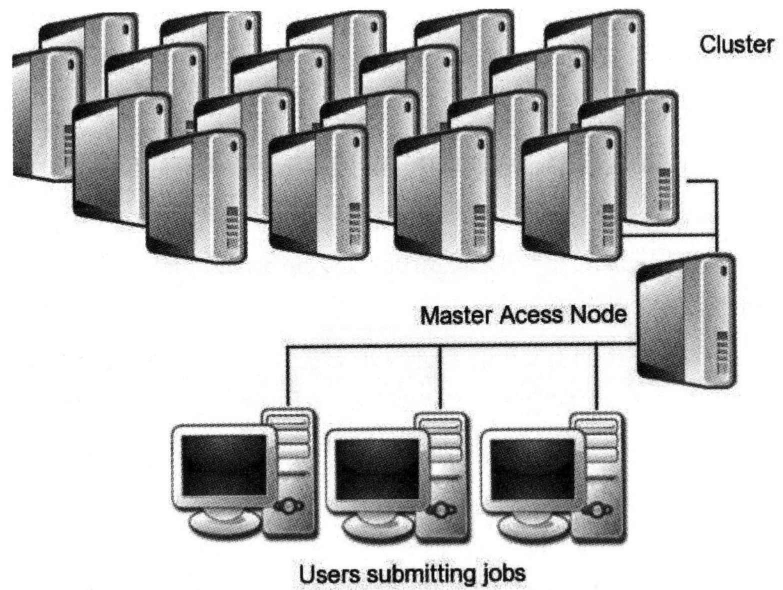

图 11-4　DFS 架构

（2）文件采用 SAN 的方式。使用 SAN 进行磁盘管理，一旦硬盘发生损坏，SAN 会自动进行处理，无须中断系统。但这种方式无法处理计算机的失效问题。

11.2.4　大文件的存储

大文件（如视频）存储必须使用分布式文件存储。分布式文件系统会对大文件进行切片，使其分散到不同的机器上存储，并进行冗余。

11.3　存储架构的总结

在实际的部署环境中，对于存储架构，建议的处理方法如下。

（1）对于强事务一致性的数据及多索引检索，仍然采用 SQL 的关系型数据库，通过数据分片保证系统的横向扩展架构能力。

（2）将其他非事务一致性数据 / 单索引检索采用 NoSQL 的分布式数据库。如对于电商业务涉及资金的数据，可采用关系型数据库；对于商品描述、商品索引的存储，可采用分布式数据库。

（3）对于小文件的存储，可以采用 SAN 或者分布式文件系统。

（4）对于大文件的存储，建议使用分布式文件系统。

另外，目前行业内出现了分布式数据库系统，这种数据库可集群在其底层进行分片，而不需要应用层关注分片逻辑，将分片逻辑从应用层下沉到数据库引擎层，在很大程度上降低了应用层的开发复杂度。这在某些系统上是合适的，但是这种方案也并不是适合所有场合。数据库底层实现数据分片逻辑时，由于数据库无法精确评估数据的相关性，从理论上就无法做到最佳分片逻辑，可能会出现无效计算而导致计算资源的大量浪费。这种分布式的数据库系统往往只能支持中等规模的系统。超大系统的分布式必须在应用层进行，只有应用层才能精确掌握分片逻辑。

正是由于这个原因，市面上发布的商业 SQL 数据库只提供 FailOver 能力，而不提供集群能力，这并不是技术能力的原因。而一些面向云服务的公司发布了 SQL 数据库集群，只是给出更多的选择而已，并没有真正解决这个问题。这个问题在数据库层面是无解的，必须在应用层解决。

11.4 其他架构的设计建议

关于其他架构的设计建议，这里把我的经验写下来，供大家参考。

（1）开放性系统，即开放性接口。其易被第三方集成，以及易集成第三方。

（2）多设备接入。

（3）超大规模分布式设计（无状态 + 数据分片原则），形成横向扩展架构能力。

（4）多进程运行期故障隔离。

（5）垂直切分。其能保证各系统的独立性、可拆卸性和可组装性。

（6）公共能力以服务的方式提供，如工作流。

（7）模块划分的标准是高内聚、低耦合。

（8）展现与服务分离。

（9）如果关系型数据[①]横向扩展能力受限，为了让数据库有最大化的访问能力，就必须对使用存储过程保持克制，避免大量的运算下沉到数据库，从而降低数据库的服务能力。

（10）数据库部署具有弹性，应避免单点故障。核心业务数据库为 1+*N* 模式，一旦单机硬件或操作系统出现故障，则整个业务并不发生中断。数据的备份和恢复不再依赖于手工进行，可避免人为失误带来的数据丢失。

（11）故障隔离。一个子系统的故障不会导致连锁反应，造成整个系统的失效。

（12）对于系统的长期演进能力，需要综合考虑如下因素。

---

① 与之对应的是 NoSQL 具备强大的横向扩展架构能力，但 NoSQL 无法保证多索引，以及事务的一致性。

- 尽量避免使用公司级的开发库和开发工具，即使需要使用，也要缩减到最小的使用范围，这样可以避免由于第三方公司的发展而影响到系统的发展。
- 超长期的项目应尽量避免使用收费的开发包。在大规模部署过程中，收费会带来不确定性因素。
- 尽量避免使用 Windows 作为后台运行的操作系统。作为 Windows 平台，它的发展方向完全控制在一家商业公司手中，因此商业公司的生死存亡及战略方向的调整，都会对系统造成致命的影响。而 *nix 有统一的 posix 标准，因此跨平台更为容易，其发展方向是可预期的。

（13）在业务模式上，需要采用支撑 SaaS 的模式。在技术上，应用多租户模式（multi-tenant），体现数据的隔离。

第12章

项目生命周期与框架、语言、开源选择

在项目技术选型中，包括开发语言、开发框架、开源库的选择，必须将项目的生命周期考虑在内。但在实际工作时，这个问题往往得不到重视。任何项目都是有生命周期的，当项目还在生命周期内，但是项目中采用第三方组件的生命周期已经结束，二者不同步怎么办?

项目的生命周期越长，技术选型就越要慎重。回顾一下二十余年的软件发展历史，看看当时曾经处于垄断地位的开发框架与开发语言，现在是否安在?

1998 年前后，Delphi、C++Builder、VB 如日中天。

2000 年前后，OLE、COM、DCOM 曾经是 Windows 下开发的唯一选择。

2003 年前后，Corba 曾经是最先进的分布式框架。

2005 年前后，Java 应用开发中，EJB 是当时的不二选择。

2008 年前后，Struts（SSH 的三架马车之一）曾经垄断了 Java Web 的应用开发框架。

如今却很难再找到它们，令开发人员唏嘘不已。一夜醒来，Delphi 不见了，VB 也几乎消失了。

一个长期运行的项目，一旦选型错误，就意味着未来整个系统大概率要推翻重来，这会带来巨大的投资浪费，无论在时间还是成本上都会给企业带来巨大的负担。因此如何保证一个系统的持续性运行是项目管理的重要内容。

12.1 以项目时间尺度衡量开发语言的选择

开发语言的选型，除了技术考量，还需要基于项目运行生命周期去评估其可持续性。从项目生命周期管理的角度看，开发语言分为企业级语言与行业级语言。企业级语言的控制权在企业手里，行业级语言的控制权在标准委员会手里，如表 12-1 所示。

表 12-1 各种语言的控制者

语言	控制者	性质	备注
C	C 标准委员会	行业级	
C++	C++ 标准委员会	行业级	
Java	Java 标准委员会	行业级	Oracle 无法控制 Java 标准
Object C	Apple	企业级	
Swift	Apple	企业级	

续表

语言	控制者	性质	备注
Go	Google	企业级	
C#	Microsoft	企业级	

企业级语言有以下两个风险。

（1）企业存在倒闭的风险。一旦企业倒闭，那么受该企业控制的语言将受到直接冲击。如 20 世纪末赫赫有名的 Borland 公司由于经营不善，直接导致了 Dephi 语言的式微，同时受影响的还有 C++Builder，其一度为最流行的 Windows 开发语言之一，曾力压微软的 Visual Studio 系列。可谓是覆巢之下安有完卵，令人唏嘘不已。

（2）企业会基于自己的商业利益，非社区利益而对语言进行升级或者终止维护，这将对系统造成致命的后向兼容性，以及可用性问题。由于单方面可控，企业在语言的升级、终止、后向兼容性的保证上往往相对随意。如 Object C 被 Swift 替代（Object C 消亡是迟早的事，这将导致大量的老代码作废），仅仅 Swift 语言，其版本就有 swift 2、swift 3、swift 4 之多，而且它们之间不能后向兼容。企业级语言随意性比较大，后向兼容性差会造成巨大的沉没成本。

相比较而言，标准委员会控制的行业级语言（如 C/C++/Java）每次升级都极为谨慎，后向兼容都是首要保证的要素。同时，标准委员会是非营利性组织，它的成员是动态流动的，本身不存在盈利压力，标准委员会极少会出现解散的情况。因此标准委员会控制下的语言，其生命周期都非常长。

在项目启动时，项目生命周期越长，越要避免选择企业级语言，除非项目生命周期很短（如五年以内）。

12.2 以项目时间尺度衡量开发框架的使用策略

当今，绝大多数的项目开发无法脱离第三方的开发框架。对于超长生命周期的项目，框架的生命周期是否能保证和项目一样长，是一个需要特别关注的问题。从长距离的时间尺度看，没有一个框架可以永葆青春，而项目可能比流行的框架需要活得更久些。

以远程调用框架来看，历史上经过了 DCOM、CORBA、EJB、gRPC、Restful 等时代。到今天 DCOM 基本消失，CORBA 也不再流行，EJB 已极少被新项目采用。如果一个长周期项目经过一些年限，某些采纳的框架已经过时，将导致项目难以持续（如招聘市场上难以找到熟悉该框架的工程师、依赖的工具或开源与新的 JDK 不兼容[①]等）。

现实是，基于当下的开发周期与开发预算，项目中无法避免使用一些框架，但这些框架未来也许会被淘汰，那应该如何做？框架选型和使用的核心原则是，让框架的影响范围降低。其具体策略如下。

（1）尽量选择低侵入性的框架。框架的侵入性越强，那么它在系统代码中的分布越分散，后续更换的复杂度就越高。侵入性越低，后续替代的复杂度也就越底。

（2）将框架代码与自己的代码做好隔离，将框架相关代码隔离在一个局部的范围内。这是一个软件工程的范畴，通过抽象等技术手段，将第三方框架的代码压缩在极低的范围之内，这样未来的更换成本就会比较低。

（3）尽量选择开源框架，避免采用第三方企业出品的商业框架。企业级框架受限于企业的经营业绩，企业存在倒闭的风险；同时，企业又会基于利润率衡量，一些框架可能被停止开发。而开源框架的生命周期可持续性却要好很多。

12.3　以项目时间尺度衡量开源的选择

同框架一样，现在没有哪个大型项目可以脱离开源组件。从时间尺度看，选择开源也是有一些基本原则的。开源的主要问题是，代码质量参差不齐，有特别棒的代码，如 Linux、Ngnix、Gcc 等，同时也充斥着大量的垃圾代码。判断开源是否可长期依赖，首先应判断作者的开源动机。

12.3.1　动机纯粹的

（1）个人理想。如 Linux 的作者 Linus Torvalds（同时也是 Git 的作者），Tex 的作者 Linus Torvalds，这些都是改变世界的人物，他们是为信仰而写代码的。

（2）开源组织，如 Apache、伯克利。这些开源组织选中的开源项目，都是经过严格的筛选与市场考验的。

（3）个人爱好。一些个人网站或者开源网站 Github 上有不少小而精的代码片段，质量非常高。这些项目的代码量往往不大，同时由于开源，因此把这些代码片段引入自己的系统，也不会带来生命周期的风险。

① 如最新版的 JDK 会移除一些过时的类，如果框架依赖这些过时的类，那么 JDK 将无法升级，使得新功能无法开发，这将导致整个项目的升级变得极其困难。

12.3.2 动机不纯的

（1）挂羊头卖狗肉的伪开源，如某些 NoSQL 数据库产品。这些开源项目是属于企业的，而企业有盈利压力，因此就采取了部分开源、部分闭源的商业模式，目的是通过开源让用户熟悉该软件，从而吸纳更多的关注者，然后通过专属服务或功能对高价值用户进行收费。对于这种企业的所有开源项目要特别小心，除非有付费的打算，否则尽量避免入坑。前面已经提到过，被企业控制的项目，它的生命周期可能会受企业业绩影响，这对于长期项目来说有非常大的隐患。

（2）部分学生或者个人开发者，他们可能仅仅为了找份好工作，通过贡献开源项目给自己加分。这些项目除了代码质量参差不齐外，往往会昙花一现，项目很快就会停止维护。

除了动机，对不同类型的开源也要区分对待。

- 框架类代码。框架类代码由于有很强的侵入性（在项目中相关代码散乱在各处，不集中），对这种代码的选择要特别慎重，一旦引入，后续更换的代价非常之大。
- 工具类的代码。这种类型的代码功能比较单一，侵入性低，即使后续需要更换，代价也较小。
- 算法类的代码。这种类型的代码功能比较单一，侵入性低，即使后续需要更换，代价也较小。

第13章

设计“工业强度”的软件系统

一个具有工业强度的软件，意味着系统可以在无人值守的情况下长期可靠运行。特别是运行在一些非可控环境时，这种能力显得非常重要，如运行在野外的通信基站、电力设施监控等。

（1）“工业强度”需要保证系统能够长期运行，达到五个九（99.999%）的可靠性，每年的故障时间（含停机维护）不超过316s（约5min）。

（2）“工业强度”是系统对所谓“瞬时峰值”的应对能力，也就是应对系统短暂冲击的能力。很多系统经过短暂的峰值冲击后，处理能力往往会下降，且无法自动恢复至原来的处理能力。

（3）“工业强度”是系统应对长时间过载的能力，即当一个系统长时间过载时仍然能保证系统定义时的处理能力。一个设计不完善的系统，在这种情况下系统处理能力往往会劣化，直至处理能力下降到零，然后无法自动恢复，必须重启。

总之，工业强度意味着系统的超强适应能力，在各种正常或者异常的情况下，系统都能在长期无人值守时运行。

13.1 长期运行能力的构建

如果系统要长期运行，首先要保证资源（内存、文件句柄、数据库连接等）在任何恶劣的运行环境下不泄漏。尽管Java有自动垃圾回收机制，但是不恰当的编码仍然会导致内存泄漏，并且有些内存泄漏非常隐蔽，很容易被带入生产环境或者产品中。

当处理能力超过系统允许能力时，如果异常情况没有很好地进行“善后处理”，导致大量资源泄漏，如数据库连接泄露，一旦衰退开始，系统崩溃就是迟早的问题了。一旦某个资源泄漏了，除非重启，否则资源就再也找不回来了。随着泄漏的增加，最终会导致系统处理能力/吞吐量的下降，直至系统崩溃。相关内容请参考第5章幽灵代码。

13.2 瞬时峰值/过载的应对能力构建

我们知道，在早晚交通高峰期间，随着车辆的增多，道路的通行能力（单位时间内通过的车辆数）会急剧下降，直至最后完全阻塞，通行能力下降到零，如图13-1所示。

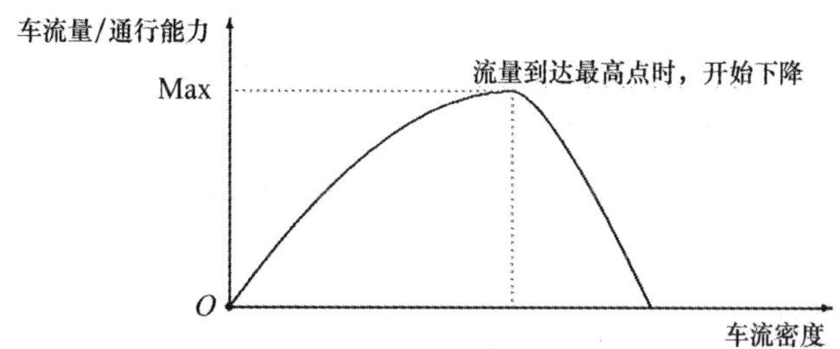

图 13-1　交通流量与车辆密度的关系

一个设计不完善的软件系统，随着压力的增加，就会呈现出与交通流相同的现象。随着请求的压力增加，系统处理能力就会下降，软件设计应避免这种情况的发生。一个设计良好的软件系统不会因为过载而导致处理能力下降。软件处理能力的期望曲线如图 13-2 所示。

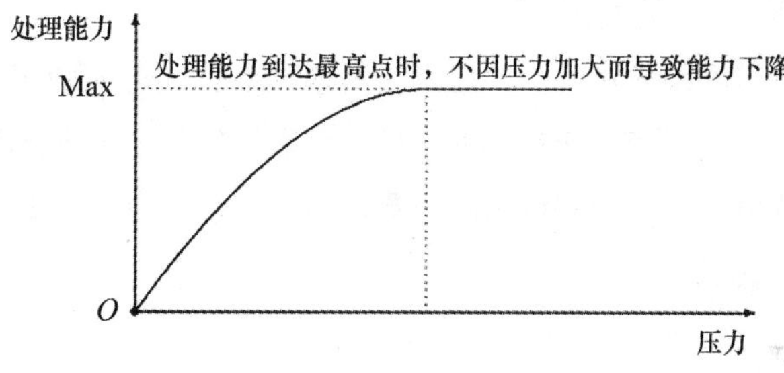

图 13-2　期望的软件处理能力

当软件处理能力达到最高点时，说明遇到瓶颈了，瓶颈主要体现在以下 6 个方面。

- CPU 计算能力。
- 线程数量。
- 内存。
- 文件句柄（包括打开的文件数量和创建的 socket 数量）。
- 数据库连接。
- 其他。

一个系统发生崩溃，往往是因为系统压力过大造成资源申请失败（如内存耗尽），从而导致所有正在进行的处理都被影响到（因为其他地方的代码也会申请内存失败）。一旦这种资源耗尽，再进行补救就来不及了，因为一个无法正常运行的系统是不可能进行自救的。

应让系统在过载时仍然保持设计时的处理能力，虽然有部分新增请求会失败，但正常的处理能力还能保持正常。做到这一点的核心思想是，在入口处进行流量控制，以及资源进行预先池化。在入口处进行流量控制，减少无谓的处理能力浪费，让明知会处理失败的多余请求在入口处就被拦截，避免进入后续的处理流程消耗资源。资源预先池化的目的是为了削峰填谷：资源申请不到会被临时挂起，等待有可用的资源被唤醒再重新获得处理，其他正在进行的处理完全不受影响。

13.2.1 资源池化

池化设计是预先将资源池化，而不是在需要的时候创建，这样可以避免资源申请失败时的程序不可控。一些资源如果不进行池化处理，一旦遭遇问题就是不可控的。举个例子，如果线程不进行池化处理，放任系统的使用，一旦系统过载就会导致线程创建失败，此时系统并不知道会发生什么。这种代码书写起来极端复杂，而且非常易出错。

13.2.2 CPU 计算能力的池化

系统内部的设计有两种方式：一种是基于函数调用的方式，即函数层层调用，完成整个流程；另一种是在某些领域基于消息的设计，把系统分层，层与层之间通过消息进行传递，从而完成整个流程，消息处理将采用消费者与生产者队列的方式。基于消息传递的方式有如下 3 个显著的优点。

（1）代码各层耦合降低。

（2）能够很好地应对系统临时的过载。当临时过载时，消息会缓存到消息队列中，后续会得到正确处理，除非队列长度一直增长，这时再缓存意义就不大了，而要启动流量的控制机制。

（3）能够完美地进行流量控制。将超过处理能力的消息直接抛掉，避免导致系统处理能力下降。

基于消息传递的模式本质上是将 CPU 计算能力池化。一个消息相当于一个计算单位，控制消息的数量就控制了 CPU 的计算负荷。基于消息的设计从编程的角度比函数调用要麻烦一些，目前大多用在一些苛刻的场景中，如电信核心网系统等。

13.3 池的合理设计

常见的池有对象池、线程池和连接池。

13.3.1　对象池：内存资源

用于充当保存对象的容器对象，被称为对象池（Object Pool，Pool）。恰当地使用对象池化技术（Object Pooling）可以有效减少对象生成和初始化时的消耗，提高系统的运行效率；同时对象池化还可以控制系统的最大内存使用，避免内存溢出。创建新对象并进行初始化操作可能会消耗很多时间，尤其是一些费时的操作，如在 SIP 电话呼叫场合频繁地分配一些大对象。在需要大量生成这样的对象时，就会对性能造成一些不可忽略的影响。要缓解这个问题，除了选用更好的硬件和虚拟机外，适当地采用一些能够减少对象创建次数的编码技巧也是一种有效的对策。对象池化技术就是这方面的常用技巧。

对象池化技术的基本思路：将用过的对象保存起来，等下一次需要这种对象时，再拿出来重复使用，从而可以在一定程度上减少频繁创建对象所造成的开销。对于没有状态的对象（如 String），在重复使用之前，无须进行任何处理；对于有状态的对象（如 StringBuffer），在重复使用之前，就需要将其恢复到类似于刚刚生成时的状态。并非所有对象都适合拿来池化，因为维护对象池也要造成一定的开销。对生成时开销不大的对象进行池化，反而可能会出现“维护对象池的开销”大于“生成新对象的开销”，从而使性能降低的情况。但是对于生成时开销较大的对象，池化技术就是提高性能的有效策略了。

因此，只有在重复生成某种大对象的操作成为影响性能的关键因素时，才适合进行对象池化。对一些小对象使用池化技术并不能带来任何性能的提升，反而会导致性能的下降。另外，如果要规避内存溢出，采用对象池化也有很大价值，可以避免无节制创建对象导致内存溢出的情况发生，特别是系统一旦出现内存溢出，必须要重启才能重新进入工作状态，这将会造成严重的生产故障。

关于对象池的使用场景

在早期的 JVM 版本中，对象的创建和垃圾回收是非常耗时的操作，但新版本在性能上有了本质的提高。事实上，Java 中的分配已经比 C 语言中的 malloc 更快了。在 HotSpot1.4.x 以后的版本中，new Object 的代码几乎只有十几个机器指令。针对“慢”的对象创建，很多系统使用了对象池。在系统启动的初始阶段就将对象大量创建出来并放入对象池中，以后使用该对象时直接从对象池中获取，不用时就释放回对象池，这样通过手工管理对象的生命周期，避免了 JVM 对于对象的频繁创建和销毁。但对象池的使用在带来一定好处的同时，也会带来如下不便，因此在具体使用中应仔细斟酌是否使用对象池技术。

（1）在多线程场合，对象生命周期不清晰，当一个线程将一个对象回池后，另一个线程也许仍然持有该对象的引用，如果该线程继续访问该对象引用，那么势必会造成混乱。

当然也可以通过代理设计模式来避免这种问题，但这样又引入了大量的 synchronized 操作，使整个代码变得更加复杂，并且直接影响了性能。

（2）对象回池时，要确保所有成员变量被重新初始化（对象重置），这些初始化操作是必须的，否则后期容易误使用这些没有经过初始化的数据。而这些操作也需要消耗大量的代码，并且容易被遗漏，这种 Bug 非常隐蔽，难以察觉和定位。

（3）当线程分配新对象时，需要线程内部进行非常细微的协调，因为分配运算通常使用线程进行本地分配来消除对象堆中的大部分同步。但使用对象池化技术时，这些线程从池中请求对象，那么协调访问池的数据结构的同步就是必须的了，这便产生了阻塞的可能，又因为锁竞争也会产生阻塞，如果对象池设计不合理，其代价比直接分配还要高上百倍，甚至这个地方会成为整个系统的瓶颈。

另外，使用对象池还有一个副作用，即对象池中对象数量的设置。正确设定池的大小在很多场合都是一个巨大的挑战，对象数量太小，池会失去效率；对象数量太大，会对垃圾回收造成压力。因为垃圾回收分为以下三个阶段。

- mark 阶段：通过扫描对象将垃圾对象标识出来。这个阶段是最耗时的。
- sweep 阶段：将垃圾对象进行回收。
- compact 阶段：将内存碎片重整连成片，以避免大对象分配失败。

如果使用对象池，由于系统中存在大量的对象，这大大增加了需要标记的对象。尽管每次标记的状态几乎不变，但垃圾回收标记阶段是最花时间的。实际上，JVM 分配和回收对象都是非常快的，但为什么有时会发现申请新对象比重用老对象性能更差呢？关键在于对象申请下来之后，还需要初始化。有的初始化过程比较复杂，包括构造函数或者调用初始化函数。因此，在高性能的场合[①]，对于普通的 Java 对象尽量采用 clone 方式进行初始化，这样可使新分配对象的逻辑简单，且性能又好。

另外，对于对象生命周期不清晰的场合，最好不要使用对象池，否则会有大量的空指针。空指针本身并不可怕，但它会使其他重要的“善后”代码没有执行操作，导致内存泄漏、连接泄漏等严重影响稳定性的问题，具体请参考第 5 章幽灵代码。

只有在生命周期非常清晰的场合才适合使用对象池，即什么时候需要对象，什么时候销毁对象都是确定的。只有一个对象完全限定在一个线程内才能确保生命周期是清晰明确的。如果一个对象可能被多个线程使用，就容易出现一个线程释放了对象，而另一个线程还在使用的危险情况，特别是该对象由于已经回池，很可能又被申请作为新对象使用，此时就会有多处线程同时读/写该变量，造成数据混乱，因此这种场合不适合使用线程池技术。

---

① 这里所说的高性能场合是指实时性很高的场合，如 SIP 电话系统，对系统短暂的 GC 也无法忍受。

另外，对象池中的对象最好仅限在内部使用，不要暴露在模块之外，否则很多约束根本无法得到遵守。

对象池的使用有诸多的约束和陷阱，因此在实际的系统中一般不建议使用该技术。

提示： 在现代的虚拟机中，分配对象通常比引入同步要“便宜”得多。

13.3.2　线程池：计算资源

由于一个进程内的线程并不是无限的资源，操作系统对每一个进程都有最大线程数量的限制，为了避免系统在高峰期因达到最大线程数量而导致应用失败，由此引入了线程池设计。通过引入线程池，系统将获得如下好处。

- 避免了因线程数量超过系统限制而导致的系统不稳定。
- 避免了频繁执行 new thread 这种耗时操作，因此对系统的性能有一定价值。一般系统的最大线程数限制在几百到几千个，不同的系统会有所不同。

13.3.3　连接池：I/O 资源

数据库连接资源是有限的，一般是几百个到几千个左右，超过了这个阈值，数据库就会拒绝建立连接。为避免系统因高峰期达到最大连接数量而导致应用失败，由此引入了连接池设计。通过引入连接池，系统将获得如下好处。

- 控制单机数据库应用程序最大连接的数量，避免因连接数量超过系统限制而导致的系统不稳定。
- 避免频繁创建连接操作，对系统性能有一定的价值。
- 在多个数据库客户端的情况下，可以针对每一个数据库客户端分配指定数量的连接，对每台数据库服务器的总连接数进行控制，最终使使整个系统稳定运行。

当某一个时段访问量比较大，使用的连接数达到了连接池的最大值时，那么获取连接的线程将被暂时挂起，直到池中有可用的连接。同时，引入连接池还可以应对暂时的过多请求，使整个系统保持稳定。如果不采用这个连接池技术，瞬间的峰值将会导致大量的请求处理由于创建不了数据库连接，而造成处理失败。

连接池的设计需要非常关注连接失效的问题，如果连接池无法自动处理连接失效的问题，那么连接池将无效，导致系统瘫痪。数据库连接一般会预先将连接建立好，使用时直接从池中获取连接，使用完后再将连接释放回池。但有时从池中获取的连接已经失效（死连接），即 socket 物理连接已经不存在，造成这种情况的原因如下。

（1）物理数据库和应用程序之间跨防火墙，防火墙自行将 socket 连接关闭，此时连接池中的数据库 socket 连接已经变成了死连接。一般一个连接超过一定时间无数据流量，防火墙就会自行关闭 socket 物理连接。

（2）当一个连接长期无请求时，该连接就会被数据库自动关闭。如 MySQL、Oracle 等都具有这种模式。

（3）数据库重启后，导致连接池中已创建的连接失效。

（4）网络闪断而导致 socket 无效。

一个好的连接池设计需要综合考虑连接的失效问题（死连接检测的问题），通过定期检测连接的有效性或者失败后重连的机制，确保池中的连接是活动有效的，这样设计的连接池才是稳定可靠的。

提示： MySQL 连接长时间生效的方法如下。

MySQL 连接如果 8 小时未使用，再使用该连接进行数据库操作时就会抛出如下异常：

com.mysql.jdbc.CommunicationsException：Communications link failure

due to underlying exception

如果是 MySQL 5 前的版本，需要修改连接池配置中的 URL，添加 autoReconnect=true；如果是 MySQL 5 后的版本，需要修改 my.cnf（或 my.ini）文件，在 [mysqld] 后面添加 wait_timeout = 172800 interactive-timeout = 172800。

对于连接池和对象池，必须采用委托的模式，否则就会出现对象池模型的“对象过早归还”现象，即一个线程已经将对象 / 连接回池，但另外一个线程还在使用的混乱情况，如图 13-3 所示。

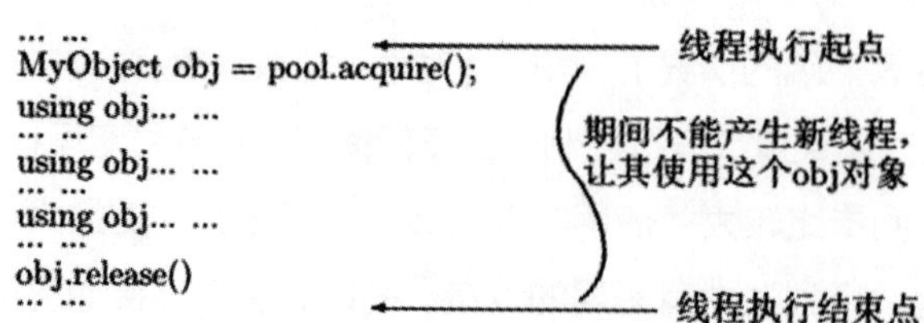

图 13-3　线程池 / 对象池的生命周期范围

警告： 不管是连接池还是对象池，应严格限定在一个线程中使用，即某一个申请的对象 / 连接自始至终都被同一个线程使用，在对象申请和释放之间不要将该变量传递给其他线程使用（期间不要产生新的线程，并将该变量传递过去）。只有这样，在引入线程池和对象池时才不会增加系统的复杂性。

13.4　消息系统的设计模型和关键点

在后台应用程序系统设计中，有多种设计模型，如消息模型、同步模型、异步模型等。消息模型是最常用的一种设计模型，它是获得最佳性能的关键。

13.4.1　消息模型

消息模型又称生产者，是以一个消息队列为基本的数据结构。接收端的消息模型由一个 Socket 读取线程（生产者）、一个消息分发线程和 *N* 个任务处理线程组成（消费者），如图 13-4 所示。

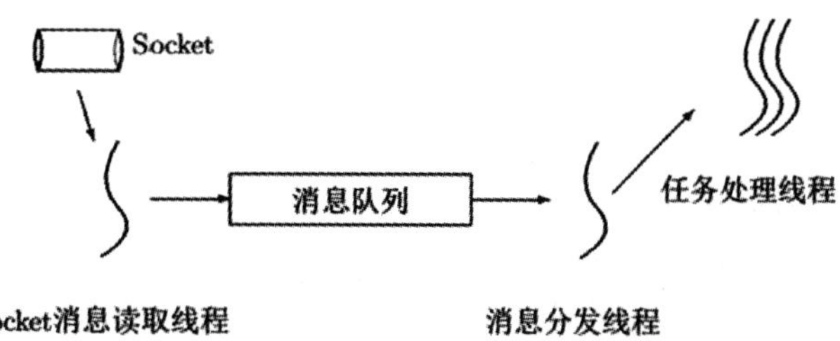

图 13-4　接收消息模型

发送端的消息模型由 *N* 个任务线程（生产者）产生消息放入消息队列，并由一个消息发送线程负责消息发送（消费者），如图 13-5 所示。

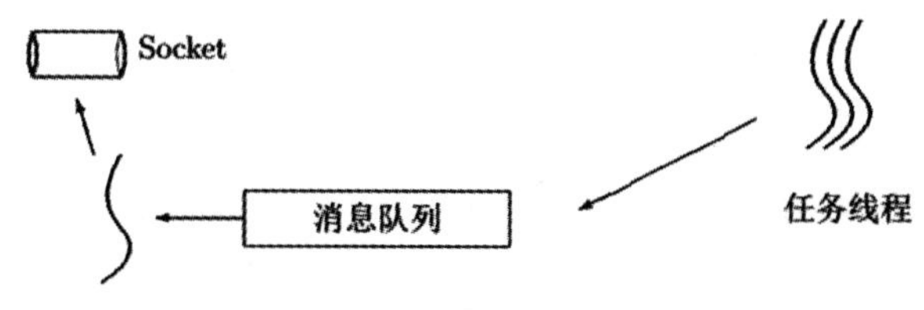

图 13-5　发送消息模型

消息队列的实现代码如下。

```
package com.example.queuemodel;

public class CircularQueue {
    /** Array of references to the objects being queued. */
    protected Object queue[] = null;
```

```

    /** The array index for the next object to be stored in the queue. */
    protected int sIndex;

    /** The array index for the next object to be removed from the queue. */
    protected  int rIndex;

    /** Number  of  objects  currently  stored  in the  queue. */
    protected int count;

    /** The number of objects in the array (Queue size + 1). */
    protected int qSize;

    /**
    * Creates a circular queue of size s (s objects).
    * @param s The maximum number of elements to be    queued.
    */
    public CircularQueue(int s) {
        qSize  =  s  + 1;
        sIndex  = 0;
        rIndex  =  qSize;
        count  = 0;
        queue   =   new Object[qSize];
    }

    /**
    * Stores an object in the      queue.
    *
    * @param  x The object to be stored in the    queue.
    * @return true if successful, false otherwise.
    * @exception ArrayIndexOutOfBoundsException
    */
    public boolean put(Object x)throws ArrayIndexOutOfBoundsException {

        synchronized(this)
        {
            if ((sIndex  +  1  ==  rIndex) ||
             ((sIndex +  1  ==  qSize ) &&  (rIndex ==  0)))  {
                // queue  is full
               return  false;
            } else {
```

```
                // insert  object  into queue.
                queue[sIndex++] = x;
                count++;
                if (sIndex == qSize) {
                    // loop back
                    sIndex = 0;
                }
            }
            this.notify();
        }
        return true;
    }

    /**
    * Removes an object from the queue.
    *
    * @return a reference to the object being retrieved.
    * @exception ArrayIndexOutOfBoundsException
    */
    public Object get() throws ArrayIndexOutOfBoundsException {
        synchronized(this)
        {
            if (rIndex == qSize) {
                // loop back
                rIndex = 0;
            }
            if (rIndex == sIndex) {
                // queue is empty
                //return null;
                try{
                    this.wait();
                }
                catch(Exception e){
                    e.printStackTrace();
                }
                // return object
                count--;
                Object obj = queue[rIndex];
                queue[rIndex] = null;
                rIndex++;
```

```
                return obj;
            } else {
                // return object
                count--;
                Object obj = queue[rIndex];
                queue[rIndex] = null;
                rIndex++;
                return obj;
            }
        }
    }

    /**
    * Returns the total number of objects stored in the queue.
    *
    * @return The total number of objects in the queue.
    */
    public int getCount() {
            return count;
     }

    /**
    * Checks to see if the queue is empty.
    *
    * @return true if queue is empty, false otherwise.
    */
    public boolean isEmpty() {
            return (count == 0 ? true : false);
    }
}
```

如下是消息分发线程。

```

package    com.example.queuemodel.receiver;

import  java.util.concurrent.*;  import  java.util.concurrent.atomic.*;
import com.example.queuemodel.CircularQueue;
import com.example.queuemodel.MyMessage;
import com.example.queuemodel.TestTask;

```

```
public class ReceiverThread extends  Thread{
    CircularQueue msgQueue;
    ThreadPoolExecutor  threadpool;
    public ReceiverThread(CircularQueue  _
msgQueue,ThreadPoolExecutor _threadpool){
        msgQueue  = _msgQueue;
        threadpool   =  _threadpool;
    }
    public  void run(){
        while(true){
            MyMessage msg = (MyMessage)msgQueue.get();
            TestTask  task  =  new  TestTask(msg);
            threadpool.execute(task);
        }
    }
}
```

如下是消息发送线程。

```
package  com.example.queuemodel.sender;
import com.example.queuemodel.CircularQueue;
import com.example.queuemodel.MyMessage;
public  class  SenderThread  extends Thread{
    CircularQueue msgQueue;
    public SenderThread(CircularQueue _msgQueue){
    msgQueue  = _msgQueue;
    }
    public  void run(){
        while(true){
            MyMessage msg = (MyMessage)msgQueue.get();
            System.out.println("11");
        }
    }
}
```

13.4.2　其他设计关键点

一个消息的完整处理要使用同一个线程完成，中间不要进行切换，这样可便于问题定位和分析，以保证其好的可调测性（方便打印日志，以及调试）。

接收 / 发送消息时使用消息分发机制，即基于任务队列的生产者设计模式。

（1）接收消息队列的消息分发线程，只负责将原始消息分发到另外的消息处理线程，一定不要进行耗时的 parse 操作，以保证分发线程（单线程）的高效运作，耗时操作可放入多线程。

（2）在消息系统的设计中，先要检查整个系统的消息是否对等，如果有的消息优先级高，则应该让高优先级的消息使用专用的队列，以避免被普通消息耗尽队列，导致整个系统僵死。如短消息系统中的 login 消息，这种消息至关重要，如果和普通消息共用一个队列，对端异常时（如重新启动，就需要重新登录），等待发送的消息填满整个发送队列，而 login 消息则无法放入该发送队列，进而无法发到对端，因此无法发送成功，从而导致系统永远没有机会继续运行。又如 SIP 系统中的心跳消息，如果得不到优先处理，当超过一定的时间后，系统就会进行误判断，并进行一些有破坏性的操作，如清理整个会场等，反而导致系统更加不稳定。

另外，消息队列还要注意控制长度，当一个消息的响应在指定的时间内没有返回的话，那么对方一般会重发，当重发超过一定的次数仍然没有返回的话，对方将停止再发。在这种机制下就要注意消息队列的长度。

新来的消息会排在后面待处理，如果消息队列的长度过长，那么该消息要等待很长的时间才能被处理，如果等待的时间超过了超时重发的总值，此时即使再处理该消息，对方也不再理会，这就导致整个系统瘫痪，因为排在后面的每一个消息都会遇到这个情况。

因此，进行消息分发的消息处理线程一定要确保永不退出。

第14章

工程实践

本章将介绍一些最佳的工程实践。

14.1 关于高端机器的系统部署

如何在高端机器上（很大的内存及多核 / 多 CPU）部署系统呢？是单进程还是多进程更好一些？下面先分析单进程和多进程之间的差别。

● 单进程的好处：由于加载可执行文件及动态库等需要消耗内存，而单进程可避免重复加载带来的额外内存开销。

● 多进程的好处：

①如果系统的线程模型设计不合理，则无法充分利用 CPU，那么多进程部署系统的总性能会高一些；

②因为 32 位的 JDK 最大的寻址空间为 4G（实际能使用的地址空间为 2G 左右），因此即使机器有更多的物理内存，也不能充分利用。如果系统采用 32 位 JDK，并运行在 64 位的操作系统上，且系统物理内存足够大，在这种情况下如果采用多进程，则会充分利用内存资源，使系统的整体性能可能会更高。

总体来说，如果系统线程设计得比较合理，能够充分利用 CPU，那么单进程的性能并不会比多进程的性能低，且单进程占用的系统资源更少；如果线程模型设计不合理，无法充分利用 CPU，则多进程总的处理能力可能会更高；如果使用 32 位的 JDK，并运行在 64 位的操作系统上，且内存是系统的受限瓶颈，此时启动多进程可以利用更多的内存，从而提高系统的总性能。

14.2 关于物理机与虚拟化

在公有云上，虚拟化（此虚拟化非 Java 虚拟机）是标配。当有一台性能比较高的服务器时，是否需要进行虚拟化呢？

让 CPU、内存、磁盘、I/O 等硬件变成可以动态管理的“资源池”，将一台服务器切割成多个，销售给多家客户，这样可避免计算资源闲置，从而提高资源的利用率，保证利润最大化。这就是虚拟化的价值所在。

对于企业自行购买的服务器而言，除非多个部门共享，都需要做隔离，此时虚拟化的价值是隔离，可避免数据库等因多个部门操作带来的风险。如果是单个组织使用的服务器，是完全没有必要进行虚拟化的，因为虚拟化本身也会产生大量的开销。

14.3 关于 Java 进程监控

Watchdog（看门狗）负责监控程序是否正常运行。它是系统在网上运行的最后一根救命稻草。让 Watchdog 检测出系统的运行故障，是其最重要的价值。

传统的检测方式往往是检测进程是否还存在，这个在 C/C++ 的程序中用得比较多，但在 Java 下这种单纯监控 Java 进程是否存在的方式并不是很恰当，因为它只能检测出系统是否 core dump。在 Java 应用程序中，系统不正常工作往往有以下原因。

（1）Java 进程 core dump，导致进程异常退出。Java 虚拟机经过这么多年的发展，这种故障已经非常少见了。

（2）内存溢出（OutOfMemory），但 Java 进程仍然存在。

（3）资源泄漏导致无可用资源，如无数据库连接达到了最大的文件句柄数，导致文件或 socket 无法创建。

（4）系统线程被长期阻塞 / 挂起（正在等待获取资源等），导致线程池无可用线程。

（5）其他未知的异常。

上面所提到的（2）、（3）、（4）三种情况，虽然系统不工作，但 Java 进程仍然存在，这种情况称为假死，这些异常也是 Watchdog 最应该关注的情况，只有能够检测出绝大多数的系统异常情况，Watchdog 才更有价值。

真正的系统异常要根据不同的场景来设计。最佳的设计是能够驱动真正的业务，从而检测出系统是否异常。因此，只有设计一个仿真的检测机制，才是最可靠的检测方法。

14.4 关于 class Loader

class loader 是一个负责加载类的对象，类 ClassLoader 是一个抽象类。每一个对象都有一个定义其 ClassLoader 的引用。数组类的类对象并不是由类加载器创建的，而是在 Java 运行期自动创建的。对一个数组类的类加载器，Class.getClassLoader () 返回的是其基本类的类加载器。如果基本类型是原始类型，数组类则没有类加载器。

当搜索一个类或者资源的时候，类加载器采用的是委托模式，即每个 ClassLoader 都有一个相应的父类加载器。当类加载器要加载一个类时，会先请求 Parent 加载（依次递归），如果在其父类加载器树中都没有搜索到该类，则由当前类加载器加载。虚拟机内嵌的类加载器叫 bootstrap class loader，该类加载器不再有父类加载器。

由类加载器创建对象的构造函数或方法可能会引用到其他的类，这时也可以从当前类加载器的父类加载器开始搜索。

详细内容见参考文献 [16]。

14.5 关于负载控制

对大容量的场合进行负载控制是保证系统稳定性的一个重要手段。当系统压力超过指定的阈值时，系统就会对拒绝部分请求，以确保系统仍能正常工作，不会因过负荷而导致服务能力下降。系统压力很容易根据运行情况进行统计，但对于系统真正能承受的压力，一般有两种判断思路。

（1）使用自适应的判断方法来动态获得系统的能力数据，即动态过负荷。

①判断 CPU 的使用情况，如 CPU 的使用率达到 80% 时，就认为系统压力达到了最大的允许压力。

②判断消息队列的长度，如消息队列中消息堆积达到 80% 时，就认为系统压力达到了最大的允许压力。

③判断线程池的线程使用情况，如空闲线程少于 20% 时，就认为系统忙了。

（2）使用固定的阈值作为系统的能力数据，即静态过负荷。

从表面上看，自适应判断方法的优点是显而易见的：可以根据机器的好坏自动得出系统的能力。设置固定阈值方法的缺点也是显而易见的：无法对性能高或低的机器进行自适应，性能高的机器可能由于不恰当的阈值设置导致能力不能充分发挥。同时这种方式还会带来管理上的问题，不能确保安装人员能够根据机型进行正确的设置。

但实际情况却不是这样的。自适应的方法可依赖于一些外部参数判断系统当前的压力，对于嵌入式硬件可能比较适用，因为这种系统一般是独占的（应用程序自己独占），而操作系统的任务调度往往也是比较单纯的，因此 CPU 的空闲基本反映了系统的忙闲状况。

但在工作站或者服务器上，由于机器上运行的程序往往有多个，同时系统可能也存在定时任务，会不定期启动，因此 CPU 使用率过高可能是其他外部程序导致的。另外，也可能由于多线程设计不当，或者参数配置不当（如线程数量配置过小），导致 CPU 的使用率还没达到 80% 时 , 系统就已经无法正常工作了。

程序员可以自己写程序，使 CPU 的使用率可随压力增加达到 100% 的使用率，但实际上这是很难的。同样，消息队列的长度也不能反映系统当前的空闲状态，除非瓶颈在消息队列上。只有通过消息队列的处理能力才能反映出系统的能力，因为消息分发线程处理一般很迅速，会很快将消息产生一个任务，并扔给线程池，但线程中也有队列，最终的任务堆积可能产生在线程池中，而不是在消息队列中。

更为严重的是，如果消息队列中出现堆积，则说明系统压力已经远远超过了自身的能力。线程池中的任务堆积也是一样，正常情况下线程池和消息队列中都不能产生堆积，一旦产生堆积，则说明系统压力已经超过了系统的极限，但此时检测出来已经太晚了。因此根据消息队列和线程池队列都无法进行系统压力的判断，最为可靠的办法还是人为设定一个阈值，这个是非常安全可靠的。虽然这样缺乏自适应能力，但在性能高的场合，可靠比方便更为重要。

14.6　关于机器设置多个 IP 的原理

计算机网络方面的知识涉及领域非常广，作为程序开发人员，应该尽可能多地掌握各个层面的知识。

（1）在网卡层面，所有局域网内部都是有广播的（与 TCP/IP 的广播不同，这里的广播实际是电路级的广播，即网卡接口向网线施加一个电压频率变化，Hub/ 交换机就会同时将其施加到所有连接的网线上），当前局域网的所有机器都可以收到数据包，这也就是在局域网的任何一个机器上都可以抓到整个网络上所有包的原因。

（2）TCP/IP 协议会忽略所有不属于本机 IP 的包。因此，从外面看起来操作是点对点的。

（3）当一个机器有多个 IP 时，TCP/IP 层就会把所有属于本机 IP 的包都收下来，并通知应用层。这就是多个 IP 的本质。

14.7　关于日志

14.7.1　坏日志的特征

在电信级或者银行类的高可靠性软件系统中，稳定性和可靠性是最关键的指标。要确保出现问题后能够进行快速定位，就要依赖于一个好的日志系统。研发人员虽然对系统比较熟悉，对功能实现也有一定把握，但一个系统往往是庞大的，更何况该系统可能已过“几代人”的接管。如果整个项目组并没有做到对整个系统的每一个角落都了如指掌，此时问题就出现了。

研发人员最擅长的就是通过问题的现象在代码里进行分析，因为现场产品还在运行，一般是不允许直接在现场进行调试的，问题只能通过日志进行分析。也就是说，日志对于问题的定位是至关重要的。因此，系统日志设计的好坏会直接影响解决问题的效率和质量。下面就是一些坏日志的实现。

（1）吞掉异常。发生异常时不留任何日志，一旦出错则无任何线索可考。

```
try{
    ...
}
catch(Exception e){
    //什么都没做
}
```

吞掉异常是最恶劣的代码习惯。因为无人知道发生了什么问题。现场支持人员唯一能做的事情就是去猜，系统到底发生了什么?

（2）吞掉原始异常，抛出另外一个自定义的异常。

```
try{
    ...
}
catch(Exception e){
    //吞掉原始异常，再抛出一个自定义异常
    MyException myE = new MyException();
    logger.log(LogLevel.ERROR,myE);
    throw myE;
}
```

原始异常最能反映问题的实际情况，里面的错误信息是最全的，包括发生问题的调用上下文，以及行号等。但再抛出另外一个异常，无疑是将这些最重要的信息给隐藏了，无端地给问题定位带来了难度。

（3）多此一举的自定义错误码。

```
try{
    ...
}
catch(Exception e){
    logger.log(LogLevel.ERROR,ERROR_CODE,"Error  reason");
    return  ERROR_CODE;   //吞掉原生异常，直接返回错误码
}
```

Java 在错误缺省的情况下是通过异常来表达的，包括 Java 自带库也是通过这种方式

实现的。使用异常方式是 Java 代码的最佳选择，这样不但保证了整个系统的一致性，同时能保证原始的错误信息毫无遗漏地暴露出来。如果自己的系统使用错误码，不但多此一举，而且容易将最有用的信息给屏蔽掉。如下面的异常，如果不直接打印出来，会将最有用的信息 unable to create new native thread 遗漏，定位问题时还以为是普通的堆内存溢出。

```
Exception in thread "main"
java.lang.OutOfMemoryError: unable to create new native thread
at java.lang.Thread.start0(Native Method)
at java.lang.Thread.start(Thread.java:574)
at TestThread.main(TestThread.java:34)
```

（4）不正确的日志级别如下。

```
try{
    ...
}
catch(Exception e){
    logger.log(LogLevel.DEBUG,e); // 日志级别为 DEBUG
}
```

在真实的生产环境中，基于性能的考虑，一般日志的运行级别只会设置为 ERROR/WARN, 如果代码中将这种错误情况的日志级别设为 DEBUG，那么这种日志在现场根本不会被打印出来。

14.7.2　好日志的特征

好日志需要满足如下条件。

（1）打印的是最原始的错误信息，没有经过任何转换。

（2）给出正确的日志级别，以保证在出错情况下日志能够打印出来。

（3）在异常发生时，日志中有明确的调用上下文。

日志的打印是工程能力的综合体现，它是一个系统工程，包括哪些日志应该打印、应该在什么时候打印、应该打印多少、日志级别是什么，等等。这些问题都要站在全系统的角度仔细斟酌。

14.8 异常处理的原则

Java 中的异常大致分成三类。

（1）JVM 异常：这种类型的异常由 JVM 抛出。OutOfMemoryError 就是一个常见示例。JVM 异常是一种致命的情况，唯一的办法就是停止应用程序服务器，然后重新启动。

（2）应用程序异常：应用程序异常是一种定制异常，它往往是由于不满足某个应用条件而由应用抛出的。

（3）系统异常：在大多数情况下，系统异常由JVM作为RuntimeException 的子类抛出。这种异常往往是编程错误引起的，如NullPointerException或ArrayOutOfBounds Exception因代码中的错误而被抛出。还有一种情况，系统异常是在系统碰到配置不当的资源时发生的，如拼写错误的JNDI查找（JNDI lookup），在这种情况下，系统就会抛出系统异常。最重要的规则是，如果系统对某个异常无能为力，那么它就是一个系统异常并且向上抛出。

异常处理的原则如下。

- 如果无法处理某个异常，那就不要捕获它。
- 如果捕获了一个异常，请不要胡乱处理它。
- 尽量在靠近异常被抛出的地方捕获异常。
- 如果不想将它重新抛出，而是把它吞掉，那么在捕获异常的地方将它记录到日志中。
- 需要用几种类型的异常就用几种，应用程序异常尤其如此。
- 如果系统使用了异常，那么就不要再使用错误码。

14.9 基于限制的系统部署 / 设计

系统需要部署机器的数量是由系统的限制决定的。部署 / 设计一个系统先要标识出该系统的所有限制，再根据这些限制计算系统的能力。在设计期间，标识限制是最影响设计的因素之一。

系统的限制就像系统的性能瓶颈，只能有一处。系统的限制如下。

（1）CPU 计算量。如果 CPU 计算量不能满足要求，则需要增加新的机器。

（2）内存。如果内存不能满足要求，可以通过增加内存或机器来解决。

（3）数据库的连接数。

14.10　String 的值不能改变的原因

String 的内容是不能修改的，这并不是因为 Java 对这个类进行了特殊处理。String 类是一个普通类，虚拟机没有对这个类进行区别对待，有这个限制是因为 String 类没有提供修改内容的接口，如 String + String 是返回一个新的 String，而不是修改原来的 String。其他方法也是这个道理，由于没有提供修改内容的方法，因此 String 里面的内容永远不会被改变。

如果需要修改里面的内容，应该选择 StringBuffer 方式，而不是使用 String c = String a + String b 这种方式，它会导致多次的内存分配和拷贝，给系统带来巨大的性能开销。在所有的性能问题中，这类问题所占比例不会低于 50%。

14.11　系统出现问题时需要收集的信息

当生产环境发生故障时，第一要务是恢复服务，避免服务中断给客户带来的损失，然后在不破坏服务品质协议（SLA）的前提下，做一些力所能及的数据收集工作。更深层次的研究只能等灾难再次发生时才能进行。现场需要收集的信息如下：日志、线程堆栈、CPU 信息和内存信息。

14.12　Web Failover 集群的方案

Web 集群一般会在前端放一个 F5 硬负载均衡器，或者将 apache/Ngnix 等作为软负载均衡器，负责将到来的请求分发到后端不同的 web 服务器上，这样就实现了负载的均衡，并能进行扩容。为了避免因一个机器 core dump 导致用户当前操作的失败，系统往往需要考虑 failover（失败转移）。

14.12.1　使用 JGroup/Redis/Memcache 作为 Session 信息的共享机制

用户只要登录系统，就会将该 Session 信息复制到全局的 JBossCache/Redis/Memcache 中，如果该机器 core dump，那么负载均衡器会将到来的请求自动发送到另一台机器上，由于另一台机器内存中无该 Session 信息，因此可以从全局的 JGroupRedis/Memcache 中获取，这样用户就根本感觉不到后台是另一台机器在提供服务，从而实现了失败转移。但这种实现有如下缺点。

（1）机器量很大时，网络流量会相当大。当机器多到一定程度时，这个地方会成为整个系统的瓶颈，导致容量无法再扩大。

（2）第三方缓存组件的设计缺陷容易造成系统挂死。下面就是一个实际的例子，因 JGroup 的对端一直无返回，导致本进程直接挂死。

```
"main" prio=1 tid=0x0805df38 nid=0x497b in Object.wait()
[0xbfffb000..0xbfffc808]
at java.lang.Object.wait(Native Method)
-waiting on <0x5ec84590> (a org.jgroups.util.Promise)
at java.lang.Object.wait(Object.java:474)
at org.jgroups.util.Promise.doWait(Promise.java:100)
at org.jgroups.util.Promise._getResultWithTimeout(Promise.java:52)
at org.jgroups.util.Promise.getResultWithTimeout(Promise.java:28)
-locked <0x5ec84590> (a org.jgroups.util.Promise)
at org.jgroups.util.Promise.getResult(Promise.java:77)
at org.jgroups.JChannel.connect(JChannel.java:423)
-locked <0x5ebf7030> (a org.jgroups.JChannel)
at org.jboss.cache.TreeCache.startService(TreeCache.java:1424)
at com.service.impl.GlobalCacheServiceImpl.afterPropertiesSet()
...
at org.springframework.web.context.ContextLoader.
createWebApplicationContext()
at org.springframework.web.context.ContextLoader.
initWebApplicationContext()
at com.container.control.ContainerContextLoaderListener.
contextInitialized()
at org.apache.catalina.core.StandardContext.listenerStart()
at org.apache.catalina.core.StandardContext.start()
-locked <0x58f6ea98> (a org.apache.catalina.core.StandardContext)
at org.apache.catalina.core.ContainerBase.addChildInternal()
-locked <0x576943c8> (a java.util.HashMap)
at org.apache.catalina.core.ContainerBase.addChild()
at org.apache.catalina.core.StandardHost.addChild()
...
at org.apache.catalina.util.LifecycleSupport.fireLifecycleEvent()
at org.apache.catalina.core.ContainerBase.start()
-locked <0x58f6e2f0> (a org.apache.catalina.core.StandardHost)
```

```
at org.apache.catalina.core.StandardHost.start()
-locked <0x58f6e2f0> (a org.apache.catalina.core.StandardHost)
at org.apache.catalina.core.ContainerBase.start()
-locked <0x58fe1d98> (a org.apache.catalina.core.StandardEngine)
at org.apache.catalina.core.StandardEngine.start()
at org.apache.catalina.core.StandardService.start()
-locked <0x58fe1d98> (a org.apache.catalina.core.StandardEngine)
at org.apache.catalina.core.StandardServer.start()
-locked <0x5769de10> (a [Lorg.apache.catalina.Service;)
at org.apache.catalina.startup.Catalina.start()
at sun.reflect.NativeMethodAccessorImpl.invoke0()
at sun.reflect.NativeMethodAccessorImpl.invoke()
at sun.reflect.DelegatingMethodAccessorImpl.invoke()
at java.lang.reflect.Method.invoke()
at org.apache.catalina.startup.Bootstrap.start()
at org.apache.catalina.startup.Bootstrap.main()
```

（3）系统复杂，当机器数量大时，问题定位的复杂度会呈指数级增加。

14.12.2 使用 cookie 携带 token 的方式实现跨机器共享

每一个 cookie 都会携带自身的一些标识信息，如用户名等标识用户的相关信息（用户名或者 Session 的上下文信息等）。当前机器 core dump（或所请求的业务放在其他节点）时，负载均衡器将该用户后续的请求转发到另一台机器上，但这台新接管的机器可以根据用户名和密码重建该用户的 Session 信息。

这种方式实际上是将 Session 信息放在浏览器端，每次请求都携带（Piggyback）该信息，走到哪里带到哪里，这样就解决了用户重复登录和用户身份识别的问题。但这种使用 cookie 携带 Session 信息有如下缺点。

（1）cookie 携带的用户信息一旦被别人拿到或者知道，自造一个 cookie 文件就可以直接冒名登录。这会带来一定的安全问题。要避免这个问题，就需要进行一定的处理，即在 cookie 中携带一个经过加密的令牌，该令牌中包含客户端的 IP、有效时间等信息，在 server 端处理请求时，检查其合法性，从而确保该用户不是冒名的。

（2）如果有 Session 的上下文信息需要保存，那么只能保存在 cookie 中，这样会使 cookie 体积增大。

14.13 关于可靠性设计

可靠性设计有如下两个特点。

（1）如果不能做到最好，还不如不做，因为它可能会在正常情况下做坏事。

（2）尽量简单。复杂的检测机制很容易出问题，如检测系统的当前压力，很多人会想到通过检测 CPU 和队列长度这两个参数作为系统是否过负荷的标记，但实际上这是大错而特错的。CPU 和队列长度这两个指标会受很多因素影响，一有风吹草动，系统就限制运行，结果会给系统带来更大的伤害。最佳的设计是，通过配置将最大负荷放在文件中。

14.14 实现 JVM Shutdown 钩子函数

通常 JVM 的关闭是由用户通过 UNIX 的 kill 命令，或者 Windows 上的 <ctrl>+c 组合键启动信号的。从 JDK 1.3 以来，应用程序可以使用 java.lang.Runtime 的 addShutdownHook () 方法安装自己的钩子函数，以确保当 Java 虚拟机退出时，可以做一些必要的资源清理操作。当 JVM 收到退出信号时，JVM 将启动该钩子线程。

提示：钩子函数不应该执行任何耗时的操作，而且应该是线程安全的，不应该依赖于其他任何服务。因为整个系统在关闭的过程中，都不能将自己的命运寄托于其他可能已经终止的服务上。

在某些业务场合，当系统退出时，一定要执行一些清理工作，这时钩子函数就是一个非常重要的手段。

```
public class Main {
    public static void main(String[] args) {
        Runtime.getRuntime().addShutdownHook(new Thread(){
            public void run(){
            MyJVMShutdownhook();
        }
        });

        try{
            Thread.sleep(10000000);
        }
        catch(Exception e){
```

```
                e.printStackTrace();
            }
        }

        public static void MyJVMShutdownhook()
        {
            System.out.println("Hello, this is my shutdown hook function");
        }
}
```

当按下 <ctrl>+c 组合键时输出如下。

```
C:\work\sketch\Java\shutdownhook>java -classpath bin Main
Hello, this is my shutdown hook function
终止批处理操作吗 (Y/N)?  y
```

14.15　截取输出流

在 Java 开发中，控制台输出仍是一个重要手段，但默认的控制台输出有各种各样的局限。本节介绍如何用 Java 管道流截取控制台输出，分析管道流应用中应该注意的问题，并列举截取 Java 程序和非 Java 程序控制台输出的实例。

对于使用 Javaw 这个启动程序的开发者来说，控制台窗口尤其宝贵。因为用 Javaw 启动 Java 程序时，根本不会有控制台窗口出现。如果程序遇到了问题并抛出异常，根本无法查看 Java 运行环境写入到 System.out 或 System.err 的调用堆栈跟踪信息。为了捕获堆栈信息，一些人采取用 try/catch () 块封装 main () 的方式，但该方式不一定总有效，在 Java 运行时的某些时刻，有一些描述性错误信息会在抛出异常之前就被写入 System.out 和 System.err，除非能够监测这两个控制台流，否则这些信息就无法被看到。

因此，检查 Java 运行时将环境（或第三方程序）写入控制台流的数据，并采取合适的操作是十分必要的。本节讨论的主题之一就是创建这样一个输入流，从这个输入流中可以读以前写入 Java 控制台流（或任何其他程序的输出流）的数据。

要在文本框中显示控制台输出，就必须用某种方法“截取”控制台流。换句话说，要有一种高效读取写入 System.out 和 System.err 所有内容的方法。如果熟悉 Java 的管道流 PipedInputStream 和 PipedOutputStream，就拥有了非常有效的工具。Class System 提供了如下三个与流相关的函数。

```
static void setErr (PrintStream err) Reassigns the "standard" error output stream.
static void setIn (InputStream in) Reassigns the "standard" input stream.
static void setOut (PrintStream out) Reassigns the "standard" output stream.
```

对于输出流的两个函数 setOut 和 setErr，使用方法如下。

```
PrintStream ps  = new PrintStream(pipedOS);
System.setOut(ps);
System.setErr(ps);
```

14.16 将 Linux 进程绑定在特定的 CPU 上运行

以 root 用户执行如下命令。

```
#bind <进程 id> <cpu 掩码>
```

其中 CPU 掩码为十进制的形式。如果机器有 4 个 CPU，那么用 4 位二进制数字中的每一位都表示一个 CPU，其中 0 表示不使用该 CPU,1 表示使用该 CPU。如 0101（十进制为 5）表示使用第一个（从左边数第一位）CPU 和第三个 CPU（从左边数第三位），0001（十进制为 1）表示只使用第一个 CPU。如果进程 ID 为 6000，那么就表示使用第一个 CPU 和第三个 CPU。

```
#bind  6000  5
```

在某些特殊场合这个非常有用，如内核态的死循环。如果所有的 CPU 都在内核态死循环中，那么整个系统将挂死，不会对用户的任何命令进行响应，包括 telnet 等。如果通过绑定 CPU 的方式，留出一个 CPU，那么可以保证这个系统在异常的时候，仍然有一个可用 CPU 供使用，此时就可以收集有用的相关信息。

14.17 关于 Java 和 C++ 的互通

Java 和 C++ 的互通有如下几种方式。

（1）JNI：Java 通过 JNI 调用 C++ 的动态库，C++ 也可以通过 JNI 调用 Java 代码。

```
public class JNISampleJava2C {

    //Native method declaration
```

```
    native String printMe(String str);
    //Load the library
    static {
    System.loadLibrary("JNIJava2C");
    }

    public static void main(String[] args) {
        //Create class instance
         JNISampleJava2C mappedFile=new JNISampleJava2C();
         //Call native method
         mappedFile.printMe("Hello World");
         }
}
```

（2）CORBA：通过 IDL 接口，实现 C++ 和 Java 的互相调用，Java 和 C++ 在不同的进程中，通过 socket 进行互通。

（3）JMS：虽然 JMS 属于 Java 规范，但目前有用 C++ 实现的 JMS 客户端，Java 和 C++ 通过 JMS 进行通信。

（4）其他：如 ICE 等非标准的第三方中间件完成的通信。

第15章

常见的案例

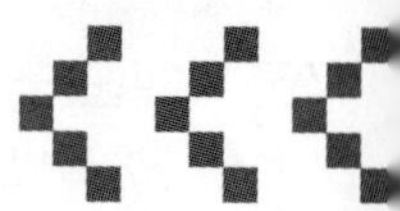

本章将介绍一些常见的典型案例。

15.1 太多打开的文件

在操作系统中，每打开一个文件或者每创建一个 socket，操作系统都会分配一个文件描述符（文件句柄），操作系统中每个进程可以打开的文件 socket 数目都有一个上限。如果忘记关闭打开的文件句柄，则会造成泄漏，特别是由幽灵代码模式所造成的文件句柄泄漏更为隐蔽，因此需要特别关注。可能出现的情形如下。

1. 情形一

```
java.net.SocketException: Too many open  files
at java.net.PlainSocketImpl.accept(Compiled  Code)
at java.net.ServerSocket.implAccept(Compiled Code)
at java.net.ServerSocket.accept(Compiled Code)
at weblogic.t3.srvr.ListenThread.run(Compiled  Code)
```

出现这个异常，是由于打开文件句柄数量达到了上限所致，其原因如下。

（1）打开的文件 socket 没有关闭，导致文件句柄泄漏，最终超过操作系统允许的最大句柄极限。特别是无意识的句柄泄漏（具体分析方法请参考 pfiles）问题更为严重。通过 pfiles 命令查出系统打开了哪些文件和 socket, 如果一个文件被打开很多次，那么在代码中很可能存在文件句柄泄漏①。

```
File   f   =   new File("c:/test/StoreTest-1.xml");
java.io.BufferedReader      br     =      null;
try {
    br  =   new java.io.BufferedReader(new java.io.FileReader(f));
}catch  (FileNotFoundException      e)     {}
...
// 这里的代码抛出了异常，close 就无法被调用
// 导致一个文件句柄泄漏
br.close()
```

正确的写法如下。

```
File f = new File("c:/test/StoreTest-1.xml");
java.io.BufferedReader br = null;
```

① 又是幽灵代码在作祟。

```
try {
    br = new java.io.BufferedReader(new java.io.FileReader(f));
} catch (FileNotFoundException e) {}
    ...
    finally{
    br.close() // 在任何情况下，这句代码都可以得到执行。
}
```

（2）操作系统支持的文件句柄的数量有限，而该进程又确实需要更多的文件句柄。这种情况常发生在有很多并发用户访问服务器时。因为执行每个用户命令的应用服务器都要加载很多文件（每创建一个 socket 就需要一个文件句柄），这就会导致打开文件的句柄缺乏，该问题可以通过修改操作系统内核参数来解决[①]。

2. 情形二

有时会出现如下的异常情况。

```
java.io.IOException: Too many open files
at java.lang.UNIXProcess.forkAndExec(Native Method)
at java.lang.UNIXProcess.(UNIXProcess.java:54)
at java.lang.UNIXProcess.forkAndExec(Native Method)
at java.lang.UNIXProcess.(UNIXProcess.java:54)
at java.lang.Runtime.execInternal(Native Method)
at java.lang.Runtime.exec(Runtime.java:551)
at java.lang.Runtime.exec(Runtime.java:477)
at java.lang.Runtime.exec(Runtime.java:443)
```

这是由于交换分区不足造成的。文件句柄泄漏的定位方法如下。

（1）使用 pfiles 等操作系统命令查出有哪些文件或者 socket 被打开。

（2）根据文件名找到相应的模块，检查相关的代码。如果是 socket，则根据端口号找到相应的模块，再检查相关的代码。

3. 情形三

当解压缩时可能遇到如下异常。

```
java.util.zip.ZipException: Too many open files
at java.util.zip.ZipFile.open(Native Method)
at java.util.zip.ZipFile.<init>(ZipFile.java:112)
at java.util.zip.ZipFile.<init>(ZipFile.java:128)
```

① HP OS 通过 SAM 可以修改该内核参数，其他操作系统可以通过修改 \etc 下相应的配置文件等达到同样的目的。

```
at SharedLibraryClassLoaderImpl.loadClassData(SharedLibraryClassLoaderImpl.java:1017)
at SharedLibraryClassLoaderImpl.findClass(SharedLibraryClassLoaderImpl.java:601)
at java.lang.ClassLoader.loadClass(ClassLoader.java:289)
at java.lang.ClassLoader.loadClass(ClassLoader.java:235)
at java.lang.ClassLoader.loadClassInternal(ClassLoader.java:302)
at uc.sfw.adapter.SameTimeAdapter.createConfReq(SameTimeAdapter.java:176)
at uc.sfw.adapter.AppINFOManager.processVideoConfReq(AppINFOManager.java:732)
at uc.sfw.adapter.AppINFOManager.reportINFONotification(AppINFOManager.java:460)
at impl.util.infomanager.INFOManager.processMsg(INFOManager.java:1320)
at impl.util.infomanager.INFOManager.processMsg(INFOManager.java:2939)
at CallTask.execute(CallTask.java:151)
at util.thread.ThreadTask.run(ThreadTask.java:55)
at util.thread.ExecuteRequestWrapper.execute(ExecuteThreadManager.java:302)
at util.thread.ExecuteThread.execute(ExecuteThread.java:152)
at   util.thread.ExecuteThread.run(ExecuteThread.java:403)
```

（1）文件句柄确实不够，或者文件句柄有泄漏导致句柄耗尽，通过用 plimit 可以查看允许的最大句柄数量。

（2）操作系统的 swap 空间不足，Linux 下可以通过 swapadd 命令增加 swap 的空间。

15.2 java.lang.StackOverflowError

出现这种情况，是由于代码中存在递归调用导致的层次太多，且超过系统的限制。这属于源代码 Bug。通过观察异常堆栈，就能很容易发现问题。

```
public class Main  {
    static long  sum2(long  a) {
        if (a  ==  1) {
            return  1;
        } else {
            return  sum2(a  - 1)  + a;
        }
    }
```

```

    public static void main(String[] args) {
        System.out.println(sum2(10000));
    }
}
```

产生的结果如下。

```
E:\sketch\Java\overflow>java -classpath bin Main Exception in thread
"main" java.lang.StackOverflowError
at Main.sum2(Main.java:7) at Main.sum2(Main.java:7) at Main.sum2(Main.
java:7)
at Main.sum2(Main.java:7) at Main.sum2(Main.java:7) at Main.sum2(Main.
java:7)
at Main.sum2(Main.java:7) at Main.sum2(Main.java:7) at Main.sum2(Main.
java:7)
at Main.sum2(Main.java:7) at Main.sum2(Main.java:7) at Main.sum2(Main.
java:7)
at Main.sum2(Main.java:7) at Main.sum2(Main.java:7)
```

15.3 java.net.SocketException: Broken pipe

在 Socket 的读写中遇到 Broken Pipe 异常，代码如下。

```
ClientAbortException:  java.net.SocketException:  Broken  pipe
at org.apache.catalina.connector.OutputBuffer.
realWriteBytes(OutputBuffer.java:358)
at  org.apache.tomcat.util.buf.ByteChunk.flushBuffer(ByteChunk.java:434)
at  org.apache.tomcat.util.buf.ByteChunk.append(ByteChunk.java:349)
at  org.apache.catalina.connector.OutputBuffer.writeBytes(OutputBuffer.
java:381)
at  org.apache.catalina.connector.OutputBuffer.write(OutputBuffer.
java:370)
... ...
```

在 socket 已经关闭的情况下（主动关闭或者被动关闭），仍继续向已经关闭的管道或者 socket 写数据就会抛出这个异常。

15.4 HashMap 的 ConcurrentModiftcationException

如果 HashMap 在迭代的同时被其他线程修改，则会抛出一个 ConcurrentModificationException 异常。同样提供线程安全的 HashTable 也有同样的问题。HashTable 的线程安全是指用 HashTable 提供的方法进行了线程安全的处理，但是由于迭代的方法不属于 HashTable 的内部方法，因此对 HashTable 的内部进行方法同步是没有用的。

只要理解 HashMap/HashTable 的内部实现就可以清楚其中的缘由。Iterator 指向 HashMap 内部数据结构的一个元素，当遍历下一个元素的时候，还要借助于当前元素进行下一个遍历，如果有其他线程修改了这些元素，势必会造成遍历混乱。

```
package hashmap;

import  java.util.HashMap;
import  java.util.Iterator;
import  java.util.Map;
import  java.util.Set;
import  java.util.Map.Entry;
public  class  HashMapTest {
    private  static final Map  map  =  new  HashMap();

    public static void main(String[] args) {
    try {
        for (int i =  0;  i <  10;  i++)  {
            map.put(i, i);
        }
        new  Thread() {
            public  void  run() {
                Set  set  =  map.entrySet();
                synchronized (map) {
                    Iterator  it =  set.iterator();
                    while (it.hasNext()) {
                        Entry  en  = it.next();
                        System.out.println(en.getKey());
                    }
                }
            }
        }.start();
```

```
        for (int i =  0;  i <  10;  i++)  {
            map.put(i, i);
        }
        } catch (Throwable e) {
            e.printStackTrace();
        }
    }
}
```

为了解决这个问题，JDK 5.0 前的版本提供了 Collections.SynchronizedXX () 方法，对已有容器进行同步实现，这样容器在迭代时其他线程就不能同时进行修改了，但是由于 Collections.SynchronizedXX () 生成的容器把所有方法都进行了同步，导致即使其他线程只是读取数据，也必须等待迭代结束。

于是 JDK 5.0 中新加了 ConcurrentHashMap 类，这个类通过内部独立锁的机制对写操作和读操作分别进行了同步。因此，当一个线程在进行迭代操作时，其他线程也可以进行同步的读写，Iterator 返回的只是某个时点，并不会抛出 ConcurrentModificationException 异常，比起 HashMap 效率也不会有太大影响。

15.5 多线程场合下 HashMap 导致的无限死循环

JDK 针对 HashMap 有如下说明。

HashMap 是没有进行同步的线程，当多个线程并行存取 HashMap 时，只要有线程修改这个 map，就必须在外部对 HashMap 进行同步。这里所说的修改是指添加或者删除元素等操作，如果仅仅是改变一个已有 key 的值，并不在这个范畴。

从 JDK 的说明中可以看出，HashMap 线程是不安全的，在多线程场合下使用 HashMap 时，还要在外部进行手工同步。如果不做同步，则会有如下不确定的问题发生。

- 数据混乱。
- 未知的行为，如无限循环。

在现实中，遇到未加保护的 HashMap 访问导致的无限循环（死循环）最多。这种问题一旦发生，整个系统基本瘫痪。下面是一个实际的案例，整个系统瘫痪，现场收集多个堆栈（前后持续几分钟），每次堆栈都包含如下线程。

```
"Thread-131" prio=5 tid=0x0164eac0 nid=0x41e waiting for monitor
entry[...]
at  java.util.HashMap.removeEntryForKey(Unknown Source)
```

```
at  java.util.HashMap.remove(Unknown Source)
at  meetingmgr.timer.OnMeetingExec.monitorExOverNotify(OnMeetingExec.
java:262)
-  locked <0xccf27372> (a [B)   // 占有锁 0xccf27372
at  meetingmgr.timer.OnMeetingExec.execute(OnMeetingExec.java:189)

at  util.threadpool.RunnableWrapper.run(RunnableWrapper.java:131)
at  EDU.oswego.cs.dl.util.concurrent.PooledExecutor$Worker.run(...)

at java.lang.Thread.run(Thread.java:534)
"Thread-1021" prio=5 tid=0x0164eac0 nid=0x41e waiting for monitor
entry[...]
at  meetingmgr.timer.OnMeetingExec.monitorExOverNotify(OnMeetingExec.
java:262)
- waiting to lock <0xccf27372> (a [B) // 等待锁 0xccf27372
at  meetingmgr.timer.OnMeetingExec.execute(OnMeetingExec.java:189)

at  util.threadpool.RunnableWrapper.run(RunnableWrapper.java:131)
at  EDU.oswego.cs.dl.util.concurrent.PooledExecutor$Worker.run(...)

at  java.lang.Thread.run(Thread.java:534)
"Thread-196" prio=5 tid=0x01054830 nid=0xe1 waiting for monitor
entry[...]
at  meetingmgr.conferencemgr.Operation.prolongResource(Operation.
java:474)
at  meetingmgr.MeetingAdapter.prolongMeeting(MeetingAdapter.java:171)

at  meetingmgr.FacadeForCallBean.applyProlongMeeting(FacadeFroCallBean.
java:190)
at  meetingmgr.timer.OnMeetingExec.monitorExOverNotify(OnMeetingExec.
java:278)
- waiting to lock <0xccf27372> (a [B) // 等待锁 0xccf27372
at  meetingmgr.timer.OnMeetingExec.execute(OnMeetingExec.java:189)
at  util.threadpool.RunnableWrapper.run(RunnableWrapper.java:131)
at  EDU.oswego.cs.dl.util.concurrent.PooledExecutor$Worker.run(...)
at  java.lang.Thread.run(Thread.java:534)
...   ...   // 共有约 300 多线程再等待锁 0xccf27372
```

从堆栈中分析，有如下两个疑点。

（1）有约 300 个线程在等待锁 <0xccf27372>。在正常压力下，不应该出现如此激烈的锁争用。

（2）占有锁的 <0xccf27372> 线程 "Thread-131" 在每次打印的堆栈中都存在，说明这个调用一直都没有完成（java.util.HashMap.removeEntryForKey ()），正常来说，HashMap.remove () 操作是一个非常快的操作，无论如何也不需要几分钟的时间，这里似乎已经陷入了一个无限循环。

结合代码逻辑分析，由于当前正在 java.util.HashMap.removeEntryForKey () 函数中死循环，导致线程 "Thread-131" 永不退出，因此这个线程占用的锁 <0xccf27372> 就永远得不到释放，所有等待在这个锁上的线程永远无法获取这个锁，从而导致整个系统的瘫痪。根本原因就是由于 HashMap 被多线程访问导致了数据混乱，从而造成了死循环。为了更深入地说明这个问题，下面剖析一下 HashMap 中的 removeEntryForKey () 函数的源代码。

```
Entry<K,V> removeEntryForKey(Object key) {
    Object k = maskNull(key);
    int hash = hash(k.hashCode());
    int i = indexFor(hash, table.length);
    Entry<K,V> prev = table[i];
    Entry<K,V> e = prev;

    while (e != null) {
        Entry<K,V> next = e.next;
        if (e.hash == hash && eq(k, e.key)) {
            modCount++;
            size--;
            if (prev == e)
                table[i] = next;
            else
                prev.next = next;
            e.recordRemoval(this);
            return e;
        }
        prev = e;
        e = next;
    }
    return e;
}
```

从上面的代码可以看出，removeEntryForKey () 函数存在一处可能导致无限循环的相关代码 while (e != null)。其中 Entry<K,V> 是一个链表结构，通过遍历这个链表，找到合适的元素。如果对这个链表的访问不加保护，就可能造成一个首尾相接的闭环链表（或者一个元素的 next 指向自己）。一旦造成首尾相接，那么无限循环也就形成了。多线程场合下应该使用专为多线程场合设计的 ConcurrentHashMap 或者 HashTable 类。

HashMap 的线程是不安全的，在编程时一定要牢记于心，不要冒险去使用。只要在 Google 上搜索“HashMap infinite loop”就会发现，这种用法导致的问题数量是触目惊心的，因此不要存侥幸心理，这个问题一旦发生所带来的影响往往是致命的。

有两种方法可以解决这个问题。

- 通过手工增加 synchronized 的关键字，对共享的 HashMap 对象进行加锁保护。
- 换成线程安全的 HashTable 容器类。

15.6 Web 系统吊死（挂死）的定位思路

15.6.1 Web 系统吊死的原因

1. 系统无可用线程

通过打印线程堆栈可以分析线程的使用情况。

系统当前的请求数量超过系统的最大能力，压力过大导致系统“忙”不过来，从而线程池（Tomcat 和 Webshpere 等 Web 容器都使用了线程池）中线程都在忙于处理请求，没有更多的可用线程来处理新请求，当这种过负荷累积到一定的程度时，处理一个请求的时间会越来越长，最终达到不可忍受的程度。

当然这种问题发生的原因也可能是访问量真的太大了，这时只能通过购买更好的机器或者集群来提升系统的处理能力。但很多情况是由于拙劣的程序设计或者不恰当的配置人为导致的性能瓶颈，常见的原因如下。

（1）锁竞争导致线程被长期阻塞，最终线程耗尽。

（2）资源竞争导致的线程长时间阻塞，最终线程耗尽。

（3）线程池数量设置太小，导致所有线程被耗尽。

另外，可能是系统存在死锁，导致所有线程耗尽，或者系统存在死循环。一个线程遭遇死循环，往往会有如下两种连锁反应。

- 由于该死循环的线程占有一把锁，而且永不释放，从而导致其他所有请求该锁的线程挂起，使请求得不到继续处理，造成整个系统挂死。

● 在单 CPU 的机器上，该死循环的线程可能耗尽 CPU，导致其他线程的处理非常慢，直到有大量超时发生。从外面看，整个程序挂死。

2. 系统无可用内存

请求得不到处理，通过 -verbose:gc 可以查看内存的使用情况。

（1）系统内存设置太小，-Xmx 导致内存不足。

（2）系统的内存泄漏导致内存耗尽。

3. 其他原因

另外还有如下原因。

（1）系统有 Java 异常抛出，导致业务不能正确完成，这时可以通过查看日志确认原因。

（2）系统其他代码错误，如发生了异常，这种情况可通过单步跟踪确认问题。

（3）系统存在文件句柄泄漏，导致和 web server 的 socket 无法建立连接。

15.6.2 Web 系统吊死的定位步骤

在浏览器中如果出现虽然滚动条一直在滚动，但无页面返回的现象，则说明 Web Server 端已经在处理该请求，只是迟迟不能结束。这说明该问题是和线程有关系的，当问题重现时，可通过打印线程堆栈检查线程的情况，即可快速定位问题。

如果浏览器中出现空白页面，则说明 Web Server 端给浏览器端返回的是一个空白页面；如果浏览器中出现其他错误页面，则说明Web Server 端给浏览器返回的是错误页面，其定位思路如下。

（1）在 Java 命令行中增加 -verbose:gc 并启动系统，通过观察 GC 的使用情况，确定是否存在内存泄漏；

（2）问题重现时查看日志，检查是否有异常抛出，结合原代码检查该异常是否导致了实际问题的发生。

（3）问题重现时，停止压力测试，单独使用一个请求去访问，通过单步跟踪确认问题。同时注意观察浏览器所表现出来的症状，主要症状如下。

① 浏览器的响应迟迟不返回，进度条在一直滚动。这说明 http 线程一直不结束（重点关注死锁），这是因资源不足造成的等待（资源太少或者资源泄漏等）；

② 出现页面不能访问的错误。这说明 http 的 socket 无法建立；

③ 返回的页面是空白页面。这说明系统有异常抛出，页面没有生成（重点查看日志中的异常）。

15.7　基于消息系统（如 SIP）吊死的定位思路

消息系统吊死的原因如下。

- 关键线程异常退出。
- 状态混乱，导致系统无法正常运行。

15.8　多线程读 / 写 Socket 导致的数据混乱

socket I/O 函数的线程都是不安全的。如果两个或多个线程同时对一个 socket 写，由于线程不安全的缘故，最终形成的数据流可能交叉混合在一起，导致对方编 / 解码错误，如图 15-1 所示。

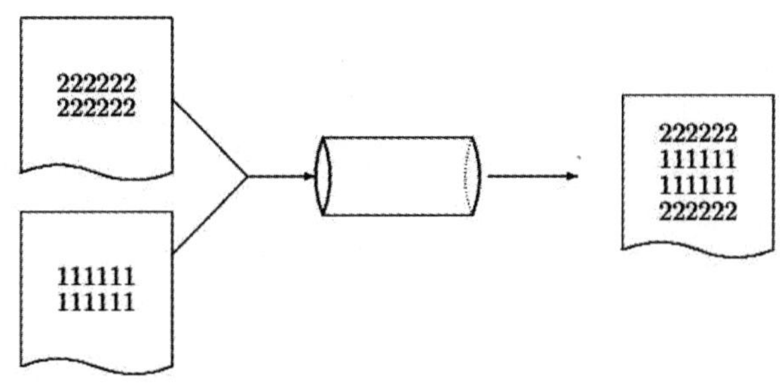

图 15-1　不加保护的消息发送

通过多线程保护写 socket，可以保证两个消息按顺序写到 socket 中，如图 15-2 所示。

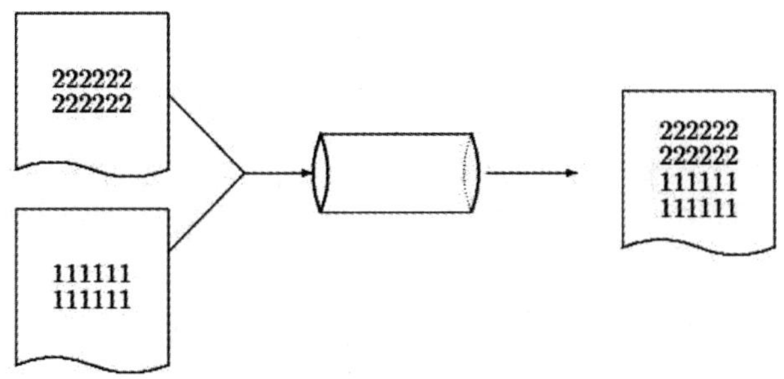

图 15-2　加保护的消息发送

线程不安全的代码如下。

```
class MyClient{
 Socket server=new Socket(InetAddress.getLocalHost(),5678);
```

```
  BufferedReader in=new BufferedReader(new InputStreamReader(server.
getInputStream()));
  PrintWriter out=new PrintWriter(server.getOutputStream());
  BufferedReader wt=new BufferedReader(new InputStreamReader(System.in));

  public void sendmsg(String str)
  {
     out.println(str); //PrintWriter 的线程是不安全的
  }
}
```

PrintWriter 的线程是不安全的，如果多个线程同时调用 sendmsg () 方法，有以下两个选择。

（1）在 out.println(str) 语句上加锁保护，确保同时只能有一个线程调用 PrintWriter 的方法，如上面的代码可修改如下。

```
public void sendmsg(String str)
{
    // 通过手工同步，确保同一个时刻只有一个线程调用 PrintWriter 的方法
    synchronized(out){
        out.println(str);
    }
}
```

（2）专门提供一个消息队列，多线程向这个消息队列写，专门有一个消息发送线程，操作 PrintWriter 向外发送消息，这就是异步 I/O (NIO)，它是性能最高的一种消息发送方式。

15.9 CPU 使用率过高问题的定位思路

首先要清楚为什么 CPU 的使用率会过高? 从 CPU 的角度看，如果 CPU 正在执行代码，那么它在那个时刻是 100% 占用 CPU 的，也就是说在执行机器码的过程中，CPU 的使用率就应该很高。但实际上并不是所有的代码都消耗 CPU。

线程的状态分为以下两种。

（1）runnable 线程处于 runnable 状态，但并不意味着一定要消耗 CPU，如正在磁

盘 I/O 或者网络 I/O。从线程的角度来看，它虽然处于运行状态，但由于挂起在本地代码中，因此实际上仍然处于等待状态，此时是不消耗 CPU 的。

在网络 I/O 中，处于 runnable 状态的线程几乎是不消耗 CPU 的，代码如下。

```
"Thread-271" prio=1 tid=0xa4853568 nid=0x7ade runnable ...
at  java.net.SocketInputStream.socketRead0(Native Method)
at  java.net.SocketInputStream.read(SocketInputStream.java:129)
at  oracle.net.ns.Packet.receive(Unknown Source)
at  oracle.net.ns.DataPacket.receive(Unknown Source)
at  oracle.net.ns.NetInputStream.getNextPacket(Unknown Source)
at  oracle.net.ns.NetInputStream.read(Unknown Source)
at  oracle.net.ns.NetInputStream.read(Unknown Source)
at  oracle.net.ns.NetInputStream.read(Unknown Source)
at  oracle.jdbc.driver.T4CMAREngine.unmarshalUB1()
at  oracle.jdbc.driver.T4CMAREngine.unmarshalSB1()
at  oracle.jdbc.driver.T4C8Oall.receive(T4C8Oall.java:478)
at  oracle.jdbc.driver.T4CPreparedStatement.doOall8()
at  oracle.jdbc.driver.T4CPreparedStatement.executeForRows()
at  oracle.jdbc.driver.OracleStatement.executeMaybeDescribe()
at  oracle.jdbc.driver.T4CPreparedStatement.executeMaybeDescribe()
at  oracle.jdbc.driver.OracleStatement.doExecuteWithTimeout()
at  oracle.jdbc.driver.OraclePreparedStatement.executeInternal()
at  oracle.jdbc.driver.OraclePreparedStatement.executeQuery()
-locked <0x93632280> (a oracle.jdbc.driver.T4CPreparedStatement)
-locked <0x6b103258> (a oracle.jdbc.driver.T4CConnection)
...
```

（2）Object.wait () 处于等待状态。正在调用 sleep 或者 wait 方法时，会处于这个状态，此时也不消耗 CPU。

处于 wait 的线程是完全不消耗 CPU 的，代码如下。

```
"Thread-269" prio=1 tid=0xa4851aa8 nid=0x7adc in Object.wait() ...
at java.lang.Object.wait(Native Method)
at com.util.collection.SimpleLinkedList.poll()
- locked <0x6ae67be0> (a com.util.collection.SimpleLinkedList)
at com.impl.XADataSourceImpl.getConnection_internal()
at com.impl.XADataSourceImpl.getConnection()
at org.hibernate.connection.DatasourceConnectionProvider.
getConnection()
```

```
at org.hibernate.jdbc.ConnectionManager.openConnection()
at org.hibernate.jdbc.ConnectionManager.getConnection()
at org.hibernate.jdbc.AbstractBatcher.prepareQueryStatement()
at org.hibernate.loader.Loader.prepareQueryStatement()
at org.hibernate.loader.Loader.doQuery(Loader.java:390)
at org.hibernate.loader.Loader.doQueryAndInitializeNonLazyCollections()
at org.hibernate.loader.Loader.doList(Loader.java:1593)
at org.hibernate.loader.Loader.list(Loader.java:1577)
at org.hibernate.loader.hql.QueryLoader.list()
at org.hibernate.hql.ast.QueryTranslatorImpl.list()
at org.hibernate.impl.SessionImpl.list()
at org.hibernate.impl.SessionImpl.find()
...
```

处于 runnable 的线程，但真正消耗 CPU 的线程代码如下。

```
"Thread-444" prio=1 tid=0xa4853568 nid=0x7ade runnable  ...
at org.apache.commons.collections.ReferenceMap.getEntry(Unknown Source)
at org.apache.commons.collections.ReferenceMap.get(Unknown Source)
at org.hibernate.util.SoftLimitMRUCache.get(SoftLimitMRUCache.java:51)
at org.hibernate.engine.query.QueryPlanCache.getNativeSQLQueryPlan()
at org.hibernate.impl.AbstractSessionImpl.getNativeSQLQueryPlan()
at org.hibernate.impl.AbstractSessionImpl.list()
at org.hibernate.impl.SQLQueryImpl.list(SQLQueryImpl.java:164)
at com.mogoko.struts.logic.user.LeaveMesManager.getCommentByShopId()
at com.mogoko.struts.action.shop.ShopIndexBaseInfoAction.execute()
```

造成 CPU 使用率过高的原因如下。

- Java 代码中存在死循环。
- 系统存在不恰当的代码，如轮询。
- JNI 中有死循环代码。
- 堆内存设置太小造成的频繁 GC。堆内存设置过小，或者存在内存泄漏。
- 32 位的 JDK 下，堆内存设置太大造成的频繁 GC。
- JDK 自身存在死循环的 Bug。

CPU 使用率过高问题定位的第一步就是要找到 CPU 高消耗的线程。对于由于代码导致的 CPU 使用率过高的问题，可以使用通用的方法来定位根本原因。

15.10　系统运行越来越慢的定位思路

造成系统运行越来越慢的原因可能有以下两个方面。

15.10.1　系统存在内存泄漏

当内存越来越少时，Full GC 就会越来越频繁，并且每次 GC 的时间都很长，整个系统运行越来越慢，直到停止工作。通过如下 GC 的输出可以看出，大约每 5s 进行一次 Full GC，时长约为 4.5s，也就是说每次只有 0.5s 在执行 Java 代码，因此系统会越来越慢。

```
8190.825:  [Full  GC  1272056K->1217654K(1277056K),  4.3142190 secs]
8195.657:  [Full  GC  1274322K->1214535K(1277056K),  4.5135393 secs]
8200.491:  [Full  GC  1277684K->1225488K(1277056K),  4.1118171 secs]
8205.323:  [Full  GC  1278602K->1211545K(1277056K),  4.8186925 secs]
8211.169:  [Full  GC  1274576K->1216755K(1277056K),  4.4144430 secs]
```

15.10.2　系统存在资源泄漏

资源泄漏的增多加剧了资源争用，使系统看起来越来越慢，如系统存在数据库连接泄漏的 Bug。当数据库连接池中可用的连接下降到一定程度时，必然导致资源争用，大多获取连接的线程会被暂时阻塞在获取连接的代码中，直到其他线程释放连接当前被挂起的线程，才可能继续运行，代码如下。

```
http-8082-Processor84" daemon prio=10 tid=0x0887c000 nid=0x5663 in
Object.wait() [0x6c1ad000..0x6c1ae030]
java.lang.Thread.State: WAITING (on object  monitor)
// 当连接池没有可用的连接资源时，该线程会被挂起在 wait() 上面，直到
// 有新的可用连接，才会被唤醒
at java.lang.Object.wait(Object.java:485)
at org.apache.commons.pool.impl.GenericObjectPool.borrowObject(Unknown Source)
-locked <0x75132118> (a  org.apache.commons.dbcp.AbandonedObjectPool)
at org.apache.commons.dbcp.AbandonedObjectPool.borrowObject()
-locked <0x75132118> (a  org.apache.commons.dbcp.AbandonedObjectPool)
at  org.apache.commons.dbcp.PoolingDataSource.getConnection()
at  org.apache.commons.dbcp.BasicDataSource.
getConnection(BasicDataSource.java:312)
at  dbAccess.FailSafeConnectionPool.getConnection(FailSafeConnectionPo
ol.java:162)
at  servlets.ControllerServlet.doGet(ObisControllerServlet.java:93)
```

15.11 系统挂死问题的定位思路

经常听到系统挂死的说法，但它只是一个表面现象，如何分析系统挂死的真正原因呢？

系统挂死从表面上来看，是系统不处理响应。对于 Web 系统来说，表现为 http 请求无页面返回；对于消息系统来说，则表现为系统无响应消息，总之系统就像死了一样。导致系统挂死的原因有很多，不同的系统有不同的可能，具体问题还需要在特定的场景下进行分析，但原因归结起来有如下几种。

（1）线程死锁。

（2）线程永远得不到唤醒（wait/notify）。

（3）资源不足导致线程挂死在获取资源的代码中（如获取数据库连接）。

（4）无限死循环。

（5）内存溢出。

（6）关键线程异常退出，导致消息得不到处理等。

其中（1）、（2）、（3）、（4）通过线程堆栈可以得到定位。

对于线程挂死来说，其本身的原因不是抽象的，最终还要落到具体的代码上，从线程的角度来看，线程挂死属于下列情况之一。

（1）线程 wait 在一个 monitor 对象上，一直没有被唤醒。

（2）线程正在执行 sleep。

（3）远程调用，对方一直没有返回。一般表现为长期处于读 socket 状态，代码如下。

```
"Thread-248" prio=1 tid=0xa58f2048 nid=0x7ac2 runnable
at  java.net.SocketInputStream.socketRead0(Native Method)
at  java.net.SocketInputStream.read(SocketInputStream.java:129)
```

（4）无限死循环。

（5）长期等待一个锁。

从线程堆栈中，通过多次打印堆栈，很容易找出挂死的线程正在执行的具体代码。有极少情况是由于虚拟机僵死导致的系统无响应。例如，有一个项目在 SUN JDK 下开发并测试正常的程序，偶然在某个商业局点上使用了 JRockit 虚拟机，运行三天到四天就出现了 Java 进程僵死的情况。

它的典型特征是，该 Java 进程无任何响应，即使通过 kill-3 这种发信号的方式，进程也不做任何响应。另外通过 top 进程查看工具，进程状态是 T 状态（跟踪 / 停止）。出现这种情况的原因有很多，通过各种手段先排除自身代码的可能因素（如内存泄漏等）后，问题仍然得不到解决，说明问题可能出在 JDK 上，后来将这个局点的 JDK 换成了 SUN 的 JDK，就一切正常了。因此建议在商业局点部署时，最好采用同样的 JDK, 即使要更换 JDK, 也要做好充分的稳定性测试。

15.12　关于线程死亡 / 线程跑飞

编写不严密的线程池会“泄漏”线程，直到最终丢失所有线程。大多数线程池通过捕获抛出的异常或重新启动死亡的线程来防止这一点。

在服务器端的应用程序中，系统往往会有一些全生命周期的线程，这些线程一旦运行则永不退出，如处理消息队列的线程、线程池中的线程等。这些线程在系统中往往处于最关键的位置，一旦这些线程异常退出，造成的是整个系统的瘫痪。

因此这种问题会严重影响系统的稳定性和可靠性，同时它又具有很深的隐蔽性，一般只有在大压力或者极端的情况下才会暴露，这就给系统带来了很大的隐患。

正是由于这种问题的深度隐藏性，在开发期间如果不关注，就会将问题直接遗留到现网运行环境中。下面就介绍导致这种问题的可能原因。

未捕获的异常导致线程退出：只捕获了已知的异常，但没能捕获所有级别的异常。

```
public void execute () {
    do{
        try{
        ......
        }
        // 当 Throwable 或者其他没有被捕获的异常抛出时，该 while 会退出
        // 这肯定违背了初衷
        catch( MyException e){
        }
    }while(true)
}
```

更加正确的代码写法如下。

```
public void execute () {
    do{
        try{
        ......
        }
```

```
            //捕获所有未知异常，确保 while(true) 永不退出
            catch(  Throwable t){
                ... ... //异常处理代码
            }
        }while(true)
}
```

但上面的代码仍然不够安全，因为 catch（Throwable t）的处理代码仍然有可能抛出异常，如果此处抛出异常仍然可以导致该线程退出。更加完善的代码如下。

```
public void execute () {
    do{
        try{
            ......
        }
        //捕获所有未知异常，确保 while(true) 永不退出
        catch(  Throwable t){
            try{
                ...  //异常处理代码
            }
            //在异常处理代码中捕获所有未知异常，确保 while(true) 永不退出
            catch(Throwable t){
                //这里什么都不要做
            }
        }
    }while(true)
}
```

其中代码的说明如下。

（1）catch (Throwable t) 级别的所有异常：这种异常往往在极端情况下才会发生，如 Cannot create Native thread。

（2）异常处理代码时仍然要防止新的异常发生。

① 如果代码的流程依赖状态在异常情况下没有考虑相应的状态复位或者状态刷新，会导致业务级别的状态混乱，最终使代码不能按照预先设计的思路运转，从而造成系统无法正常工作。

② 关键任务提交给线程池，没有对提交结果进行检查并处理。如果提交给线程池不成功，那么该关键任务就得不到执行，从而导致系统无法工作。线程池有如下两个原因可能导致任务提交失败。

系统繁忙，导致线程池任务队列排满，从而将新提交的任务抛弃。此时提交任务代码需要做容错处理，等待重新提交，以确保该关键任务得到执行。

```
public void submitTask (TestTask task) {
threadpool.execute(task);
}
```

正确的代码写法如下。

```
public void submitTask (TestTask task) {
    try{
        threadpool.execute(task);
    }
    // 检查是否提交成功
    catch(RejectedExecutionException e){
    // 做相应的容错处理
    }
}
```

线程跑飞这种问题本身并不复杂，但在编码期间很容易被忽略，并且这种问题一般会隐藏很深。在实验室测试中，这种问题并不容易暴露，这就给以后的故障留下了隐患。在编码期间必须加以重视才可避免这种问题的发生。

15.13　关于虚拟机 core dump

人们常遇到 Java 进程 core dump 的痛苦经历。Java 虚拟机 core dump 的原因如下。

（1）内存问题。Java 堆内存不足，导致虚拟机 core dump。理论上说，如果虚拟机有足够的本地内存保证自身运行需要，并且虚拟机足够健壮，堆内存不足不会导致虚拟机 core dump，毕竟堆内存是在虚拟机的管理之下。但实际上虚拟机也有 Bug，表现出来的症状往往是虚拟机进程 core dump。如果出现堆内存不足，系统本来就无法继续工作，虚拟机 core dump 反而更容易把问题暴露出来 . 特别在系统 watchdog 的监控之下，core dump 很容易被检测出来，反而能帮助系统快速进行恢复。但堆内存不足，不一定都会导致虚拟机 core dump，二者之间并没有必然联系。导致堆内存不足的可能性如下。

① Java 内存泄漏；

② Xms 设置太小。

在 32 位内存下，如果将 Xmx 设置得太大，将会导致 Java 进程自身需要的本地内存不足。

（2）系统资源泄漏，如创建的线程过多，超出了操作系统允许的最大线程数。

（3）JNI 代码中的野指针等问题。其定位方法如下：当错误发生时，使用 gdb 等类似的调试器来寻找错误地址（这取决于用户的操作系统）。

①在产生 core 文件的目录中启动 gdb 调试器：gdb java core；

②如果 gdb 调试器可以读取 core 文件，它就可以分析出失效发生的地址（如 Segmentation fault in function_name at 0x10001234）。

③要获得一个堆栈跟踪信息，可以使用 bt 命令：(gdb) bt。

（4）虚拟机的 Bug。在接触大型系统之前，编者对 IBM、SUN、HP 等国际一流公司有一种崇拜，对他们提供的 JDK 实现也是百分百信任。但当我接触到大型系统之后，发现情形不是这样的，这些系统中也存在严重或者致命的 Bug，但这不是公司的错误。程序都是人写的，既然每个人都会犯错误，那么质量控制良好的公司也不能幸免，只是他们能控制到一个更好的层面。针对 SUN JDK1.5 的 Bug 修改，相关内容请见参考［17］。这里仅对死循环、内存泄漏、虚拟机 core dump 各举一例。

```
Bug ID Description
4879522 REGRESSION: infinite loop in ISO2022_JP$Decoder.decodeArrayLoop()
4839069 Huge LightweightDispatcher memory leak when JPopupMenu  is
recycled
4794360 REGRESSION: HotSpot server  core dumps with signal  11
```

解决的办法是升级到最新的子版本，如 1.5.0_06 版本就应尽快升级到 1.5.0_15 版本（直到当前最新的），注意只升级到“_”所表示的子版本。这个升级的子版本基本上只解决了 Bug，虚拟机的特性并没有很大的变化。但是要进行大版本的升级，就需要重新进行全面的测试才可以，如从 1.4 版本升级到 1.5 版本等。这种大版本升级可能会遇到兼容问题，需要进行专门的测试，但是子版本升级就不用考虑升级带来的兼容性问题。

（5）按虚拟机 <ctrl>+c 组合键停止时，线程没有正常停止，因强行停止导致出现的 core dump。

（6）JIT 引入的 core dump。将一个 Java 程序从使用 Sun JDK 的平台迁移到 IBM JDK 的平台时，这两个供应商的 JVM 优化技术之间可能存在很大差异，这些差异可能会对程序产生影响。JIT 对于 Java 程序的执行流程会产生很大的影响。在将程序从一个平台迁移到另外一个平台时可能遇到的问题如下。

- 死锁挂起。
- 一直产生不正确的结果。
- 结果不一致。
- 不正常结束。
- 无限循环。
- 内存泄漏。
- 虚拟机莫名其妙地 core dump。

如果系统在一个平台上运行正常，但到了另一个平台就运行不正常了，首先要怀疑的就是 JIT。尽快确定 JIT 是否是问题的根源，这点非常重要，但是也没有必要在 JIT 调试上耗费大量的时间。因为 JIT 一直处于不断更新之中，此类问题很可能早已在最新的修正包中解决了。如果怀疑是 JIT 导致的这个问题，很简单，把 JIT 禁调之后，再检查问题是否存在，如果存在则说明不是 JIT 导致的；如果问题消失，则说明是与 JIT 相关的[①]。

如果尝试了上述的所有方法，系统仍然存在宕机问题，则说明虚拟机的 Bug 并没有得到修正，此时只能通过尝试更换不同厂家的 JDK 来规避该问题了。如将 SUN 的 JDK 换成 IBM 的，或者反之。在绝大多数的情况下，这是一个非常奏效的方法。

15.14　系统运行越来越慢问题的定位思路

系统运行缓慢一般是由于如下 4 个原因造成的。

- 堆内存泄漏造成的内存不足。
- Xmx 设置太小造成的堆内存不足。
- 系统出现死循环，消耗了过多的 CPU。
- 系统资源竞争，如使用了数据库连接池中的连接（获取连接会造成竞争），导致锁等待。

15.15　代码 GC 导致的性能低下

由于 JPEGImageReader reset() 调用了 System.gc()，因此该方法导致性能非常低[②]。

① 请参考关于 IBM JIT 问题定位的相关章节。

② 相关内容参见 http://bugs.sun.com/bugdatabase/view_bug.do?bug_id=4867874

```
import  javax.imageio.*;
import  javax.imageio.stream.*;
import  java.util.*;
import  java.io.*;

public class JPEGImageReaderTest {

    public static void main(String[] args)    {
        if (args.length != 1) {
            System.err.println("USAGE: java JPEGImageReaderTest
<jpegfile>");
            System.exit(1);
        }

        try {
            ImageReader reader =
         (ImageReader) ImageIO.getImageReadersByFormatName
("jpeg").next();

            long start = System.currentTimeMillis();
            for (int i = 0; i < 100; i++) {
                System.out.print('.');
                reader.setInput(new FileImageInputStream
(new File(args[0])));
                reader.read(0);
                reader.reset();
            }
            System.out.println("\ntook " + (System.currentTimeMillis()
- start) + " ms");
        } catch (Exception e) {
            e.printStackTrace();
        }
    }
}
[GC 399K->355K(1984K), 0.0275450 secs]
[GC 691K->462K(1984K), 0.0188700 secs]
[Full GC 857K->194K(1984K), 0.0989880 secs]
[Full GC 594K->203K(1984K), 0.0943940 secs]
[Full GC 602K->211K(1984K), 0.0866380 secs]
[Full GC 610K->194K(1984K), 0.1035630 secs]
```

15.16 连接池耗尽

系统出现下面的异常信息意味着连接池耗尽，代码如下。

```
java.sql.SQLException: DBCP could not obtain an idle db connection,
pool exhausted
at org.apache.commons.dbcp.AbandonedObjectPool.borrowObject(AbandonedO
bjectPool.java:123)
at org.apache.commons.dbcp.PoolingDataSource.
getConnection(PoolingDataSource.java:110)
at org.apache.commons.dbcp.BasicDataSource.
getConnection(BasicDataSource.java:312)
at org.mart.dbapi.dao.CCommonDAO.getConnection(CCommonDAO.java:46)
at org.mart.dbapi.dao.CCommonDAO.select(CCommonDAO.java:183)
at org.apache.jsp.todaynew_jsp._jspService(todaynew_jsp.java:304)
at org.apache.jasper.runtime.HttpJspBase.service(HttpJspBase.java:133)
at javax.servlet.http.HttpServlet.service(HttpServlet.java:856)
...
at org.apache.tomcat.util.threads.ThreadPool$ControlRunnable.
run(ThreadPool.java:649)
at java.lang.Thread.run(Thread.java:536)
```

造成连接池耗尽的原因如下。

（1）当前的访问量超过了配置连接数量能够支撑的压力。

① 连接池的配置数量过少，导致在一定的访问压力下，配置的连接数量不足以支持当前的访问量。

② 数据库访问过慢，导致连接被较长时间占用，得不到及时释放。

③ 尽管连接数不少，但当前的压力过大，仍然导致连接无法满足压力要求。

以上三种可能归根结底属于性能范畴。

（2）由于代码 Bug 导致的连接耗尽。

不恰当的代码导致的某些连接没有被关闭，这个属于 Bug 的范畴。这种 Bug 一般比较隐蔽，难以定位和分析，并且只在某些情况下才会发生，往往不能被及时发现而更具有危害性。总体来说，导致连接泄露的原因是由于某些连接的 Connection.close () 没有被执行，从而造成了这些连接的蒸发。

（3）幽灵代码模式。由于异常导致的 Connection.close () 方法遗漏造成的连接泄露。

（4）在不同的 if/switch 分支中关闭连接的代码，导致在分支条件不满足的情况下，这句关键代码也得不到执行。

这种类型的问题一般难以定位，只能依赖于检视代码查找错误。总之，对于这种 open/close 配对模式的代码，一定要确保配对执行。

15.17 更改系统时间导致的系统无法正常工作

更改系统时间对虚拟机内部所有正在执行的时间敏感函数都会有影响，如 wait 方法（带时间参数的方法）、sleep () 等。它会导致 wait 或者 sleep 的阻塞时间提前或者延后（依赖于更改地系统时间的方法）。

在实际的系统中，依赖于 wait () 或者 sleep () 的逻辑导致的衍生影响远远不止如此。如将时间修改一天，那么 sleep 就需要延迟一天才能完成，导致整个 socket 根本无法处理。因此，如果修改系统时间，则建议重启整个 Java 应用。

```
3XMTHREADINFO "http-0.0.0.0:8680" (TID:0x0000000120F1E33,sys_thread_
t:0x0000000120F078B0
state:  CW,  native  ID:0x0000000000232343) prio=8
4XESTACKTRACE at java/lang/Thread.sleep(Native Method)
4XESTACKTRACE at java/lang/Thread.sleep(Thread.java:938(Compiled code))
4XESTACKTRACE at org/apache/tomcat/util/net/PoolTcpEndpoint.
run(PoolTcpEndpoint.java:639) 4XESTACKTRACE at java/lang/Thread.
run(Thread.java:810)
```

```
/**
* The background thread that listens for incoming TCP/IP connections and
* hands them off to an appropriate     processor.
*/
public void run() {

    // Loop  until we  receive  a  shutdown command
    while (running) {

        // Loop if endpoint is paused
        while (paused) {
            try {
                Thread.sleep(1000);
            } catch (InterruptedException e) {
            // Ignore
            }
```

```
        }

        // Allocate  a  new  worker  thread
        MasterSlaveWorkerThread  workerThread  =  createWorkerThread();
        if (workerThread == null) {
            try {
                // Wait a little for load to go down: as a    result,
                // no  accept  will be  made  until the  concurrency  is
                // lower than the specified maxThreads, and   current
                // connections  will wait  for  a  little bit instead of
                // failing right  away.
                Thread.sleep(100);
            } catch (InterruptedException e) {
                // Ignore
            }
            continue;
        }

        // Accept the next incoming connection from the server socket
        Socket  socket  =  acceptSocket();

        // Hand this socket off to an appropriate processor
        workerThread.assign(socket);

        // The processor will recycle itself when it finishes

    }

    // Notify the threadStop() method that we have shut ourselves down
    synchronized (threadSync) {
        threadSync.notifyAll();
    }

}
```

15.18　瞬间内存泄漏的定位思路

如果系统存在瞬间内存泄漏，或者只是在高压力的环境下才出现内存泄漏，那么这种情况使用挂载 JProfile 是没有帮助的，因为一旦挂载上这些剖析工具，整个系统性能将急剧下降，导致问题不会重现。这种情况就要借助虚拟机提供的事后信息收集进行定位。

通过设置 -XX:+HeapDumpOnOutOfMemoryError，当系统 OutOfMemory 时，就会自动对内存进行转储，然后借助输出的转储文件进行内存分析（可以手工分析或者借助 jhat 等工具）。虚拟机提供的这些事后分析工具是定位类似问题的唯一有效手段。

15.19 第三方系统能力分析

在网上与第三方系统对接时，发现有大量线程在等待，完全满足不了其要求。从堆栈分析中发现等待锁 <0xc0967e20> 的线程共有 1922 个，说明该系统有严重的瓶颈。

```
"worker-70809027279" daemon prio=5 tid=0x00a9bd30 nid=0x127 waiting for
monitor entry
at com.inprise.vbroker.GIOP.OutputStream.
writeUnfragmented(OutputStream.java:163)
- waiting to lock <0xc0967e20>( a com.inprise.vbroker.IIOP.Connection)
at com.inprise.vbroker.GIOP.OutputStream.writeFragmented(OutputStream.
java:86)
at com.inprise.vbroker.GIOP.Message.write(Message.java:113)
at com.inprise.vbroker.GIOP.GiopConnection.send_message(GiopConnection.
java:286)
at com.inprise.vbroker.GIOP.GiopConnection.send_message(GiopConnection.
java:248)
at com.inprise.vbroker.GIOP.ProtocolConnector.invoke(ProtocolConnector.
java:778)
at com.inprise.vbroker.orb.DelegateImpl.invoke(DelegateImpl.java:664)
at com.omg.CORBA.portable.ObjectImpl._invoke(ObjectImpl.java:457)
at de.payplugin.Clearing._ClearingStub.rechargeAmount3(_ClearingStub.
java:343)
at de.payplugin.clearingimpl.ClearingImpl.rechargeAmount3(ClearingImpl.
java:250)
at de.payplugin.processing.RechargeAmount3Req.
execute(RechargeAmount3Req.java:109)
at de.payplugin.processing.SendCorbaClearingRequest.
run(SendCorbaClearingRequest.java:92)
at   de.payplugin.processing.PaymentProcessor$CorbaSender.
run(PaymentProcessor.java:653)
```

```
"worker-70809027277" daemon prio=5 tid=0x00a9a098 nid=0x126 runnable
at java.net.SocketOutputStream.socketWrite0(Native   Method)
at java.net.SocketOutputStream.socketWrite(SocketOutputStream.java:92)
at java.net.SocketOutputSteam.write(SocketOutputStream.java:136)
at com.inprise.vbroker.IIOP.Connection.write(Connection.java:251)
at com.inprise.vbroker.GIOP.OutputStream.write(OutputStream.java:196)
at com.inprise.vbroker.GIOP.OutputStream.
writeUnfragmented(OutputStream.java:164)
- locked <0xc0967e20>( a  com.inprise.vbroker.IIOP.Connection)
at com.inprise.vbroker.GIOP.OutputStream.writeFragmented(OutputStream.
java:86)
at com.inprise.vbroker.GIOP.Message.write(Message.java:113)
at com.inprise.vbroker.GIOP.GiopConnection.send_message(GiopConnection.
java:286)
at com.inprise.vbroker.GIOP.GiopConnection.send_message(GiopConnection.
java:248)
at com.inprise.vbroker.GIOP.ProtocolConnector.invoke(ProtocolConnector.
java:778)
at com.inprise.vbroker.orb.DelegateImpl.invoke(DelegateImpl.java:664)
at com.omg.CORBA.portable.ObjectImpl._invoke(ObjectImpl.java:457)
at de.payplugin.Clearing._ClearingStub.rechargeAmount3(_ClearingStub.
java:343)
at de.payplugin.clearingimpl.ClearingImpl.rechargeAmount3(ClearingImpl.
java:250)
at de.payplugin.processing.RechargeAmount3Req.
execute(RechargeAmount3Req.java:109)
at de.payplugin.processing.SendCorbaClearingRequest.
run(SendCorbaClearingRequest.java:92)
at de.payplugin.processing.PaymentProcessor$CorbaSender.
run(PaymentProcessor.java:653)
"http-8080-Processor88" daemon prio=5 tid=0x0010d838 nid=0xc9 in
Object.wait()
//在该锁上等待
at java.lang.Object.wait(Native Method)
at de.siemens.payplugin.processing.PaymentProcessor.
execute(PaymentProcessor.java:425)
//启动了一个新的线程向 server 请求，因此这里是该线程的专用锁，以备将来唤醒
- locked <0xbdc238c8>  (a java.lang.Object)
at de.payplugin.processing.PaymentProcessor.execute(PaymentProcessor.
java:226)
```

```
at de.payplugin.processing.PaymentConnection.execute(PaymentConnection.
java:91)
at de.payplugin.servlet.PaymentPluginServlet.processRequest(PaymentPlug
inServlet.java:192)
at de.payplugin.servlet.PaymentPluginServlet.
doGet(PaymentPluginServlet.java:350)
at javax.servlet.http.HttpServlet.service(HttpServlet.java:740)
at javax.servlet.http.HttpServlet.service(HttpServlet.java:853)
...
at org.apache.tomcat.util.net.TcpWorkerThread.runIt(PoolTcpEndpoint.
java:577)
at org.apache.tomcat.util.threads.ThreadPool$ControlRunnable.
run(ThreadPool.java:683)
at java.lang.Thread.run(Thread.java:534)
```

由于第三方不配合，只能通过堆栈进行分析，猜测第三方提供 lib 库的内部实现。从上述堆栈来看，每一个 http 线程都 wait 在自己的锁上（每个 http 线程 lock 的锁 ID 都不相同），同时根据 PaymentProcessor.execute 字样猜测，这里应该是又有一个新线程来继续处理请求。结合 worker- 的数量发现，worker 线程的数量和 http 线程的数量是相同的，因此 worker 线程应该是 http 线程创建的，一旦 worker 线程执行完毕，http 线程就会被唤醒。

结合这个分析，那么问题就转移到了 worker 线程上，为什么 worker 线程处理慢呢？结合 worker 线程的堆栈，发现 worker 线程正在通过 Corba 调用到远端，而远端返回比较慢，因此造成了锁 <0xc0967e20> 的竞争，原因应该在远端的实现上。可通过对远端堆栈分析，使问题得到定位。

15.20 系统性能过低

在 AIX 操作系统下，一些系统性能过低，经过打印堆栈得出具体情况如下。

```
"http-8080-Processor47"   (TID:0x0000000116612C00   native
ID:0x00000000001260DD)
at .../axis/encoding/DeserializerImpl.onStartElement(DeserializerImpl.
java:444)
at .../axis/encoding/DeserializerImpl.startElement(DeserializerImpl.
java:393)
at .../axis/encoding/DeserializeationContext.startElement(Deserializeat
```

```
ionContext.java:1048)
at .../axis/message/SAX2EventRecorder.replay(SAX2EventRecorder.
java:165)
at org/apache/axis/message/MessageElement.
publishToHandler(MessageElement.java:1141)
at org/apache/axis/message/RPCElement.deserialize(RPCElement.java:166)
at org/apache/axis/message/RPCElement.getParams(RPCElement.java:384)
at org/apache/axis/client/Call.invoke(Call.java:2467)
...
at com/myspace/IShareWSWHHandlerStub.getShareToMe(IShareWSWHHandlerSt
ub.java:221)
...
at javax/servlet/http/HttpServlet.service(HttpServlet.java:709)
...
at com/myspace/RightFilter.doFilter(RightFilter.java:335)
...
at org.apache/coyote/http11/Http1BaseProtocol1$Http11ConnectionHandler
.processConnectin(Http1BaseProtocol1.java:664)
"http-8080-Processor48" (TID:0x0000000116660000 native
ID:0x000000000243019)
at org/.../XMLBSDocumentScannerImpl.scanEndElement(XMLBSDocumentScanner
Impl.java:164)
at org/.../XMLDocumentFragmetScannerImpl
$FragmetnContentDispatcher.dispatch(XMLDocumentFragmetScannerImpl:365)
at org/a.../XMLDocumentFragmetScannerImpl.scanDocument(XMLDocumentFragm
etScannerImpl:26)
at org/apache/xerces/parsers/XML11Configuration.
parse(XML11Configuration:26)
...
at org/apache/axis/client/AxisClient.invoke(AxisClient.java:206)
...
at javax/servlet/http/HttpServlet.service(HttpServlet.java:709
...
at com/myspace/RightFilter.doFilter(RightFilter.java:335)
...
at org.apache/coyote/http11/Http1BaseProtocol1$Http11ConnectionHandler
.processConnectin(Http1BaseProtocol1.java:664)
"http-8080-Processor49" (TID:0x0000000116633000 native
ID:0x00000000017805D)
at org/.../SAX2EventRecorder.replay(SAX2EventRecorder.java:162)
```

```
at org/a.../MessageElement.publishToHandler(MessageElement.java:1141)
at org/apache/axis/message/RPCElement.deserialize(RPCElement.java:166)
at org/apache/axis/message/RPCElement.getParams(RPCElement.java:384)
at org/apache/axis/client/Call.invoke(Call.java:2467)
...
at com/myspace/IShareWSWHHandlerStub.getShareToMe(IShareWSWHHandlerSt
ub.java:221)
...
at javax/servlet/http/HttpServlet.service(HttpServlet.java:709)
...
at com/myspace/RightFilter.doFilter(RightFilter.java:335)
...
at org.apache/coyote/http11/Http1BaseProtocol1$Http11ConnectionHandler
.processConnectin(Http1BaseProtocol1.java:664)
"http-8080-Processor50" (TID:0x0000000113256O970 native
ID:0x00000000014D047)
at java.net.PlainSocketImpl.socketAccept(Native  Method)
at java.net.PlainSocketImpl.accept(PlainSocketImpl.java:353)
at java.net.ServerSocket.implAccept(ServerSocket.java:448)
at java.net.ServerSocket.accept(ServerSocket.java:419)
at org.apache.tomcat.util...acceptSocket(DefaultServerSocketFactory.
java:60)
at org.apache.tomcat.util.net.PoolTcpEndpoint.
acceptSocket(PoolTcpEndpoint.java:368)
at org.apache.tomcat.util.net.TcpWorkerThread.runIt(PoolTcpEndpoint.
java:549)
at org.apache.tomcat.util.threads.ThreadPool$ControlRunnable.
run(ThreadPool.java:683)
at java.lang.Thread.run(Thread.java:534)
```

从多次打印堆栈看，在线程池中正在“干活”的线程（执行用户代码的线程）始终是 3 ~ 4 个，其他线程都处于空闲状态。同时发现该进程占用的 CPU 的使用率非常高，几乎接近饱和，说明这几个线程消耗了大量的 CPU。该环境共有 4 个 CPU，除非是 CPU 密集型操作，每个线程都长期占有一个 CPU 的计算量，因此元凶就锁定在这 4 个线程正执行的代码上。从堆栈来看，这三四个线程执行的代码都是解析 soap 消息，所以怀疑是 SOAP 消息的解析导致了 CPU 的使用率过高，从而造成系统的整体性能变低。

下一步的目标就是查找到底是什么原因导致 SOAP 解析计算量变大，是由于解析算法太复杂，还是 SOAP 消息太大? 经过抓包分析，发现一个 SOAP 消息大约是 0.5M，按照这个消息量计算，百兆网络上只能传递约 25 个消息，即 0.5*25=12.5(M)，而解析这个消息需要消耗大量的 CPU，系统慢也就是情理之中了，至此问题得到了定位。

15.21 未捕获的异常导致数据库锁表，全系统连锁宕机

未捕获的异常导致“善后”代码没有得到执行，在有些场合会造成致命的灾难，具体影响取决于代码所处的上下文。下面举一个真实的事故，由于异常的发生，导致数据库事务提交 / 回滚的代码没有被执行。

事务在提交之前，数据库基于数据完整性已经将相关表的行数据锁住。如果事务一直没有提交或者回滚，那么它的影响不仅局限于单机，还将形成一个致命的全局、全系统性的故障，即在分布式环境下，所有访问该数据库相关数据的请求将被阻塞，最终耗尽机器上所有 JVM 的连接池连接，造成全系统宕机。

```

try {
    // 动态导入数据库驱动
    Class.forName("com.mysql.jdbc.Driver");

    // 获取数据库连接
    conn = DriverManager.getConnection("jdbc:oracle:thin:@//
localhost:1522/ABCD", "root", "11111");

    // 开启事务
    conn.setAutoCommit( false );

    // 创建 SQL 语句
    String sql  = "导致锁表 / 行的 SQL 语句";
    String sql2 = "导致锁表 / 行的另外 SQL 语句";
    // 执行 SQL 语句
    stmt = conn.createStatement();
    stmt.executeUpdate(sql);
    stmt.executeUpdate(sql2);
    //提交事务（此时一些表或者行被数据库锁住）
    conn.commit();

    System.out.println( "OK!" );
} catch (Exception e) {
```

```
    e.printStackTrace();
    System.out.println("有错误！");

    try {
        //
        //异常情况下，事务回滚。如果此行代码遗漏，在生产环境中将带来不可挽回的后果
        conn.rollback();
    } catch ( Exception e2 ) {
    }
    }  finally {
        // 关闭 Statement
        try {
            stmt.close();
        } catch (Exception e) {
        }
        // 关闭 Connection
        try {
            conn.close();
        } catch (Exception e) {
        }
}
```

15.22 单机内存泄漏导致数据库锁表，全系统连锁宕机

内存泄漏表面上看只是影响一个 Java 进程，但如果发生的地点与时机不对，它将不仅仅影响单机，还可能会传播到整个系统，导致整个分布式运行环境发生灾难。

其代码如下。

```

try {
    // 动态导入数据库的驱动
    Class.forName("com.mysql.jdbc.Driver");

    // 获取数据库连接
conn   =   DriverManager.getConnection("jdbc:oracle:thin:@//
localhost:1522/ABCD",   "root", "11111");

    // 开启事务
```

```
    conn.setAutoCommit( false );

    // 创造 SQL 语句
    String  sql  =  " 导致锁表 / 行的 SQL 语句 ";
    String  sql2  =  " 导致锁表 / 行的另外 SQL 语句 ";
    // 执行 SQL 语句
    stmt  =  conn.createStatement();
    stmt.executeUpdate(sql);
    stmt.executeUpdate(sql2);
    // 提交事务（此时一些表或者行被数据库锁住）
    // 此时本机如果发生内存耗尽导致进程终止 / 挂起，那么 commit() 将无法得到执行，
    // 造成数据库端锁住的表或者行无法解锁
    conn.commit();

    System.out.println( "OK!" );
} catch (Exception e) {
    e.printStackTrace();
    System.out.println(" 有错误！ ");

    try {
        // 此时本机如果发生内存耗尽导致进程终止 / 挂起，那么 rollback() 将无法
        // 得到执行，造成数据库端锁住的表或者行将无法解锁
        conn.rollback();
    } catch ( Exception e2 ) {
    }
    }  finally {
        // 关闭 Statement
        try {
            stmt.close();
        } catch (Exception e) {
        }
        // 关闭 Connection
        try {
            conn.close();
        } catch (Exception e) {
    }
}
```

当在事务提交或者回滚之前，如果一个 JVM 进程发生内存溢出，那么此 JVM 基本作废，无法继续正常运行用户代码，这也造成了数据库中某些表 / 行被永久性锁住而再无机

会获得释放（只有将 JVM 进程杀掉，才会使数据库的服务器事务回滚，数据库恢复正常）。此时，所有其他机器或者 JVM 访问该数据库相关数据的请求将被阻塞，最终耗尽机器上所有 JVM 的连接池连接，造成全系统宕机。

总之，一个看似微小的单机故障，可能会很快扩大影响面，并造成全系统故障，而这种问题在生产环境中的破坏性极强。

15.23 AIX 下 CPU 使用率被 100% 占用的定位思路

在 AIX 操作系统下，当操作系统出现 CPU 的使用率被 100% 占用时，通过如下工具可查找具体的可疑进程。

- topas -P：进程 I/O 使用情况。
- filemon -o out.txt -O all：进程 I/O 使用状况。
- truss -p <pid>：通过 truss 抓取该进程的系统调用。

15.24 Linux 下提高 UDP 吞吐量

Linux 下通过修改 sysctl.conf，可以增大 UDP 的缓冲区。对于处理能力特别强的机器来说，系统的瓶颈可能位于 UDP socket 上，通过修改该参数，即可大幅提高 UDP 数据的吞吐量。

```
# 最大的接受 UDP 缓冲区大小
net.inet.udp.sendspace=65535
# 最大的发送 UDP 数据缓冲区大小
net.inet.udp.maxdgram=65535
```

15.25 TIME_WAIT 状态下连接不能及时释放

当客户端使用 Buffer (1024Byte) 向服务端发送大批量的读 / 写请求时，会有大量的请求失败。

通过 gdb 跟踪，发现有时客户端连接服务器的端口 (port : 20005) 时出现失败，错误码为 99，再查看文档，发现错误码 99 表示 Cannot assign requested address。然后

分别在客户端和服务端通过命令 netstat -n |grep 20005 查看 socket 连接情况，发现有大量状态为 TIME_WAIT 的连接存在。这时在各服务节点可通过以下命令统计该状态下的连接数。

```
netstat -n |grep 20005| awk '/^tcp/ {++S[$NF]} END {for (a in S) print a, S[a]}'
```

统计发现有的节点连接数维持在 3000 个以上，更有瞬时达到 8000 ~ 10 000 个的情况发生。通过分析 TCP 协议的有限状态机发现，TCP 连接在主动关闭的情况下，必须经过 TIME_WAIT 状态且最终达到 CLOSED 状态，并被回收。而一般 TIME_WAIT 状态的时间会在 2MSL（MSL：最大生存时间，一般系统都在 120s）。于是可以从两个方面尝试解决该问题。

- 加速 TIME_WAIT 状态下连接的回收速度。
- 把 TIME_WAIT 状态下的连接复用起来，提高资源的利用效率。

根据上述想法，着重搜索相关的解决方案，发现以上两种方案可以使用同一种方式解决，解决方法如下。

```
Step 1: 编辑 /etc/sysctl.conf 文件，增加或编辑以下 3 行内容
net.ipv4.tcp\_syncookies = 1
net.ipv4.tcp\_tw\_reuse    =   1
net.ipv4.tcp\_tw\_recycle    =    1
Step 2: 执行命令 sysctl -p 使配置立即生效
```

说明： net.ipv4.tcp_syncookies = 1 表示开启 SYN Cookies。当出现 SYN 等待队列溢出时，启用 cookies 进行处理，可防范少量的 SYN 攻击，默认为 0，表示关闭；net.ipv4.tcp_tw_reuse = 1 表示开启重用。允许将 TIME_WAIT sockets 重新用于新的 TCP 连接，默认为 0，表示关闭；net.ipv4.tcp_tw_recycle = 1 表示开启 TCP 连接中 TIME_WAIT sockets 的快速回收。

钩子函数不应该执行任何耗时的操作，且线程应该是安全的，也不应该依赖于其他任何服务，因为整个系统都在关闭的过程中。

以上修改应用到服务器端和客户端，重启系统使修改生效，执行相同的测试用例，在服务端查看连接情况，发现 TIME_WAIT 状态下的连接数量大大下降，可基本维持在 100 个以内。即使偶然有上升到数百个的情况，系统也会很快回收（数秒之内）。同时测试在多客户端大量连接下未再出现连接失败的情况。

15.26 由 SAN 存储链路问题引起的应用层白屏

1. 问题描述

访问 Server 上的浏览器，出现业务白屏，发生停止响应超过 20s 的情况。

2. 环境描述

信号机为安装在路口的交通信号设备，通过光纤以 TCP 的方式接入机房（100.100.7.xx）服务器，机房服务器采用 Oracle 作为数据库服务器（华为 E9000 物理服务器 +Linux），Oracle 服务器的存储采用 EMC 5200 存储设备（EMC 与 Oracle 服务器通过光纤连接），如图 15-3 所示。

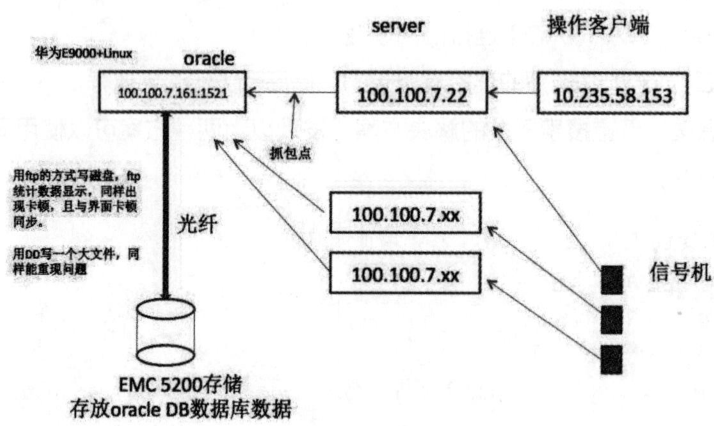

图 15-3　Topo 图

3. 定位过程

（1）在华为 E9000 的 Linux 上进行抓包，发现完成一次 DB 请求需要 25s（可参见抓包文件），因此排除了应用层的故障可能。

故障点可能出在 Oracle 操作系统、EMC 存储，或华为主机到 EMC 存储的线路上。通过如下指令抓包。

```
tcpdump tcp port 1521 and host 100.100.7.22 -w oracle_middleware1.cap
```

tns 为 Oracle 数据库协议，如图 15-4 所示。

```
oracle_middleware1.cap
文件(F) 编辑(E) 视图(V) 跳转(G) 捕获(C) 分析(A) 统计(S) 电话(Y) 无线(W) 工具(T) 帮助(H)
tns
No.   Time          Source          Destination     Protocol Length Info
   13 5.533927      100.100.7.161   100.100.7.22    TNS      173 Response, Data (6), Data
   14 5.534105      100.100.7.22    100.100.7.161   TNS      186 Request, Data (6), Data
   16 33.937732     100.100.7.161   100.100.7.22    TNS      159 Response, Data (6), Data
   17 33.970234     100.100.7.22    100.100.7.161   TNS      224 Request, Data (6), Data
   19 33.970574     100.100.7.161   100.100.7.22    TNS      173 Response, Data (6), Data
   20 33.970748     100.100.7.22    100.100.7.161   TNS      186 Request, Data (6), Data
   21 33.970862     100.100.7.161   100.100.7.22    TNS      159 Response, Data (6), Data
   22 34.016974     100.100.7.22    100.100.7.161   TNS      237 Request, Data (6), Data
   23 34.017211     100.100.7.161   100.100.7.22    TNS      530 Response, Data (6), Data
   24 34.032974     100.100.7.22    100.100.7.161   TNS      543 Request, Data (6), Data
   25 34.033312     100.100.7.161   100.100.7.22    TNS      173 Response, Data (6), Data
   26 34.033507     100.100.7.22    100.100.7.161   TNS      186 Request, Data (6), Data
   27 34.034026     100.100.7.161   100.100.7.22    TNS      159 Response, Data (6), Data
   29 42.907693     100.100.7.22    100.100.7.161   TNS      279 Request, Data (6), Data
   30 42.908126     100.100.7.161   100.100.7.22    TNS      528 Response,
   31 42.938637     100.100.7.22    100.100.7.161   TNS      225 Request,
   32 42.939059     100.100.7.161   100.100.7.22    TNS      173 Response,
   33 42.939251     100.100.7.22    100.100.7.161   TNS      186 Request, Data (6), Data
   35 67.080899     100.100.7.161   100.100.7.22    TNS      159 Response, Data (6), Data
   36 67.081677     100.100.7.22    100.100.7.161   TNS      224 Request, Data (6), Data
   37 67.082183     100.100.7.161   100.100.7.22    TNS      405 Response, Data (6), Data
Frame 33: 186 bytes on wire (1488 bits), 186 bytes captured (1488 bits)
Ethernet II, Src: HewlettP_ff:d6:b2 (00:24:81:ff:d6:b2), Dst: HuaweiTe_d0:cc:f7 (e0:36:76:d0:cc:f7)
Internet Protocol Version 4, Src: 100.100.7.22, Dst: 100.100.7.161
0000  e0 36 76 d0 cc f7 00 24  81 ff d6 b2 08 00 45 00   .6v....$ ......E.
0010  00 ac 19 5a 40 00 80 06  09 73 64 64 07 16 64 64   ...Z@... .sdd..dd
0020  07 a1 08 9a 05 f1 e1 f6  03 0c 94 34 36 57 50 18   ........ ...46WP.
0030  fa 89 71 13 00 00 00 84  00 00 06 00 00 00 00 00   ..q..... ........
0040  11 69 ec 01 01 00 00 00  03 00 00 00 03 5e ed 21   .i...... .....^.!
oracle_middleware1        分组: 46 · 已显示: 38 (82.6%) · 加载时间: 0:0.3   配置文件: Default
```

28S 的阻塞: 33-5

25 S 的阻塞:67-42

图 15-4　tcpdump 抓包

（2）在华为 E9000 的 Linux 上，执行 dd 创建一个大文件（分别在本地硬盘和 EMC SAN 上），如图 15-5 所示，发现本地磁盘上是没有问题的，而 EMC SAN 上随机出现 15M/s 的 I/O 写速度异常（正常的写速度应在 450M/s 左右），并且 I/O 异常与应用层白屏是强相关的。因此排除了操作系统和 Oracle 故障的可能。故障点进一步缩小到 EMC 存储，即华为主机到 EMC 存储的线路上。

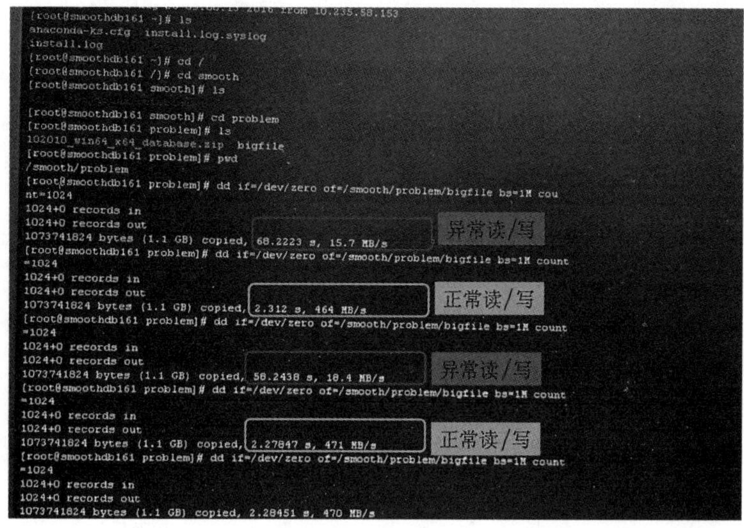

```
[root@smoothdb161 ~]# ls
anaconda-ks.cfg  install.log.syslog
install.log
[root@smoothdb161 ~]# cd /
[root@smoothdb161 /]# cd smooth
[root@smoothdb161 smooth]# ls

[root@smoothdb161 smooth]# cd problem
[root@smoothdb161 problem]# ls
102010_win64_x64_database.zip  bigfile
[root@smoothdb161 problem]# pwd
/smooth/problem
[root@smoothdb161 problem]# dd if=/dev/zero of=/smooth/problem/bigfile bs=1M count=1024
1024+0 records in
1024+0 records out
1073741824 bytes (1.1 GB) copied, 68.2223 s, 15.7 MB/s
[root@smoothdb161 problem]# dd if=/dev/zero of=/smooth/problem/bigfile bs=1M count=1024
1024+0 records in
1024+0 records out
1073741824 bytes (1.1 GB) copied, 2.312 s, 464 MB/s
[root@smoothdb161 problem]# dd if=/dev/zero of=/smooth/problem/bigfile bs=1M count=1024
1024+0 records in
1024+0 records out
1073741824 bytes (1.1 GB) copied, 58.2438 s, 18.4 MB/s
[root@smoothdb161 problem]# dd if=/dev/zero of=/smooth/problem/bigfile bs=1M count=1024
1024+0 records in
1024+0 records out
1073741824 bytes (1.1 GB) copied, 2.27847 s, 471 MB/s
[root@smoothdb161 problem]# dd if=/dev/zero of=/smooth/problem/bigfile bs=1M count=1024
1024+0 records in
1024+0 records out
1073741824 bytes (1.1 GB) copied, 2.28451 s, 470 MB/s
```


图 15-5　dd 异常

（3）另外安装一台 Linux 服务器，将 EMC 存储挂到该服务器上（与华为 E9000 相同的光交换机），执行 dd 操作，一晚上运行 1800 次，如图 15-6 所示，没有出现任何异常。而同样的操作在 E9000 上，一晚上（当日晚上 9：00 到次日早上 9：00）执行，出现多次 I/O 异常（出现多次超过 20s，正常为 2 ~ 3s 完成）。因此排除 EMC 存储和光交换机的故障可能。故障点缩小到华为的服务器上或者与 EMC 的光纤链路上。

图 15-6　strace 跟踪 dd

（4）在华为的服务器上执行 strace 指令，分析 dd 的系统调用，发现卡点出现在一次写操作上。

（5）问题基本锁定在光缆通信物理链路或者 EMC 存储设备上。

（6）经过进一步硬件排查，发现问题出在光纤与服务器之间的光纤端口上，随后通过调换解决了该问题。

附录 A JProfiler 内存泄漏的精确定位

通过 JProfiler 能够对内存泄漏进行精确定位。JProfiler 可以列出每一种对象的数量，通过观察对象数量的变化，可以确定泄漏的对象。JProfiler 对内存泄漏的精确定位本质是通过 JProfiler 找到非正常增长的对象，然后结合分析源代码，找到泄漏的根本原因并进行消除。总的思路是，启动模拟压力测试代码或者压力测试工具，等待系统达到一个稳定的运行状态。这里所说的稳定，是指系统的内存使用应该达到一个动态平衡，此时压力均匀，系统不应该有大的内存使用波动，同时系统如果有缓存设计，要确保缓存已经达到饱和。

满足这个条件之后，如果观察到的某一类型的对象数量在不断增大，那么这种类型的对象就是内存泄漏的重点嫌疑对象。当然由于 JVM 的垃圾回收时间不确定，在 JProfiler 中观察到的某类对象的数量可能包含两部分，一部分是真正使用的对象，另一部分是不再使用的垃圾对象。但由于垃圾回收尚未启动，因此这部分垃圾对象仍然包括在总数内。为此，JProfiler 提供了一个垃圾回收的按钮，通过该垃圾回收按钮可以让虚拟机启动完全垃圾回收，经过完全垃圾回收之后看到的数量，就是真正使用的对象数量，通过观察这些对象数量的变化情况，可以很容易得找到泄漏的对象。

使用 JProfiler 进行内存泄漏分析，有如下 3 个注意事项。

（1）由于 JProfiler 自身进行对象信息收集是非常消耗内存的，因此，系统要通过 Xmx 把堆内存设置大一些。根据经验设置到 800 ~ 1000M 是比较可行的（依赖于应用对内存的需求），但是也不能设置太大（特别是在 32 位的系统上），一旦设置太大，就会挤压本地内存的空间，导致本地内存不足。如果挂载 JProfiler 的 JVM 启动没多久就出现了 OutOfMemory，那么首先要怀疑是 -Xmx 设置不合理导致的，此时尝试调整 -Xmx，问题就会得到解决。

（2）挂上 JProfiler 之后，由于内存消耗的问题，系统会变得异常缓慢，此时压力一定要低，否则会有很多其他错误出现，反而会对分析会造成干扰或使视线转移。

（3）挂上 JProfiler 之后，虚拟机容易 core dump, 此时最好打开 -verbose：gc 观察 GC 的情况，当内存使用比较多的时候，停下压力测试工具，然后进行分析，否则虚拟机容易 core dump。

具体分析过程如下。

① 启动模拟压力测试代码或者压力测试工具，等待系统达到一个稳定的运行状态，即系统达到设计上的稳定，或者说理论上的稳定。此时系统该做的初始化已经完成，其处理能力也趋于平稳，理论上不应该再有明显的对象增长。如果观察到有对象增长，则是不正常的对象增长，此时启动观察和分析。

② 单击 Memory View 进入界面，打开内存视图，如图 A-1 所示。

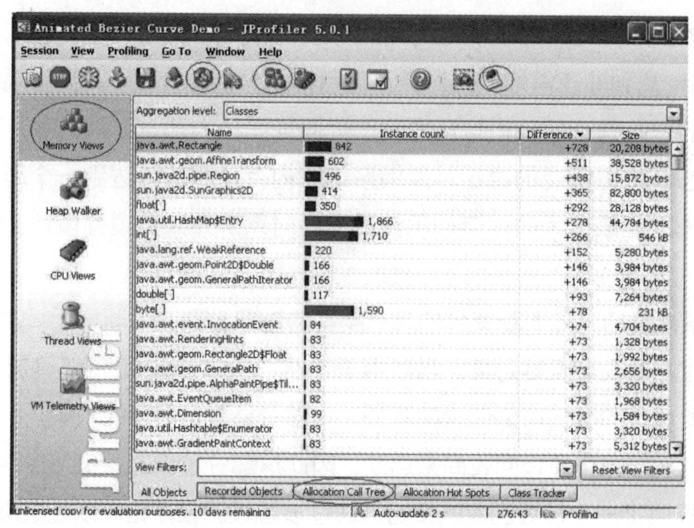

图 A-1 找到内存泄漏的对象

③ 单击垃圾回收按钮，然后马上单击 mark 按钮，对当前内存中的对象数量进行标记。

④ 等待一段时间（几个小时或者一个晚上，依据系统内存泄漏的快慢）。

⑤ 停止压力，系统中的对象数量基本保持不变。如果不停止压力进行观察，对象数量会一直处于变化之中，不利于观察。

⑥ 再单击垃圾回收按钮，观察 difference 值，经过多轮操作之后，如果某些类的对象持续增加，那么就能确认存在内存泄漏的对象。

在 JProfiler 中发现很多对象有泄漏，其中一些是 Java 自带类的对象泄漏，这些其实往往是由于 JProfiler 自身对象的内存泄漏导致了这些对象的泄漏，即自身对象引用了 JDK 自带类的对象。由于自身实现的对象有内存泄漏，导致 JDK 自带对象也有泄漏，因此在定位过程中可以直接忽略这些 JDK 自带类的对象泄漏分析，而将关注点放在其自身的实现类上。一旦解决了自身实现类的内存泄漏问题，由于引用已断，Java 自带类的泄漏也会自行消失。为此，JProfiler 提供了“View Filters”输入框，可在这个框中输入自身包名作为过滤条件，如 com.XX.*，将只显示与此相关类的对象数量，通过过滤后可很容易找到泄漏对象。

⑦ 单击“Allocation call Tree”Tab 页进入对象分配调用树分析页面，如图 A-2 所示。从这个页面中可以看到这些泄漏对象的分配位置，然后结合自身的代码逻辑检查这些泄漏的对象是否被其他地方引用而没被释放。如一个外部的 HashMap 对象引用了该对象，但是当该对象不需要的时候，却忘记调用 HashMap.remove () 方法将其清除。

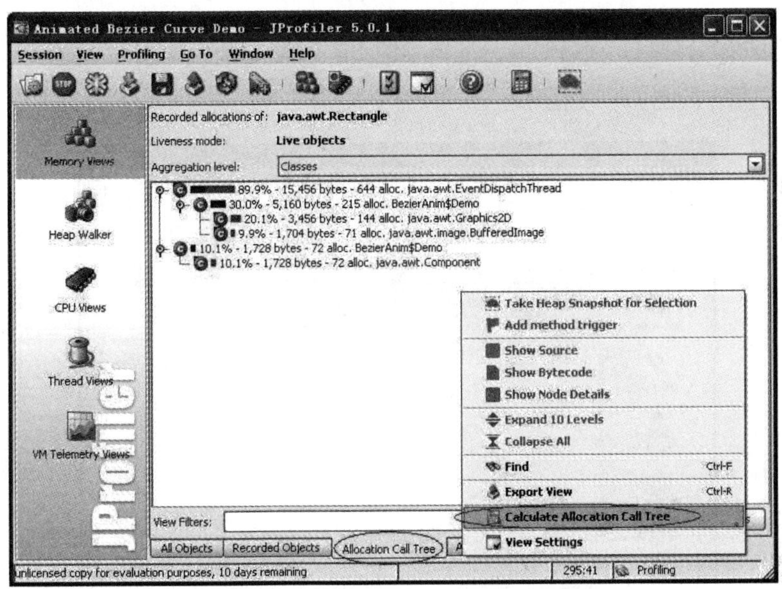

图 A-2　找到泄漏对象的分配树

从这个视图中看，泄漏的对象可能不止一种，在这种情况下有如下两种可能。

● 确实存在多处内存泄漏。

● 存在的内存泄漏只有一处，由于泄漏的对象又引用了其他的对象，因此其他的对象也造成了泄漏，但根源只有一处。在分析的过程中，需要注意找这些对象之间的规律。

如果实在不清楚这些泄漏的对象到底被哪些对象引用了，还有一个小技巧，就是将过滤条件设为 java.util.*，然后再观察是否有一些 HashMap$Entry、TreeMap$Entry 等容器类的对象增加，如果有增加，则说明泄漏的那些对象是被这些容器类引用的，引用后忘记从容器类中删除了。

⑧ 右击窗口，弹出菜单选择“Calculate Allocation Call Tree”项，输入最大嫌疑的类名，如图 A-3 所示。

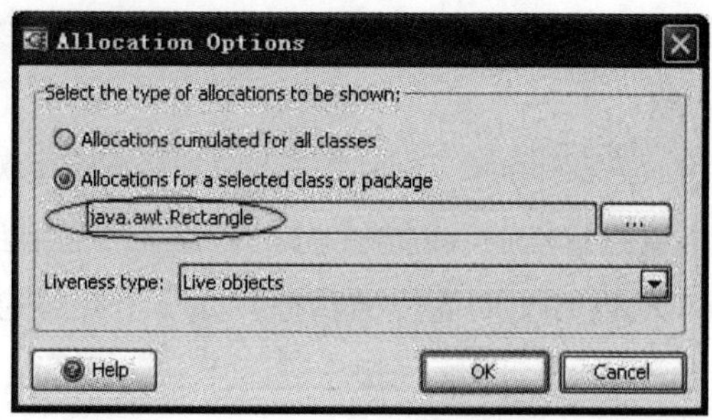

图 A-3 指定对应类的对象分配树

⑨ 出现对象分配树，根据对象分配树中指出的对象分配点，再结合源代码，检查对象是否被长久引用。如图 A-4 所示。

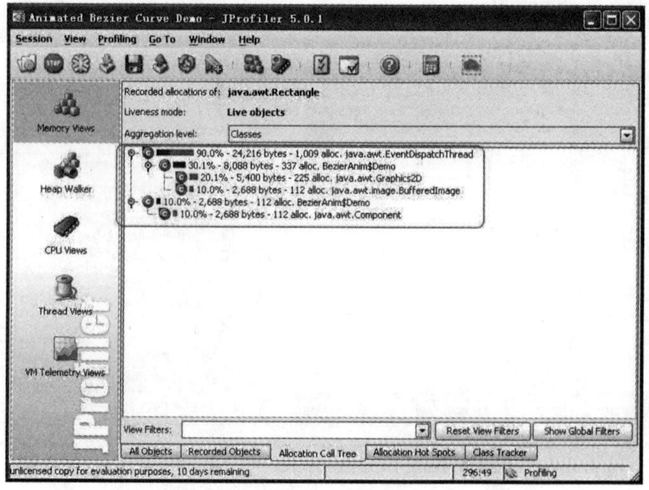

图 A-4 泄漏对象的分配树

JProftler 不能实现内存泄漏定位的场合如下。

（1）虽然 JProfiler 除了分析内存，还可以对每个函数的执行时间进行性能分析，但实际上由于 JProfiler 依附在 JVM 上带来的开销使系统根本无法达到该瓶颈出现时需要的性能，因此这种类型的性能瓶颈无法出现，也就无法找到这个性能瓶颈。在这种场合下 进行线程堆栈分析才是真正有效的办法。

（2）在使用了线程池的场合，由于在观察期间每个线程可能执行了多段不同的代码段，而 JProfiler 只能给出所有执行代码段的分析结果，因此在这种情况下，用 JProfiler 提供的性能剖析数据是很难进行分析的。

另外，如果在 JVM 中启动了 JProfiler 代理，其命令行参数如下。

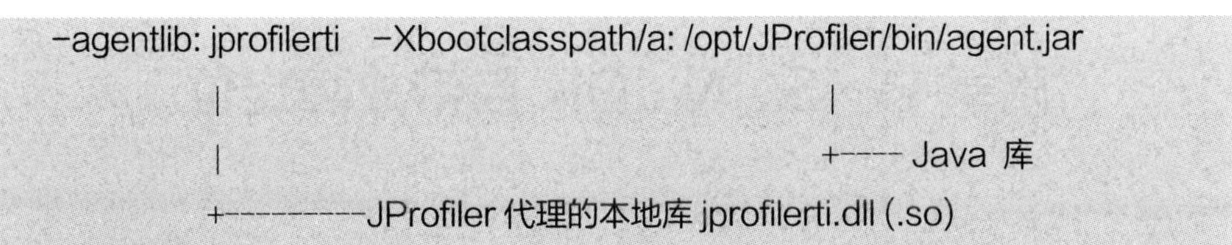

```
-agentlib: jprofilerti   -Xbootclasspath/a: /opt/JProfiler/bin/agent.jar
          |                                           |
          |                                           +---- Java 库
          +---------JProfiler 代理的本地库 jprofilerti.dll (.so)
```

从命令行参数中可以看出，JProfiler 代理包含两部分，即本地动态库和 Java 库，因此在启动 JProfiler 代理的 JVM 中，JProfiler 本身要消耗的内存分为 Java 堆内存和 Java 本地内存。

相比没有挂载 JProfiler 代理的 JVM, 挂载 JProfiler 的 JVM 需要消耗大量的本地内存和 Java 堆内存，因此在 32 位的机器上（或者 32 位的 JDK），必须小心设置 -Xmx 的大小。如果 -Xmx 设置太大，则会导致本地内存不足；如果 -Xms 设置太小，则会很快导致 Java 堆内存不足，从而影响问题的定位。因此 -Xmx 既不能设置过大，也不能设置过小。

附录 B　SUN JDK 自带故障定位

附 B.1　SUN JDK 命令行选项

本部分介绍了 JDK 各种诊断和监测工具，可用于 Java 平台标准版开发工具包①。

诊断工具和选项

1. 事后诊断工具

（1）Fatal Error Log：当错误发生时，致命日志信息将被写到一个文件中。

（2）-XX:+HeapDumpOnOutOfMemoryError：当虚拟机检测到本地内存溢出时产生的堆栈文件。

（3）-XX:OnError：该命令行选项指定致命错误发生时需要运行的脚本。如在 Windows 系统上，在致命问题发生时会强制进行堆栈转储。在事后调试器没有打开时，该命令特别有用。

（4）-XX:+ShowMessageBoxOnError：当致命错误发生时，JVM 将被挂起，通过这个选项可以将一些调试工具（如 gdb,dbx 等）挂接到 JVM 进程中进行分析。

（5）Java VisualVM：可以对转储文件进行可视化分析。

（6）jdb：可以分析问题发生时线程正在做什么。

（7）jhat：可以从堆转储文件中分析对象的分配情况。

（8）jinfo：可以分析出转储文件的配置信息。

（9）jmap：可以分析出转储文件的内存映射情况。

（10）jstack：可以从正在运行的虚拟机或者转储文件中获取本地和 Java 堆栈信息。

（11）Native tools：操作系统自带的分析工具。

2. 挂起进程的在线诊断工具

（1）Ctrl-Break：可以将当前挂起进程的堆栈进行转储，以分析死锁等问题。

① 详细内容请参考文献［28］。

（2）jdb：可以将该工具挂载到正在运行的虚拟机上，以分析当前的线程状况。

（3）jhat：可以对当前正在运行的虚拟机进行堆内存分配分析。

（4）jinfo：可以观察当前正在运行的虚拟机信息。

（5）jmap：可以获取当前进程的内存信息。在 Solaris 和 Linux 上对于已经挂起的进程，可以使用 -F 选项。

（6）jsadebugd：可以作为一个 Debug 代理挂接到一个 Java 进程或者 core 文件上，相当于一个 debug server。

（7）jstack：可以获取当前进程的堆栈信息。在 Solaris 和 Linux 上对于已经挂起的进程使用 -F 选项。

（8）Native tools：操作系统自带的分析工具。

3. 监控工具和选项

（1）Java VisualVM：可以对正在运行的虚拟机进行监控，提供可视化的界面，以观察虚拟机的详细信息。

（2）JConsole：基于 JMX 的监控工具，使用 JVM 中内嵌的 JMX 指令，可监控正在运行程序的性能和资源消耗情况。

（3）jmap：可以获取当前正在运行的进程或者 core 文件的内存映射信息。

（4）jps：可以列出目标系统上的侵入式虚拟机。在 VM 是内嵌式的环境下（虚拟机被 JNI 调用启动，而不是被虚拟机启动器启动），该工具非常有用。

（5）jstack：可以从正在运行的虚拟机或者转储文件中获取本地和 Java 堆栈的信息。

（6）jstat：可以使用 HotSpot VM 内嵌的指令来获取当前程序的性能和资源消耗情况。该工具可用来分析性能问题，特别是与堆大小及垃圾回收相关的性能问题。

（7）jstatd：一个 RMI server 类型的应用程序，可以监控内嵌式虚拟机的创建和停止等，并提供了能与远程工具连接的接口。

（8）visualgc：一个垃圾回收系统的图形化监控工具，采用了 HotSpot VM 的内嵌指令。

（9）Native tools：操作系统自带的分析工具。

4. 其他工具和选项

（1）HPROF profiler：可以统计 CPU 的使用状况、堆内存分配情况，以及所有的锁和线程。HPROF 在分析性能、锁、内存泄漏等方面非常有用。

（2）jhat：在诊断内存泄漏方面非常有用，同时可以通过它来浏览堆对象的分配情况，找到所有的可达对象，并显示出活动对象。

（3）-Xcheck:jni：该选项在诊断 JNI 问题时非常有用。

（4）-verbose:class：该选项在 JVM 加载和卸载类时，会打印出日志。

（5）-verbose:gc：该选项在 JVM 做垃圾回收时，会打印出日志。

（6）-verbose:jni：该选项在 JVM 做 JNI 相关操作时，会打印出日志。

附 B.2 诊断工具的详细介绍

附 B.2.1 HPROF

HPROF（Heap Profiler）工具是一个随 JDK 发布的简单剖析工具，是采用 Java 虚拟机工具接口（Java Virtual Machine Tools Interface，JVM TI）实现的动态库。这个工具可以将剖析信息以二进制或者 ASCII 码的方式写到文件或者 socket 中。这些信息也可以被一些前端剖析分析工具进行进一步处理。

HPROF 工具能够显示 CPU 使用情况、内存分配情况，以及锁的使用的情况，另外，它还可以转储虚拟机中完整的堆使用情况以及锁和线程。在分析性能问题、锁竞争、内存泄漏等问题上，该工具非常有用。在 JDK 发布的自带的 HPROF 库中，包含 HPROF 的 JVM TI 的演示代码，这些代码被放在 $JAVA_HOME/demo/jvmti/hprof 目录下。HPROF 工具使用方法如下。

```
$  java -agentlib:hprof ToBeProfiledClass
```

根据请求命令的类型，HPROF 指示虚拟机发送给它相关的事件，然后使用该工具处理这些事件，形成剖析信息，命令获取堆分配的剖析信息。代码如下。

```
$  java -agentlib:hprof=heap=sites ToBeProfiledClass
```

下面列出了 HPROF 命令行选项。

```
$  java -agentlib:hprof=help
      HPROF: Heap and CPU Profiling Agent (JVMTI Demonstration Code)
hprof usage: java  -agentlib:hprof=[help]|[<option>=<value>,  ...]
Option Name and Value Description      Default
--------------------             -           -----------
        -------
heap=dump|sites|all              heap profiling
all
```

```
cpu=samples|times|old           CPU usage                          off
monitor=y|n                     monitor
contention n
format=a|b                      text(txt) or binary output         a
file=<file>                  write data to file                java.
hprof[{.txt}]
net=<host>:<port>               send data over a socket            off
depth=<size>                    stack trace depth                  4
interval=<ms>                   sample interval in ms              10
cutoff=<value>                  output cutoff  point
0.0001
lineno=y|n                      line number in traces?             y
thread=y|n                      thread in traces?                  n
doe=y|n                         dump on exit?                      y
msa=y|n                         Solaris micro state accounting     n
force=y|n                       force output to <file>             y
verbose=y|n                     print messages about dumps y
Obsolete Options
----------------
gc_okay=y|n
<>
Examples
--------
-Get sample cpu information every 20 millisec, with a stack depth of 3:
java -agentlib:hprof=cpu=samples,interval=20,depth=3 classname
-Get heap usage information based on the allocation sites:
java  -agentlib:hprof=heap=sites classname
Notes
-----
-The  option  format=b  cannot  be  used  with monitor=y.
-The  option  format=b  cannot  be  used  with  cpu=old|times.
-Use of the -Xrunhprof interface can still be used, e.g.
java  -Xrunhprof:[help]|[<option>=<value>,  ...]
will  behave  exactly  the  same as:
java -agentlib:hprof=[help]|[<option>=<value>, ...] Warnings
--------
-This is demonstration code for the JVMTI interface and use of BCI,
it is not an official product or formal part of the JDK.
-The -Xrunhprof interface will be removed in a future    release.
-The option format=b is considered experimental, this format may change
in a future release.
```

缺省情况下，堆信息将被写入当前目录的 java.hprof.txt 文件中（ASCII），当虚拟机退出时，堆信息将会被打印出来。如果在退出时不需要堆信息，则可以将“dump on exit”选项设为 "n" (doe=n)。另外，在 Windows 下，通过 <ctrl>+<break> 组合键可以将堆信息打印出来；在 Solaris/Linux 下，可通过 kill -QUIT pid 来完成打印。

在大多数情况下，输出包括跟踪 ID、线程 ID、对象 ID 等。每一种类型的 ID 以不同的数字作为开头，如 trace ID 以 300000 作为开头。

1. 堆分配点剖析（heap=sites）

下面的输出是由 Java 编译器（Javac）在编译系列源代码文件时产生的堆分配信息，这里仅列出一部分。

```
$  javac  -J-agentlib:hprof=heap=sites Hello.java
SITES BEGIN (ordered by live bytes) Wed Oct 4 13:13:42 2006
percent live alloc’ ed stack class
rank   self accum bytes objs bytes objs trace name
1 44.13% 44.13% 1117360 13967 1117360 13967 301926 java.util.zip.ZipEntry
2 8.83% 52.95% 223472 13967 223472 13967 301927 com.sun.tools.javac.util.List
3 5.18% 58.13% 131088 1 131088   1 300996 byte[]
4 5.18% 63.31% 131088  1 131088   1 300995 com.sun.tools.javac.util.Name[]
```

在堆分配剖析文件里，最关键的信息是程序每部分分配的对象数量。如上面显示为 44.13% 的 SITES 记录，表示 java.util.zip.ZipEntry 对象占用了总空间的 44.13%。关联源代码和分配点的最好方式是记录导致内存分配的线程堆栈。下面是剖析输出的另外一部分信息，其中 4 个分配点说明了是由哪个调用堆栈产生的。

```
TRACE 301926:
java.util.zip.ZipEntry.<init>(ZipEntry.java:101) java.util.zip.
ZipFile+3.nextElement(ZipFile.java:417) com.sun.tools.javac.jvm.
ClassReader.openArchive(ClassReader.java:1374) com.sun.tools.javac.jvm.
ClassReader.list(ClassReader.java:1631)
TRACE 301927:
com.sun.tools.javac.util.List.<init>(List.java:42) com.sun.tools.javac.
util.List.<init>(List.java:50) com.sun.tools.javac.util.ListBuffer.
append(ListBuffer.java:94) com.sun.tools.javac.jvm.ClassReader.
openArchive(ClassReader.java:1374)
TRACE 300996:
com.sun.tools.javac.util.Name$Table.<init>(Name.java:379) com.sun.
tools.javac.util.Name$Table.<init>(Name.java:481) com.sun.tools.
```

```
javac.util.Name$Table.make(Name.java:332) com.sun.tools.javac.util.
Name$Table.instance(Name.java:349)
TRACE 300995:
com.sun.tools.javac.util.Name$Table.<init>(Name.java:378) com.sun.
tools.javac.util.Name$Table.<init>(Name.java:481) com.sun.tools.
javac.util.Name$Table.make(Name.java:332) com.sun.tools.javac.util.
Name$Table.instance(Name.java:349)
```

线程堆栈的每一帧都包含了类名、方法名、源代码文件和行号，用户可以设置最大帧的层数，缺省为 4。线程堆栈指明了触发内存分配的方法。

2. 堆转储（heap=dump）

堆转储是通过 heap=dump 选项获得的，该输出文件既可以是 ascll，也可以是二进制的，这取决于 format 选项的设置。如果这些输出文件要被 jhat 工具分析，可以通过 format=b 指定输出格式为二进制。当指定了二进制格式时，转储文件包括原子类型字段和原子数组内容。

下面的转储片段是由 javac 编译器产生的。

```
$   javac -J-agentlib: hprof=heap=dump Hello.java
```

转储文件非常大，它包括如下信息。

- 由垃圾收集器所分析的对象根集（root set）。
- 对于每一个 Java 对象，从根集达到该对象的对象引用路径（entry）。

示例如下。

```
HEAP DUMP BEGIN (39793 objects, 2628264 bytes) Wed Oct 4 13:54:03   2006
ROOT 50000114 (kind=<thread>, id=200002, trace=300000)
ROOT 50000006 (kind=<JNI global ref>, id=8, trace=300000)
ROOT 50008c6f (kind=<Java stack>, thread=200000,  frame=5)
:
CLS 50000006 (name=java.lang.annotation.Annotation, trace=300000)
loader  90000001
OBJ 50000114 (sz=96, trace=300001, class=java.lang.Thread@50000106)
name    50000116
group   50008c6c
contextClassLoader    50008c53
inheritedAccessControlContext           50008c79
blockerLock    50000115
OBJ 50008c6c (sz=48, trace=300000, class=java.lang.
```

```
ThreadGroup@50000068)
name    50008c7d
threads 50008c7c
groups  50008c7b
ARR 50008c6f (sz=16, trace=300000, nelems=1,
elem  type=java.lang.String[]@5000008e)
[0] 500007a5
CLS 5000008e (name=java.lang.String[], trace=300000)
super   50000012
loader  90000001
:
HEAP DUMP END
```

每一个记录是一个根（root），其中 OBJ 表示对象实例，CLS 表示 class，ARR 表示数组。十六进制数字是 HPROF 分配的标识符，用这些数字来表示从一个对象到另一个对象的引用。如在上面的例子里，java.lang.Thread 实例 50000114 就有一个到它的线程组（thread group：50008c6c）和另一个对象的引用。

一般情况下，这个输出文件非常大，因此有必要使用可视化工具（如 jhap）来阅读。

3. CPU 使用采样剖析（cpu=samples）

HPROF 工具可以通过对线程进行周期采样来收集 CPU 的使用信息，下面是运行 javac 编译器获得部分采样信息的输出。

```
$  javac  -J-agentlib:hprof=cpu=samples  Hello.java
CPU SAMPLES BEGIN (total = 462) Wed Oct 4 13:33:07  2006
rank    self    accum   count   trace method
1   49.57% 49.57%  229      300187      java.util.zip.ZipFile.getNextEntry
2   6.93% 56.49%   32      300190      java.util.zip.ZipEntry.initFields
3   4.76% 61.26%   22      300122     java.lang.ClassLoader.defineClass2
4   2.81% 64.07%   13     300188     java.util.zip.ZipFile.freeEntry
5   1.95% 66.02%   9      300129     java.util.Vector.addElement
6   1.73% 67.75%   8     300124     java.util.zip.ZipFile.getEntry
7   1.52% 69.26%7      300125     java.lang.ClassLoader.findBootstrapClass
8   0.87% 70.13%4    300172   com.sun.tools.javac.main.JavaCompiler.<init>
9   0.65% 70.78%   3     300030      java.util.zip.ZipFile.open
10  0.65% 71.43%3      300175      com.sun.tools.javac.main.JavaCompiler.<init>
...
CPU  SAMPLES END
```

HPROF 代理会周期性地对所有正在运行的线程栈进行采样，并记录最活跃的线程栈，其中 count 字段表示在采样时特定的线程栈被激活的次数。这些线程栈正是应用程序中的热点区。

4. CPU 使用时间剖析（cpu=times）

HPROF 工具可以通过在每个方法进入和退出时注入代码来收集 CPU 的使用情况，因此可以知道每个方法的调用次数和运行时间，这种方法称为字节码注入（Byte Code Injection-BCI）。它运行起来比 cpu=samples 要慢一些，下面是运行 javac 编译器获得的部分信息。

```
$ javac -J-agentlib:hprof=cpu=times  Hello.java
CPU TIME (ms) BEGIN (total = 2082665289) Wed oct 4 13:43:42 2006
rank   self    accum   count  trace method
1   3.70%   3.70%  1  311243  com.sun.tools.javac.Main.compile
2   3.64%   7.34%  1  311242  com.sun.tools.javac.main.Main.compile
3   3.64% 10.97%   1  311241  com.sun.tools.javac.main.Main.compile
4   3.11% 14.08%   1  311173  com.sun.tools.javac.main.JavaCompiler.compile
5   2.54% 16.62%   8  306183  com.sun.tools.javac.jvm.ClassReader.listAll
6   2.53% 19.15%   36 306182  com.sun.tools.javac.jvm.ClassReader.list
7   2.03% 21.18%   1  307195  com.sun.tools.javac.comp.Enter.main
8   2.03% 23.21%   1  307194  com.sun.tools.javac.comp.Enter.complete
9   1.68% 24.90%1     306392  com.sun.tools.javac.comp.Enter.classEnter
10  1.68% 26.58%1     306388  com.sun.tools.javac.comp.Enter.classEnter
...
CPU TIME (ms) END
```

这种信息可精确地收集一个方法被进入的次数，以及花费 CPU 的时间。

附 B.2.2　VisualVM

VisualVM 是随 JDK 一起发布的工具之一，该工具可用来进行故障定位，以及监控提升应用程序的性能。通过 VisualVM 可以产生堆栈转储（heap dump）并进行分析，分析性能和内存泄漏，监控垃圾回收，以及进行轻量级的内存和 CPU 使用率的剖析。同时，该工具在调整堆大小（heap size）、离线分析、事后分析方面非常有用。

同时，在 VisualVM 中，可以直接使用已经存在的 pluginl 来扩展 VisualVM 的能力，如借助 MBeans tab 页和 JConsole Wrapper tab 页，使 JConsole 页中的大多数功能在 VisualVM 都是可用的。通过在 VisualVM 工具菜单的 VisualVM plugin 列表中选择

需要使用的功能①。

通过 VisualVM 可以执行如下故障定位。

（1）查看本地或者远程 Java 应用程序的列表。

（2）查看应用程序配置和运行期环境。对于每一个应用程序，该工具都可以显示其基本的运行期信息，包括进程 ID、host、main class、进程启动参数、JVM 版本、JDK 主目录、JVM flags、JVM 参数和系统属性等。

（3）打开或者关闭针对应用程序在遭遇 OutOfMemoryError 异常时的堆转储功能。

（4）监控应用程序的内存消耗、正在运行的线程，以及加载的类。

（5）立即触发一次垃圾回收。

（6）立即触发一次堆转储，可以从多个视角来观察堆转储文件，包括总结、根据类、根据实例等，同时还可以保存堆转储到一个本地文件中。

（7）剖析应用程序性能及分析内存分配（仅适用于本地应用程序），同时可以保存这些数据。

（8）立即触发创建一个线程堆栈。

（9）分析 core 转储文件（仅在 Solaris 和 Linux 下支持）。

（10）通过应用程序快照离线分析应用程序。

（11）获取由社区发布的 plug-ins。

（12）编写并共享自己写的 plug-ins。

（13）与 MBeans 进行交互（需要安装 MBeans tab plug-in）。

当启动 Java VisualVM 时，打开主应用程序窗口，显示本机正在运行的 Java 应用程序列表、连接到远程机器上的应用程序列表、任何虚拟机 core 转储文件列表（仅在 Solaris 和 Linux 下支持），以及保存的应用程序快照。

Java VisualVM 将自动检测并连接运行在 Java SE 6.0 上的应用程序的 JMX 代理，或者连接到通过正确参数启动 Java SE 5.0 的 JMX 代理。为了确保该工具能够检测并连接到远程机器上的代理，远程机器必须运行 jstatd。如果 Java VisualVM 不能自动检测并连接，该工具还提供了通过显式创建连接的方式。

附 B.2.3 JConsole

在 JDK 中另一个很有用的工具就是 JConsole 监控工具，这个工具与 JMX 兼容，通过 JDK 中内置的 JMX 指令与虚拟机进行交互以获取应用程序的性能和资源消耗的

① 更多的 VisualVM 文档可参见 http://java.sun.com/javase/6/docs/technotes/guides/ visualvm/index.html

情况。

JConsole 工具可以挂载到 Java SE 应用程序，获取诸如线程、内存消耗、class 加载、运行期编译及操作系统等相关信息。这些信息的输出可以帮助分析内存泄漏、class 过度加载和线程问题，同时这些信息对于调整 heap 大小也很有帮助。

除了监控功能，JConsole 还可以动态改变运行期参数。如通过设置 -verbose:gc 可以即时打开垃圾回收信息的开关。下面的列表提供了 JConsole 的思路。

1. 预览（Overview）

这个 pane 以图像化的方式显示堆内存使用线程数量、类的数量及 CPU 的情况。

2. 内存（Memory）

（1）对于选定的内存区域（堆内存、非堆内存及各种各样的内存池），JConsole 可以显示的信息如下。

- 整个时间段内存使用的情况。
- 当前内存的大小。
- 提交的内存数量。
- 最大内存大小。

（2）垃圾回收的信息，包括垃圾回收的次数、总共花费的时间。

（3）当前堆内存或者非堆内存的使用百分比。

另外，在 Tab 页中还可以强制执行垃圾回收操作。

3. 线程（Threads）

（1）整个时间段内线程的使用情况。

（2）活动线程：当前活动线程的数量。

（3）峰值 k：从虚拟机启动开始，活动线程的最大峰值数量。

（4）选定线程的名称，并调用堆栈。同时，阻塞线程可以显示该线程正在请求或者占有的锁。

（5）死锁检测按钮：发送请求到目标应用程序，并执行死锁检测。

4. 类（Classes）

（1）整个时间段内加载类的数量图。

（2）当前加载到内存中类的数量。

（3）从虚拟机启动以来加载到内存所有类的总数，包括被卸载的类。

（4）从虚拟机启动以来卸载类的总数。

5. 虚拟机总结（VM Summary）

（1）一般信息。如 JConsole 连接、虚拟机启动的时长、编译器名称、总的编译时间等。

（2）线程和类总结的信息。

（3）内存和垃圾回收的信息，包括 finalizaion 挂起的对象数量等。

（4）操作系统信息，包括物理特点、正在运行进程的虚拟内存数量、交换空间等。

（5）虚拟机自身信息，如运行期参数、类路径等。

6. 管理 Bean（MBeans）

这个页面显示一个树状结构，列出了所有注册或连接到 JMS 代理的平台和应用的 MBeans。当选择树中的一个 MBean 时，它的属性、操作、通知及其他信息将被显示。

（1）可以调用任何操作，如 HotSpotDianostic（热点诊断）Mbean 上的 dumpHeap，该操作位于 com.sun.management 域内，可执行堆转储，输入参数是目标虚拟机所在机器上的堆转储文件的路径。

（2）可以设置可写属性的值。如通过 HotSpotDiagnostic MBean 的 setVMOption 操作来设置，可取消设置修改特定虚拟机 flags 的值。

（3）可以通过 Subscribe 和 Unsubscribe 按钮订阅通知。

JConsole 可以监控本地或者远程程序，如果通过一个参数指定要连接的 JMX 代理启动该工具，该工具将自动监控指定的应用。监控本地应用程序可直接通过执行命令 jconsole pid, 其中 pid 是进程 ID。监控远程程序可通过执行命令 jconsole hostname：portnumber，其中 hostname 为远程机器的名称（或者 IP），portnumber 是 JMX 代理的端口号。如果直接输入不带任何参数的 jconsole，该工具将显示一个新连接窗口，通过该窗口的菜单可以选择要连接的本地或者远程程序。

在 J2SE 1.5 中必须通过 -Dcom.sun.management.jmxremote 选项启动要被监控的应用程序。在 Java SE 6 中，则不需要指定任何选项。

附 B.2.4　jdb

jdb 包含在 JDK 中，作为命令行 debugger 的一个例子，该工具使用 Java Debug 接口（JDI）启动或者连接到目标 JVM 上，将 jdb 的源代码放在 $JAVA_HOME/demo/jpda/examples.jar 中。Java Debug Interface（JDI）是一个高层 Java API, 它给调试器提供有用的信息，JDI 是 Java Platform Debugger Architecture（JPDA）的一个组件。在 JDI 中，通过连接器可以将调试器连接到目标虚拟机中，同样连接器可以用于远程调试（通过 TCP/IP 或者共享内存传输）。

在 Solaris 下，JDK 同时发布了一些可服务性代理连接器（several Serviceability Agent，SA)，通过这些代理连接器可以将调试器挂载到崩溃的转储文件或者挂起的进程上，在确定系统崩溃或者挂起时，能知道系统正在做什么，这是非常有用的。这些可服务性代理连接器在 Windows 或者 Linux 下是不可用的。这些连接器包括 SACoreAttachingConnector、SADebugServerAttachingConnector 和 SAPIDAttachingConnector。

这些连接器一般是随着企业版调试器使用的，如 NetBeans IDE 或者其他商业 IDEs。下面介绍与 jdb 命令行调试器使用的连接器。

1. 绑定到进程

将 SA PID 连接器绑定到一个进程中。目标进程实际上是不需要使用特别选项来启动的，即使是 -agentlib：jdwp 选项也是不需要的。当连接器绑定到 JVM 进程时，它将进入只读模式，这样调试器可以测试线程及正在运行的程序，但是它不能改变任何东西。当绑定调试器之后，进程将被 frozen。下面例子中的命令指导 jdb 使用一个名字为 sun.jvm.hotspot.jdi.SAPIDAttachingConnector 的连接器，这是一个连接器的名字，而不是一个类名，连接器带一个 pid 的参数，即目标进程的 pid（本例为 9302）。

```
$  jdb  -connect sun.jvm.hotspot.jdi.SAPIDAttachingConnector:pid=9302
Initializing jdb ...
> threads
Group system:
(java.lang.ref.Reference$ReferenceHandler)0xa Reference Handler unknown
(java.lang.ref.Finalizer$FinalizerThread)0x9         Finalizer
unknown (java.lang.Thread)0x8    Signal  Dispatcher running
(java.lang.Thread)0x7 Java2D Disposer  unknown
(java.lang.Thread)0x2 TimerQueue unknown
Group main:
(java.lang.Thread)0x6 AWT-XAWT   running
(java.lang.Thread)0x5 AWT-Shutdown     unknown
(java.awt.EventDispatchThread)0x4       AWT-EventQueue-0    unknown
(java.lang.Thread)0x3 DestroyJavaVM    running
(sun.awt.image.ImageFetcher)0x1 Image  Animator 0   sleeping
(java.lang.Thread)0x0 Intro      running
>  thread  0x7
Java2D Disposer[1] where
[1] java.lang.Object.wait (native method)
```

```
[2] java.lang.ref.ReferenceQueue.remove (ReferenceQueue.java:116)
[3] java.lang.ref.ReferenceQueue.remove (ReferenceQueue.java:132)
[4] sun.java2d.Disposer.run (Disposer.java:125)
[5] java.lang.Thread.run (Thread.java:619)
Java2D Disposer[1] up 1
Java2D Disposer[2] where
[2] java.lang.ref.ReferenceQueue.remove (ReferenceQueue.java:116)
[3] java.lang.ref.ReferenceQueue.remove (ReferenceQueue.java:132)
[4] sun.java2d.Disposer.run (Disposer.java:125)
[5] java.lang.Thread.run (Thread.java:619)
```

其中，threads 命令用来获取进程的当前线程列表，然后一个特定的线程 0x7 被选择，thread 0x7 用来获得该 0x7 线程的调用栈，up 1 用来上移一个帧，where 用来重新获取线程调用栈。

2. 绑定到本机的 core 转储文件

SA Core 用来将调试器绑定到一个 core 文件上，该 core 文件也许是系统崩溃时创建的，在 Solaris 下可以通过 gcore 或者在 Linux 下通过 gdb 中的 gcore 命令获得。因为 core 文件是系统当时的一个快照，因此连接时是以只读方式绑定的，调试器可以测试系统 core 文件产生时的线程。其示例如下。

```
$ jdb -connect sun.jvm.hotspot.jdi.SACoreAttachingConnector:
javaExecutable=$JAVA_HOME/bin/java,core=core.20441
```

该命令指明 jdb 采用名字为 sun.jvm.hotspot.jdi.SACoreAttachingConnector 的连接器，连接器的参数为 javaExecutable 和 core 文件的名称，javaExecutable 参数指明 Java 二进制库的名称，core 参数为 core 文件的名称（在这个例子中，core 文件的名字为 core.20441）.

3. 绑字到其他机器上的 core 转储文件或其他机器上挂起的进程

为了调试一个从其他机器上传来的 core 文件，操作系统版本和库版本必须是匹配的。在这种情况下，可以先运行一个 SA Debug Server 的 proxy server，然后，在安装调试器的机器上，再通过 SA debug server 连接器连接到 debug server 上。在下面的例子中，有两个机器，即机器 1 和机器 2，core 文件在机器 1 上，调试器在机器 2 上，在机器 1 上按照如下方式启动 SA Debug server。

```
$ jsadebugd $JAVA_HOME/bin/java core.20441
```

jsadebugd 命令有两个参数，其中第一个参数是可执行程序的名字，大多数情况下就是 Java，但它也可以是其他名字（如内嵌的 VM 虚拟机）；第二个参数是 core 文件的名字，这个例子中 core 文件的名字是 core.20441。在机器 2 中，调试器使用 SA Debug Server Attaching Connector 连接到远程 SA Debug Server 上，其命令如下。

```
$ jdb -connect sun.jvm.hotspot.jdi.SADebugServerAttachingConnector:de
bugServerName=machine1
```

这个命令指示 jdb 采用名字为 sun.jvm.hotspot.jdi.SADebugServerAttaching Connector 的连接器进行连接。连接器有一个参数 debugServerName，即 SA Debug Server 所运行的机器名称或者 IP。

注意： SA Debug Server 也可以用于远程调试被挂起的进程，在这种情况下只带一个参数，即这个进程的进程 ID，另外，如果在同一个机器上运行多个 SA Debug Server，则每一个都必须提供系统唯一的 ID，在 SA Debug Server Attaching Connector 连接器上，ID 作为一个附件参数。相关细节请参考 JPDA 文档。

附 B.2.5　jhat

通过 jhat 工具可以很方便地浏览堆快照中对象拓扑，这个工具是 Java SE 6 中新引入的，用来代替堆分析工具（Heap Analysis Tool-HAT）。关于 HAT 工具，可以参考 J2SE 5.0 中的故障诊断和处理指导（Troubleshooting and Diagnostic Guide）。

更详细的 jhat 帮助，请参考 jhat 的手册页（jhat- Java Heap Analysis Tool）。这个工具可用来解析二进制格式的堆转储文件，如通过 jmap -dump 产生的堆转储文件。这个工具可以帮助分析不期望的对象持有，即那些本来已经不再需要，但是仍然被保持的对象，即内存泄漏。这个工具提供了一个标准的查询，根查询显示所有从根集到指定对象的引用路径，这对于分析不期望的对象持有特别有用。除了这个标准的功能，还可以通过对象查询语言接口来开发自己的编制查询。

当启动 jhat 命令时，这个工具在指定的端口上启动 HTTP server，可以通过浏览器连接到这个 server 上，在指定的堆转储上进行查询。下面的例子展示了如何分析名字为 snapshot.hprof 的堆转储文件。

```
$ jhat snapshot.hprof
Started HTTP server on port 7000 Reading  from  java_pid2278.hprof...
Dump file created Fri May 19 17:18:38 BST 2006 Snapshot  read,
resolving...
```

```
Resolving  6162194 objects...
Chasing  references,  expect  12324  dots ...
Eliminating duplicate references ...
Snapshot resolved.
Server is ready.
```

上面的输出表示，jhat 在 7000 端口上启动了一个 HTTP server，可以通过在浏览器中输入 http://localhost:7000 连接到该 HTTP server 上。一旦连接到 jhat server，就可以执行标准查询命令或者编制查询。

1. 标准查询

（1）所有被加载的类。

缺省页面中显示除平台类之外所有的类，按照类名排序，通过点击类名可以进入类查询，第二种查询方式可以包含平台类，如 java. sun. javax.swint. char[（字符数组）开头的类。

（2）类查询。

类查询显示类的信息，包括它的父类和子类、数据成员、静态数据成员等，在该页中可以查看该类引用的任意的类。

（3）对象查询。

对象查询提供堆中对象的信息，可以查看该对象的类、对象成员的值，以及引用当前对象的对象等，最常用的是根对象查询，即根集引用链。

同时，对象查询还提供该对象分配点的调用堆栈来跟踪信息（backtrace）。

（4）实例查询。

实例查询可以显示一个给定类的所有实例，同时包括父类的实例数量，这样可以后向跟踪源类。

（5）根集查询。

根集查询显示一个给定对象的根集引用链，它提供了从指定对象可达的根集引用链（那个对象引用了这个对象）。该根集通过深度优先搜索，提供最小长度的引用链。它有两种类型的根集查询，一种为不包括弱引用（roots）；另一种为包括弱引用（所有的根）。

（6）可达对象查询。

可达对象查询显示从一个指定对象到所有对象的传递闭包，这在运行期分析内存非常有用。它提供了一个简单的对象拓扑关系图。

（7）所有类的实例数。

所有类的实例数查询可显示该系统中每一个类的实例数。定位系统内存泄漏的一个非常有效的方法是，长时间运行程序，然后请求一次堆转储，再查看所有类的实例数量，可以很容易识别出哪些类的实例数量超大，从而进一步分析系统是否存在内存泄漏，如通过根集的引用关系来确定这些实例是否被意外引用。

（8）所有根集查询。

所有根集查询，可显示根集的所有成员。

（9）新实例查询。

当调用 jhat 两次堆转储时，采用新实例查询很有用。它类似于实例数查询，但只显示第二次新创建的实例。

（10）柱状图查询。

内置的柱状图查询。

2. 编制查询

可以使用内嵌的对象查询语言（OQL）接口定制自己的查询。单击显示 OQL 查询页面上的 OQL 查询按钮，可以创建并执行个性化查询。OQL 描述了相关内嵌函数的使用方法，如 Select 语句的语法如下。

```
select JavaScript-expression-to-select
[ from [instanceof] classname identifier
[ where JavaScript-boolean-expression-to-filter ] ]
```

示例如下。

```
select s from java.lang.String s where s.count >= 100
```

3. 堆分析提示

从 jhat 分析中获取有用的信息往往需要一些背景知识，如关于该进程使用的库及 API，一般情况下，该工具可以回答如下两个重要问题。

（1）哪些对象是活着的。

当查看对象实例时，可以在“References to this object”部分中检查列出的对象，看看哪些对象引用了这个对象。更重要的是，可以使用根查询来确定从根集到指定对象的引用链，这些引用链显示了从根对象到这个对象之间的引用路径，通过这个引用链就可以快速确定一个对象是怎样从根集中被引用下来的。

jhat 工具可以按照如下方式对引用链进行排序。

① Java 类的静态数据成员。

② 本地变量对于 root 而言，负责其线程被显示。因为一个线程即是一个 Java 对象，

这个连接是可触及的。

③ 本地静态值。

④ 本地局部变量。同样，root 是由其线程来标识的。

（2）这些对象是在哪里被分配的。

当对象实例被显示时，有一个标题为“Objects allocated from”的部分显示了该实例在调用栈中的分配点，根据此信息，可以看到该对象是在哪里被创建的。注意，仅当 heap=all 选项打开时，收集到的 HPROF 堆转储才能看到分配点的信息。

当通过单次对象转储不能标识出泄漏点时，可以通过一系列的转储，将关注重点放在每一次相比上一次新创建的对象上，jhat 工具通过 –baseline 选项提供了这种能力。–baseline 选项允许将两次转储进行比较，如果同一个对象同时出现在两次转储中，则不在新对象报告中。第一次转储作为基线，将分析的重点放在基线获取后的转储新创建的对象上。使用方法如下。

```
$ jhat -baseline snapshot.hprof#1 snapshot.hprof#2
```

在上面的例子中，文件 snapshot.hprof 中有两个转储，可通过 #1 and #2 来区分。

当 jhat 以两次堆转储的方式启动时，对所有类的实例查询包括一个附加列，这个附加列是该类新实例的个数。在基线转储中不存在，但是在第二次转储中存在的实例即认为是该类的新实例。可以看到每一个实例在哪里被分配的、该对象引用的其他对象有哪些，以及被哪些对象所引用。

一般情况下，在两次连续转储中，想了解这段时间间隔内新创建的对象，采用 –baseline 选项非常有效。

附录 B.2.6 jinfo

jinfo 命令行可以获取正在运行的 Java 进程或者崩溃转储文件的相关配置信息。打印系统属性，启动虚拟机的命令行参数，借助 jsadebugd daemon 也可以获取远程机器上的信息。通过 –flag 选项，可以动态改变正在运行的虚拟机的参数。其示例如下。

```
$  jinfo 29620
Attaching to process ID 29620, please wait...
Debugger attached successfully.
Client compiler detected.
JVM version is 1.6.0-rc-b100
Java System Properties:
java.runtime.name = Java(TM) SE Runtime Environment
```

```
sun.boot.library.path = /usr/jdk/instances/jdk1.6.0/jre/lib/sparc
java.vm.version = 1.6.0-rc-b100
java.vm.vendor = Sun Microsystems Inc.
java.vendor.url = http://java.sun.com/
path.separator = :
java.vm.name = Java HotSpot(TM) Client VM
file.encoding.pkg = sun.io
sun.java.launcher = SUN_STANDARD
sun.os.patch.level = unknown
java.vm.specification.name = Java Virtual Machine Specification
user.dir = /home/js159705
java.runtime.version = 1.6.0-rc-b100
java.awt.graphicsenv = sun.awt.X11GraphicsEnvironment
java.endorsed.dirs = /usr/jdk/instances/jdk1.6.0/jre/lib/endorsed
os.arch = sparc
java.io.tmpdir = /var/tmp/
line.separator  =
java.vm.specification.vendor = Sun Microsystems Inc.
os.name = SunOS
sun.jnu.encoding = ISO646-US
java.library.path = /usr/jdk/instances/jdk1.6.0/jre/lib/sparc/client:
/usr/jdk/instances/jdk1.6.0/jre/lib/sparc:/usr/jdk/instances/jdk1.6.0/
jre/../lib/sparc:
/net/gtee.sfbay/usr/sge/sge6/lib/sol-sparc64:/usr/jdk/packages/lib/
sparc:/lib:/usr/lib
java.specification.name = Java  Platform  API  Specification
java.class.version = 50.0
sun.management.compiler = HotSpot Client Compiler
os.version = 5.10
user.home = /home/js159705
user.timezone = US/Pacific
java.awt.printerjob = sun.print.PSPrinterJob
file.encoding = ISO646-US java.specification.version = 1.6
java.class.path = /usr/jdk/jdk1.6.0/demo/jfc/Java2D/Java2Demo.jar
user.name = js159705
java.vm.specification.version = 1.0
java.home = /usr/jdk/instances/jdk1.6.0/jre
sun.arch.data.model = 2
user.language = en
java.specification.vendor = Sun Microsystems Inc.
```

```
java.vm.info = mixed  mode,  sharing
java.version = 1.6.0-rc
java.ext.dirs = /usr/jdk/instances/jdk1.6.0/jre/lib/ext:/usr/jdk/
packages/lib/ext
sun.boot.class.path = /usr/jdk/instances/jdk1.6.0/jre/lib/resources.
jar:
/usr/jdk/instances/jdk1.6.0/jre/lib/rt.jar:/usr/jdk/instances/jdk1.6.0/
jre/lib/sunrsasign.jar:
/usr/jdk/instances/jdk1.6.0/jre/lib/jsse.jar:
/usr/jdk/instances/jdk1.6.0/jre/lib/jce.jar:/usr/jdk/instances/
jdk1.6.0/jre/lib/charsets.jar:
/usr/jdk/instances/jdk1.6.0/jre/classes
java.vendor = Sun Microsystems Inc.
file.separator  =  /
java.vendor.url.bug = http://java.sun.com/cgi-bin/bugreport.cgi
sun.io.unicode.encoding   =  UnicodeBig
sun.cpu.endian = big
sun.cpu.isalist    =
```

如果启动的虚拟机采用 -classpath 和 -Xbootclasspath 选项，jinfo 就能够输出 for java.class.path 和 sun.boot.class.path，这对于定位 class Loader 非常有用。

同时 jinfo 可以采用 core 文件做为输入。如 Solaris OS、gcore，或者正在运行进程的 core 文件，在上面的例子中 core 文件的名字为 core.29620，在 jinfo 中必须同时编制 Java 可执行程序和 core 文件的名字。示例如下。

```
$  jinfo  $JAVA_HOME/bin/java core.29620
```

有时进程程序的名字并不是 Java，如当虚拟机在 JNI 中被启动时的情况。

附 B.2.7　jmap

jmap 可以打印 core 文件或者运行 JVM 的内存统计相关信息。该工具也可以使用 jsadebugd daemon 来请求远程机器上的进程或者 core 文件。如果运行 jmap 没有任何选项，则打印装载的共享对象列表（输出与 Solaris 上的 pmap 相似）。对于一些特别信息，它可以通过选项 -heap、-histo or -permstat 获得，下面将详细描述这些选项。

Java SE 6 引入了 -dump:format=b,file=filename 选项，该选项可以将 Java 堆以二进制的方式打印到指定的文件中，然后通过 jhat 对该文件进行分析。如果由于进程挂起而导致 jmap pid 命令没有任何响应，则通过 -F 选项（仅 Solaris 和 Linux 支持）强迫使用 Serviceability 代理。该工具随 JDK 版本一起发布，在 Windows 下的 JDK 6 中也包括该工具，但只支持 jmap – dump：format=b,file=file pid 与 jmap –histo[：live] pid. 。

1. 堆内存配置项（heap）及其用法

该选项用来获取如下的 Java 堆信息。

- 垃圾回收算法的信息，包括垃圾回收算法的名字（如并行垃圾回收算法）及特定细节（如并行 GC 的线程数量）。
- 堆配置信息。
- 堆的使用总结。针对每一个堆区域，该工具可打印总的堆容量、在使用的内存及可用内存。如果一个区域被作为收集区域（如新生代），其相应内存大小的总结也会被打印出来。下面的例子显示了 jmap –heap 命令的输出。

```
$  jmap  -heap 29620
Attaching to process ID 29620, please  wait...
Debugger attached successfully.
Client   compiler  detected.
JVM version is 1.6.0-rc-b10
using thread-local object allocation.
Mark Sweep Compact G
Heap Configuration:
MinHeapFreeRatio   = 40
MaxHeapFreeRatio = 70
MaxHeapSize    = 67108864 (64.0MB)
NewSize= 2228224 (2.125MB)
MaxNewSize = 4294901760 (4095.9375MB)
OldSize=  4194304 (4.0MB)
NewRatio    = 8
SurvivorRatio  = 8
PermSize    = 12582912 (12.0MB)
MaxPermSize    = 67108864 (64.0MB)
Heap Usage:
New Generation (Eden + 1 Survivor Space):
capacity  =  2031616  (1.9375MB)
used    = 70984 (0.06769561767578125MB)
free    =  1960632  (1.8698043823242188MB)
3.4939673639112905% used
Eden Space:
capacity  =  1835008  (1.75MB)
```

```
used    = 36152 (0.03447723388671875MB)
free    =  1798856  (1.7155227661132812MB)
1.9701276506696428% used
From Space:
capacity = 196608 (0.1875MB)
used    = 34832 (0.0332183837890625MB)
free    = 161776 (0.154281616210937 5MB)
17.716471354166668% used
To Space:
capacity = 196608 (0.1875MB)
used    =  0 (0.0MB)
free    = 196608 (0.1875MB)
0.0% used
tenured   generation:
capacity = 15966208 (15.2265625MB)
used    = 9577760 (9.134063720703125MB)
free    = 6388448 (6.092498779296875MB)
59.98769400974859% used
Perm  Generation:
capacity  =  12582912  (12.0MB)
used    = 1469408 (1.401336669921875MB)
free    =  11113504  (10.598663330078125MB)
11.677805582682291% used
```

2. 运行进程的堆内存柱状图（histo）

该选项可以获取相关类的柱状图。在运行的进程中执行命令时，该工具将打印对象的数量、内存大小和类名，内部类使用尖括号括起来。柱状图对分析堆是如何使用的非常有用，如通过一个类对象占用的总内存除以该类对象的数量，可以获得一个对象的大小。下面的例子显示了对运行进程执行 jmap-histo 命令的结果。

```
$  jmap  -histo 29620
num #instances #bytes     class  name
--------------------------------------
1:  1414    6013016 [I
2:  793 482888  [B
3:  2502    334928  <constMethodKlass>
4:  280 274976  <instanceKlassKlass>
5:  324 227152  [D
6:  2502    200896  <methodKlass>
```

```
7:  2094    187496 [C
8:  280 172248  <constantPoolKlass>
9:  3767    139000 [Ljava.lang.Object;
10: 260 122416  <constantPoolCacheKlass>
11: 3304    112864 <symbolKlass>
12: 160 72960   java2d.Tools$3
13: 192 61440   <objArrayKlassKlass>
14: 219 55640   [F
15: 2114    50736   java.lang.String
16: 2079    49896   java.util.HashMap$Entry
17: 528 48344   [S
18: 1940    46560   java.util.Hashtable$Entry
19: 481 46176   java.lang.Class
20: 92  43424   javax.swing.plaf.metal.MetalScrollButton
... more lines removed here to reduce   output...
1118:  1   8          java.util.Hashtable$EmptyIterator
1119:  1   8       sun.java2d.pipe.SolidTextRenderer
Total  61297  10152040
```

3. core 转储文件的堆内存柱状图

在 core 文件上执行 -histo 命令时，该工具可打印每一个类的对象数量、大小、类名，内部类使用 * 作为前缀。

```
& jmap -histo /net/onestop/jdk/6.0/promoted/all/b100/binaries/solaris-
sparcv9/bin/java core
Attaching to core core from executable /net/koori.sfbay/onestop/jdk/6.0/
promoted/all/b100/binaries/solaris-sparcv9/bin/java,     please     wait...
Debugger attached successfully.
Server  compiler detected.
JVM version is 1.6.0-rc-b100
Iterating over heap. This may take a while...
Heap traversal took 8.902 seconds.
Object Histogram:
Size    Count   Class  description
-------------------------------------------------------
4151816 2941    int[]
2997816 26403   * ConstMethodKlass
2118728 26403   * MethodKlass
1613184 39750   * SymbolKlass
1268896 2011    * ConstantPoolKlass
```

```
1097040 2011    * InstanceKlassKlass
882048  1906    * ConstantPoolCacheKlass
758424  7572    char[]
733776  2518    byte[]
252240  3260    short[]
214944  2239    java.lang.Class
177448  3341    * System ObjArray
176832  7368    java.lang.String
137792  3756    java.lang.Object[]
121744  74  long[]
72960   160 java2d.Tools$3
63680   199 * ObjArrayKlassKlass
53264   158 float[]
... more lines removed here to reduce   output...
```

4. 获取永久区的信息

永久区是指虚拟机自身放置反射数据的区域，如类、方法对象（方法区）等，这个区可同时放置内部字符串。对可能动态产生或者加载大量类的应用程序（如 JSP 页面或者 Web 容器），设置永久区的大小是非常重要的。如果一个应用程序加载过多的类或内部字符串，可能会产生 OutOfMemoryError 错误。该错误的格式为“in thread XXXX java.lang.OutOfMemoryError: PermGen space.”。通过使用 -permstat 选项可以打印永久区的对象统计信息，示例如下。

```
$ jmap -permstat  29620
Attaching to process ID 29620, please wait...
Debugger attached successfully.
Client compiler detected.
JVM version is 1.6.0-rc-b100
12674 intern Strings occupying 1082616 bytes.
finding class loader instances ..Unknown oop at 0xd0400900
Oop's  klass  is 0xd0bf8408
Unknown oop at 0xd0401100
Oop's klass is null
done.
computing per loader stat  ... done.
please wait.. computing liveness.....................................done.
class_loader   classes bytes    parent_loader alive?  type
<bootstrap>    1846 5321080 null live   <internal>
```

```
0xd0bf3828 0    0   nulllive  sun/misc/Launcher$ExtClassLoader@0xd8c98c78
0xd0d2f370  1   904 nulldead  sun/reflect/DelegatingClassLoader@0xd8c22f50
0xd0c99280 1   1440  null dead  sun/reflect/DelegatingClassLoader@0xd8c22f50
0xd0b71d90 0   0   0xd0b5b9c0 live java/util/ResourceBundle$RBClassLoader
@0xd8d042e8
0xd0d2f4c0  1  904 null    dead  sun/reflect/DelegatingClassLoader@0xd8c22f50
0xd0b5bf98  1  920 0xd0b5bf38  dead     sun/reflect/DelegatingClassLoader
@0xd8c22f50
0xd0c99248 1   904 null  dead  sun/reflect/DelegatingClassLoader@0xd8c22f50
0xd0d2f488  1  904 null  dead  sun/reflect/DelegatingClassLoader@0xd8c22f50
0xd0b5bf38   6 11832  0xd0b5b9c0  dead  sun/reflect/misc/MethodUtil@0xd8e8e560
0xd0d2f338  1  904 null  dead  sun/reflect/DelegatingClassLoader@0xd8c22f50
0xd0d2f418  1  904 null  dead  sun/reflect/DelegatingClassLoader@0xd8c22f50
0xd0d2f3a8  1  904 null  dead  sun/reflect/DelegatingClassLoader@0xd8c22f50
0xd0b5b9c0 317 1397448 0xd0bf3828  live  sun/misc/Launcher$AppClassLoad
er@0xd8cb83d8
0xd0d2f300  1  904 null  dead  sun/reflect/DelegatingClassLoader@0xd8c22f50
0xd0d2f3e0  1  904 null  dead  sun/reflect/DelegatingClassLoader@0xd8c22f50
0xd0ec3968 1   1440 null  dead  sun/reflect/DelegatingClassLoader@0xd8c22f50
0xd0e0a248 1   904 null  dead  sun/reflect/DelegatingClassLoader@0xd8c22f50
0xd0c99210 1   904 null  dead  sun/reflect/DelegatingClassLoader@0xd8c22f50
0xd0d2f450  1  904 null  dead  sun/reflect/DelegatingClassLoader@0xd8c22f50
0xd0d2f4f8   1 904 null  dead  sun/reflect/DelegatingClassLoader@0xd8c22f50
0xd0e0a280 1   904 null  dead  sun/reflect/DelegatingClassLoader@0xd8c22f50
total  =  22   2186   6746816   N/A   alive=4, dead=18   N/A
```

每一个类加载对象的细节信息如下。

- 工具正在运行时，快照类加载的地址。
- 被加载类的数量。
- 被加载类的元数据所占用近似字节数。
- 父类加载器的地址（如果有的话）。
- “live”或者“dead”可指示该加载对象是否被垃圾收集。
- 类名。

附 B.2.8　jps

jps 工具用来列出目标系统当前用户启动的虚拟机，当虚拟机是内嵌的，即虚拟机是通过 JNI 启动而不是 Java 启动时（Java 命令行），这个工具非常有用。在这种内置启动虚拟机的情况下，通常是不容易在进程列表中识别出虚拟机的。其示例如下。

```
$  jps
16217 MyApplication
16342 jps
```

这个工具列出该用户有存储权限的所有虚拟机，但具体是否有存取权限，还依赖于操作系统的权限机制。在 Solaris 下，如果非 root 用户使用该工具，只能列出该用户 ID 启动的虚拟机。除了列出进程 ID，该工具还提供了选项输出引用程序 main 方法的参数，以及应用程序 main class 的全包名。如果 jstatd 运行在远程机器上，该 jps 工具还可以列出远程机器上的 Java 进程。

如果一个机器上运行了多个由 Web 启动的虚拟机，其显示如下。

```
$ jps
1271  jps
1269  Main
1190  Main
```

在这种情况下，jps –m 可以对其进行区分。

```
$ jps -m
1271  jps -m
1269  Main  http://bugster.central.sun.com/bugster.jnlp
1190  Main  http://webbugs.sfbay/IncidentManager/incident.jnlp
```

该工具随 JDK 一起发布。

注意： 这些指令在 Windows 98 和 Windows ME 上是不可用的，同时，在采用了 FAT 32 的 Windows NT、Windows 2000，或者 Windows XP 也是不可用的。

附 B.2.9 jrunscript

jrunscript 是一个命令行脚本程序，它支持交互模式或者批处理模式执行的脚本。缺省情况下，该工具使用 JavaScript。

附 B.2.10 jsadebugd

jsadebugd（Serviceability Agent Debug Daemon）可以绑定到一个进程上，或者 core 文件上。该工具目前仅在 Solaris 和 Linux 下可用，远程客户端如 jstack、jmap

和 jinfo 可以绑定到服务器（用 RMI 方式）上。

详细信息请参考相关手册。

附 B.2.11　jstack

jstack 命令可以绑定到指定的进程或者 core 文件上，并打印所有线程的栈跟踪，包括 Java 线程和虚拟机内部线程，并可以检测死锁。该工具同样可以使用 jsadebugd daemon 查询远程机器上的进程或者 core 文件，不过需要注意的是，输出会需要更长的时间。所有的线程跟踪对诊断如死锁及挂起的问题是非常有用的。

该工具直接包含在 Solaris 操作系统或者 JDK 的 Linux 版本中。在 Windows 的 JDK6 中也包含该工具，只是仅提供了 jstack pid 和 jstack -l pid 选项。在 Java SE 6 中引入了 -l 选项，该选项的侵入工具可查看堆中的 owable 同步器（synchronizers）及响应关于 ava.util.concurrent.locks 的信息，如果不使用该选项，线程转储仅包含监视器 (monitors) 的信息。

在 Java SE 6 中，jstack pid 的输出等同于在控制台中输入 Ctrl-，或者通过 kill-3 (Windows 下 Ctrl-Break) 发送一个 QUIT 信号给 JVM 进程，线程转储同样也可以通过可编程 Thread.getAllStackTraces Java 接口进行输出，或者在 debubber 中通过各种选项进行输出（如 jdb）。

1. 强行调用栈转储

当由于进程被挂起导致 jstack pid 命令没有任何响应时，可以使用 -F 选项强行进行栈转储（仅 Solaris 和 Linux 支持），示例如下。

```
$ jstack -F 8321
Attaching to process ID 8321, please wait...
Debugger attached successfully.
Client compiler detected.
JVM version is 1.6.0-rc-b100
Deadlock Detection:
Found one Java-level deadlock:
=============================
"Thread2":
waiting to lock Monitor@0x000af398 (Object@0xf819aa10, a java/lang/String),
which is held by "Thread1"
"Thread1"
waiting to lock Monitor@0x000af400 (Object@0xf819aa48, a java/lang/String),
which is held by "Thread2"
```

```
Found a total of 1   deadlock.
Thread t@2: (state = BLOCKED)
Thread t@11: (state =  BLOCKED)
-Deadlock$DeadlockMakerThread.run() @bci=108, line=32 (Interpreted frame)
Thread t@10: (state =  BLOCKED)
-Deadlock$DeadlockMakerThread.run() @bci=108, line=32 (Interpreted frame)
Thread t@6: (state = BLOCKED)
Thread t@5: (state =  BLOCKED)
-java.lang.Object.wait(long)  @bci=-1107318896  (Interpreted  frame)
-java.lang.Object.wait(long) @bci=0 (Interpreted  frame)
-java.lang.ref.ReferenceQueue.remove(long)  @bci=44,  line=116  (Interpreted
frame)
-java.lang.ref.ReferenceQueue.remove()  @bci=2,  line=132 (Interpreted
frame)
-java.lang.ref.Finalizer$FinalizerThread.run() @bci=3, line=159
(Interpreted  frame)
Thread t@4: (state =  BLOCKED)
-java.lang.Object.wait(long) @bci=0 (Interpreted  frame)
-java.lang.Object.wait(long) @bci=0 (Interpreted  frame)
-java.lang.Object.wait()   @bci=2,   line=485   (Interpreted frame)
-java.lang.ref.Reference$ReferenceHandler.run() @bci=46, line=116
(Interpreted frame)
```

2. 从 core 转储中打印调用栈

其命令如下。

```
$ jstack $JAVA_HOME/bin/java core
```

3. 打印混合调用栈

jstack 可以打印混合调用栈，既可以打印本地方法调用栈，也可以打印 Java 调用栈。本地栈是 VM 代码或者 JNI C/C++ 调用栈。

采用 -m 选项 To print a mixed stack, use the -m option，示例如下。

```
$  jstack  -m 21177
Attaching to process ID 21177, please wait...
Debugger attached successfully.
Client  compiler  detected.
JVM version is 1.6.0-rc-b100
Deadlock Detection:
```

```
Found  one  Java-level deadlock:
=============================
"Thread1":
waiting to lock Monitor@0x0005c750 (Object@0xd4405938, a java/lang/String),
which is held by  "Thread2"
"Thread2":
waiting to lock Monitor@0x0005c6e8 (Object@0xd4405900, a java/lang/String),
which is held by  "Thread1"
Found a total of 1  deadlock.
----------------- t@1  -----------------
0xff2c0fbc lwp_wait + 0x4
0xff2bc9bc _thrp_join + 0x34
0xff2bcb28 thr_join  +  0x10
0x00018a04 ContinueInNewThread + 0x30
0x00012480 main + 0xeb0
0x000111a0 _start  +  0x108
----------------- t@2  -----------------
0xff2c1070 lwp_cond_wait + 0x4
0xfec03638 bool Monitor::wait(bool,long) + 0x420
0xfec9e2c8 bool Threads::destroy_vm() + 0xa4
0xfe93ad5c jni_DestroyJavaVM + 0x1bc
0x00013ac0 JavaMain + 0x1600
0xff2bfd9c _lwp_start
----------------- t@3  -----------------
0xff2c1070  lwp_cond_wait + 0x4
0xff2ac104 _lwp_cond_timedwait + 0x1c
0xfec034f4 bool Monitor::wait(bool,long) + 0x2dc
0xfece60bc void VMThread::loop() + 0x1b8
0xfe8b66a4 void  VMThread::run() + 0x98
0xfec139f4 java_start + 0x118
0xff2bfd9c _lwp_start
----------------- t@4  -----------------
0xff2c1070  lwp_cond_wait + 0x4
0xfec195e8 void os::PlatformEvent::park()  + 0xf0
0xfec88464 void ObjectMonitor::wait(long long,bool,Thread*) + 0x548
0xfe8cb974 void ObjectSynchronizer::wait(Handle,long long,Thread*) +
0x148
0xfe8cb508 JVM_MonitorWait  + 0x29c
0xfc40e548 * java.lang.Object.wait(long) bci:0  (Interpreted frame)
0xfc40e4f4 * java.lang.Object.wait(long) bci:0  (Interpreted frame)
```

```
0xfc405a10 * java.lang.Object.wait() bci:2 line:485 (Interpreted   frame)
... more lines removed here to reduce   output...
-----------------  t@12  -----------------
0xff2bfe3c lwp_park + 0x10
0xfe9925e4 AttachOperation*AttachListener::dequeue()   +   0x148
0xfe99115c void attach_listener_thread_entry(JavaThread*,Thread*) + 0x1fc
0xfec99ad8 void  JavaThread::thread_main_inner() + 0x48
0xfec139f4 java_start + 0x118
0xff2bfd9c _lwp_start
-----------------  t@13  -----------------
0xff2c1500 _door_return  + 0xc
-----------------  t@14  -----------------
0xff2c1500 _door_return  + 0xc
```

其中以“*”开头的帧是 Java 帧，其他是本地 C/C++ 帧。

这个工具的输出可以作为 C++filt 的输入进行 C++ 符号解码（demangle），因为 HotSpot 虚拟机是采用的 C++ 语言开发的，jstack 工具打印的 C++ 符号名是内部函数的符号名（C++ 被编译后生成的函数名），因此 C++filt 可以将其转换成对应的 C++ 函数名。

附 B.2.12 jstat

jstat 采用 HotSpot VM 的内置指令，提供正在运行程序的性能和资源消耗的信息。该工具一般用于性能分析，或者一些特定情况下堆内存及垃圾回收的分析。它不需要虚拟机设置特别的启动选项，缺省情况下，虚拟机内置的指令是打开的。

注意： 这些指令在 Windows 98 和 Windows ME 上是不可用的，同时，在采用了 FAT 32 的 Windows NT、Windows 2000，或者 Windows XP 也是不可用的。

---

jstat 工具有如下选项。

（1）class：打印 class loader 的统计或者状态信息。

（2）compiler：打印 HotSpot compiler 的统计信息。

（3）gc：打印堆内存回收的统计信息。

（4）gccapacity：打印代（generations）容量的统计信息等。

（5）gccause：打印垃圾回收的总结信息（同 -gcutil），以及最后和当前垃圾回收事件的原因（如果有的话）。

（6）gcnew：打印新生代的统计信息。

（7）gcnewcapacity：打印新生代大小、空间等统计信息。

（8）gcold：打印老生代的统计信息。

（9）gcoldcapacity：打印老生代大小、空间等统计信息。

（10）gcpermcapacity：打印持久代的大小统计信息。

（11）gcutil：打印垃圾回收的统计信息。

（12）printcompilation：打印 HotSpot compilation method 统计信息。

jstat 提供的数据类似于 Solaris 或者 Linux 中的 vmstat 和 iostat。通过 visualgc 工具，能可视化地观察这些数据。

1. -gcutil

下面是一个采用 -gcutil 选项的例子，将 jstat 工具绑定到 ID 为 2834 的进程上，每 250ms 采样 9 次。

```
$  jstat -gcutil 2834  250  9
S0  S1  E   O   P         YGC      YGCT     FGC    FGCT     GCT
0.00     0.00     87.14   46.56   96.82   54    1.197   140   86.559     87.757
0.00     0.00     91.90   46.56   96.82   54    1.197   140   86.559     87.757
0.00     0.00     100.00  46.56   96.82   54    1.197   140   86.559     87.757
0.00     27.12    5.01    54.60   96.82   55    1.215   140   86.559     87.774
0.00     27.12    11.22   54.60   96.82   55    1.215   140   86.559     87.774
0.00     27.12    13.57   54.60   96.82   55    1.215   140   86.559     87.774
0.00     27.12    18.05   54.60   96.82   55    1.215   140   86.559     87.774
0.00     27.12    23.85   54.60   96.82   55    1.215   140   86.559     87.774
0.00     27.12    27.32   54.60   96.82   55    1.215   140   86.559     87.774
```

这个输出显示新生代的回收（young generation collection）发生在第三次和第四次采用之间，回收共用了 0.017s。将对象从 eden space（E）搬到 old space（O），导致老生代空间利用率从 46.56% 上升到 54.60%。

2. -gcnew

下面是一个采用 -gcnew 选项的例子，将 jstat 工具绑定到 ID 为 2834 的进程上，以每 250ms 间隔采样，并显示输出，另外使用 -h3 来控制每三行显示一次列的头部。

```
$ jstat -gcnew -h3 2834   250
S0C S1C S0U S1U TT  MTT    DSS      EC      EU      YGC     YGCT
192.0   192.0   0.0 0.0 15  15      96.0    1984.0 942.0  218      1.999
192.0   192.0   0.0 0.0 15  15      96.0    1984.0 1024.8 218      1.999
```

```
192.0   192.0   0.0 0.0 15  15      96.0    1984.0 1068.1 218     1.999
S0C S1C S0U S1U TT   MTT DSS EC     EU      YGC    YGCT
192.0   192.0   0.0 0.0 15  15      96.0    1984.0 1109.0 218     1.999
192.0   192.0   0.0 103.2    1      15      96.0   1984.0 0.0     219     2.019
192.0   192.0   0.0 103.2    1      15      96.0   1984.0 71.6    219     2.019
S0C S1C S0U S1U TT   MTT DSS EC     EU      YGC    YGCT
192.0   192.0   0.0 103.2    1      15      96.0   1984.0 73.7    219     2.019
192.0   192.0   0.0 103.2    1      15      96.0   1984.0 78.0    219     2.019
192.0   192.0   0.0 103.2    1      15      96.0   1984.0 116.1   219     2.019
```

从上述例子可以看出，在第四次和第五次采样之间，发生了一次新生代回收，持续了 0.02s。通过这次收集发现监控空间 0 (S1U) 的利用率超过期望的监控大小（survivor size)，因此部分对象被搬到老生代（这里没有显示），同时 tenuring 阈值（tenuring threshold (TT)）从 15 降低到 1。

3. -gcoldcapacity

下面是一个采用 -gcoldcapacity 选项的例子，将 jstat 工具绑定到 ID 为 21891 的进程上，每 250ms 采样三次，其中 -t 选项用于控制时间戳。

```
$ jstat -gcoldcapacity -t 21891 250 3
Timestamp  OGCMN   OGCMX    OGC      OC       YGC     FGC    FGCT    GCT
150.1    1408.0  60544.0  11696.0  11696.0         194    80      2.874  3.799
150.4    1408.0  60544.0  13820.0  13820.0         194    81      2.938  3.863
150.7    1408.0  60544.0  13820.0  13820.0         194    81      2.938  3.863
```

时间戳从虚拟机启动的时间开始计时。其中，-gcoldcapacity 输出显示堆正在扩展，以满足更多的分配，导致老生代能力（old generation capacity (OGC)）和老生代空间（old space capacity (OC)）也在增长，如第 81 次完全垃圾回收老生代能力已从 11696 KB 增长到 13820 KB。代的最大能力是 60544 KB (OGCMX)，因此还有扩展空间。

附 B.2.13 jstatd daemon

jstatd daemon 是一个 RMI (Remote Method Invocation）服务器应用程序，用来监控内置式（instrumented）虚拟机的启动和停止，同时为远程监控工具提供接口，用以绑定到运行在本机的 Java 虚拟机上，如 jstatd 允许 jps 工具列出远程机器上的 Java 进程。

注意：这些指令在 Windows 98 和 Windows ME 上是不可用的，同时，在采用了 FAT 32 的 Windows NT，Windows 2000，或者 Windows XP 也是不可用的。

附 B.2.14　visualgc

visualgc 是 jstat 的关联工具，通过 visualgc 能可视化观察垃圾回收的情况，如 jstat 采用虚拟机中的内置指令。

visualgc 没在 JDK 的随机发布包中，因此，可以在 jvmstat 3.0 网站上进行独立下载。

附 B.2.15　Ctrl-Break Handler

在 Solaris 或者 Linux 下，同时按 <Ctrl>+\ 组合键可以使 JVM 打印线程转储到标准输出上。在 Windows 中等同于 <Ctrl>+<Break> 组合键。在 Solaris 或者 Linux 下，当 Java 进程收到 QUIT 信号时，就会进行线程转储，因此 kill -QUIT pid 会启动相同的结果。下面详细介绍 <Ctrl>+<Break> 组合键的相关功能。

1. 线程转储

线程转储包括线程调用栈、线程状态、所有虚拟机中的 Java 线程，代码如下。

```
Full thread dump Java HotSpot(TM) Client VM (1.6.0-rc-b100  mixed mode):
"DestroyJavaVM" prio=10 tid=0x00030400 nid=0x2 waiting on condition
[0x00000000..0xfe77fbf0]
java.lang.Thread.State:   RUNNABLE
"Thread2" prio=10 tid=0x000d7c00 nid=0xb waiting for monitor entry
[0xf36ff000..0xf36ff8c0]
java.lang.Thread.State: BLOCKED (on object  monitor)
at Deadlock$DeadlockMakerThread.run(Deadlock.java:32)
-waiting to lock <0xf819a938> (a java.lang.String)
-locked <0xf819a970> (a java.lang.String)
"Thread1" prio=10 tid=0x000d6c00 nid=0xa waiting for monitor entry
[0xf37ff000..0xf37ffbc0]
java.lang.Thread.State: BLOCKED (on object  monitor)
at Deadlock$DeadlockMakerThread.run(Deadlock.java:32)
-waiting to lock <0xf819a970> (a java.lang.String)
-locked <0xf819a938> (a java.lang.String)
"Low Memory Detector" daemon prio=10 tid=0x000c7800 nid=0x8 runnable
[0x00000000..0x00000000]
```

```
java.lang.Thread.State:  RUNNABLE
"CompilerThread0" daemon prio=10 tid=0x000c5400 nid=0x7 waiting on
condition [0x00000000..0x00000000]
java.lang.Thread.State:  RUNNABLE
"Signal Dispatcher" daemon prio=10 tid=0x000c4400 nid=0x6 waiting on
condition [0x00000000..0x00000000]
java.lang.Thread.State:  RUNNABLE
"Finalizer" daemon prio=10 tid=0x000b2800 nid=0x5 in Object.wait()
[0xf3f7f000..0xf3f7f9c0]
java.lang.Thread.State: WAITING (on object  monitor)
at java.lang.Object.wait(Native Method)
-waiting on <0xf4000b40> (a java.lang.ref.ReferenceQueue$Lock)
at java.lang.ref.ReferenceQueue.remove(ReferenceQueue.java:116)
-locked <0xf4000b40> (a java.lang.ref.ReferenceQueue$Lock)
at java.lang.ref.ReferenceQueue.remove(ReferenceQueue.java:132)
at java.lang.ref.Finalizer$FinalizerThread.run(Finalizer.java:159)
"Reference Handler" daemon prio=10 tid=0x000ae000 nid=0x4 in Object.
wait() [0xfe57f000..0xfe57f940]
java.lang.Thread.State: WAITING (on object monitor)
at java.lang.Object.wait(Native Method)
-waiting on <0xf4000a40> (a java.lang.ref.Reference$Lock)
at java.lang.Object.wait(Object.java:485)
at java.lang.ref.Reference$ReferenceHandler.run(Reference.java:116)
-locked <0xf4000a40> (a java.lang.ref.Reference$Lock)
"VM Thread" prio=10 tid=0x000ab000 nid=0x3 runnable
"VM Periodic Task Thread" prio=10 tid=0x000c8c00 nid=0x9 waiting on
condition
```

线程转储输出中包含一个头，每个线程的调用栈和线程之间用空行分开。Java 线程首先被打印出来，之后是虚拟机内部线程，其头包含如下信息。

- 线程名称。
- 线程是否是 daemon 线程。
- 线程优先级（prio）。
- 线程 ID（tid），即内存中线程结构的地址。
- 本地线程 ID（nid）。
- 线程状态，指转储时线程的状态。
- 地址范围，指该线程在合法栈区的估计范围。

可能的线程状态如表 B2-1 所示。

表 B2-1　可能出现的线程状态

线 程 状 态	描　述
NEW	线程尚未启动
RUNNABLE	Java 虚拟机正在执行该线程
BLOCKED	线程正在等待监视锁被阻塞
WAITING	线程正在无限期等待另一个线程执行一个特定操作
TIMED_WAITING	线程正在等待指定的时间
TERMINATED	线程已退出

2. 死锁检测

除了线程调用栈，转储还可以进行死锁检测，一旦发现死锁，它将打印附加信息指明该死锁，代码如下。

```
Found  one  Java-level deadlock:
==============================
"Thread2":
waiting to lock monitor 0x000af330 (object 0xf819a938, a java.lang.String),
which is held by "Thread1"
"Thread1":
waiting to lock monitor 0x000af398 (object 0xf819a970, a java.lang.String),
which is held by "Thread2"
Java stack information for the threads listed    above:
=====================================================
"Thread2":
at Deadlock$DeadlockMakerThread.run(Deadlock.java:32)
-waiting to lock <0xf819a938> (a   java.lang.String)
-locked <0xf819a970> (a java.lang.String)
"Thread1":
at Deadlock$DeadlockMakerThread.run(Deadlock.java:32)
-waiting to lock <0xf819a970> (a   java.lang.String)
-locked <0xf819a938> (a java.lang.String)
Found 1 deadlock.
```

如果在 Java 虚拟机启动命令行中设置了 -XX：+PrintConcurrentLocks，在线程转储的同时还可以打印每一个线程所拥有的并发锁列表。

3. 堆内存总结

在 Java SE 6 版本中，线程转储还可以打印堆总结。该输出可显示不同的代内存（堆的区域）、大小、使用数量、地址范围等，如使用 pmap 时，设置地址范围非常有用。

```
Heap
def new generationtotal 1152K, used 435K [0x22960000, 0x22a90000,
0x22e40000
)
eden space 1088K, 40% used [0x22960000, 0x229ccd40, 0x22a70000)
from space 64K,    0%  used  [0x22a70000, 0x22a70000, 0x22a80000)
to space 64K,0% used [0x22a80000, 0x22a80000,   0x22a90000)
tenured generation total 13728K, used 6971K [0x22e40000, 0x23ba8000,
0x26960000)
the space 13728K, 50% used [0x22e40000, 0x2350ecb0, 0x2350ee00,
0x23ba8000)
compacting perm gen total 12288K, used 1417K [0x26960000, 0x27560000,
0x2a960000)
the space 12288K, 11% used [0x26960000, 0x26ac24f8, 0x26ac2600,
0x27560000)
ro  space  8192K, 62%  used [0x2a960000,  0x2ae5ba98, 0x2ae5bc00,
0x2b160000)
rw space 12288K, 52% used [0x2b160000, 0x2b79e410, 0x2b79e600,
0x2bd60000)
```

如果设置 -XX：+PrintClassHistogram 选项，堆的直方图也会被显示出来。

附 B.2.16 操作系统工具

该部分给出了故障定位操作系统工具的列表，每一个工具都有简要描述。更详细的信息可以参考操作系统文档（Linux/UNIX 的 man 手册）。

1. Linux 操作系统

如表 B2-2 所示是 Linux 操作系统下的工具列表。

表 B2-2 Linux 下工具列表

工 具 名 称	工 具 描 述
C++filt	转换成 C++ 格式的符号表（如函数名等）
gdb	GNU 调试器

续表

工 具 名 称	工 具 描 述
libnjamd	内存分配跟踪器
lsstack	打印线程堆栈 (与 Solaris 下的 pstack 类似)
ltrace	库调用跟踪器 (等同于 Solaris 下的 truss)
mtrace and muntrace	GNU malloc 跟踪器
proc tools(pmap,pstack)	进程工具
strace	系统调用跟踪 (equivalent to truss -t in Solaris OS)
top	显示进程的 CPU 使用率
vmstat	报告进程、内存、I/O、trap、CPU 活动等信息

2. Windows 操作系统

如表 B2-3 所示是 Windows 操作系统下的工具列表。另外，相关内容也可以查阅 MSDN 库。

表 B2-3　Windows 下工具列表

工 具 名 称	工 具 描 述
dumpchk	验证一个内存转储文件是否被正确创建
msdev	启动 VC++ 或者 Win32 调试器
userdump	用户模式进程转储工具
windbg	Windows 下的调试器，可以调试进程，或者转储文件
/Md and /Mdd 编译选项	自动跟踪内存分配的编译器选项

3. Solaris 操作系统

如表 B2-4 所示是 Solaris 操作系统下的工具列表，其中一些工具仅在 Solaris 10 下才有。

表 B2-4 Solaris 下工具列表

工 具 名 称	工 具 描 述
coreadm	虚拟机产生 core 文件的名字和位置
cpustat	用 CPU 性能计数器监控系统性能
cputrack	单进程 CPU 使用监控
c++filt	转换成 C++ 格式的符号表。该工具在 Solaris 下随 C++ 编译器一起发布
DTrace	Solaris 新引入的工具：动态跟踪内核函数，系统调用以及用户功能
gcore	强制 core 文件转储，文件转储完成后继续运行
intrstat	报告中断线程的 CPU 消耗的统计信息
iostat	报告 I/O 统计信息
libumem	Solaris 9 update 3 引入的工具，用来定位和修正内存管理 Bug
mdb	内核模块级调试器
netstat	显示网络相关的数据结构信息
pargs	打印进程参数，环境变量等
pfiles	打印进程打开的文件句柄信息
pldd	打印一个进程装载的共享对象
pmap	打印进程或者 core 文件的内存布局信息，包括 heap、data、text 段
prstat	报告一个活动进程的统计信息（与 top 类似）
prun	设置一个进程为运行模式（与 pstop 相反）
ps	列出所有进程
psig	列出进程的信号句柄
pstack	打印指定进程或者 core 文件的线程堆栈
pstop	停止进程（挂起）
ptree	打印指定 pid 的进程树
sar	系统活动报告
sdtprocess	显示高 CPU 使用率的进程（与 top 类似）

续表

工 具 名 称	工 具 描 述
sdtperfmeter	显示操作系统的性能图，如 CPU、disks、network 等
top	显示进程的 CPU 相关信息
trapstat	显示运行期的陷阱统计信息 (只针对 SPARC)
truss	跟踪系统调用的进入或退出事件
vmstat	报告系统虚拟内存统计信息
watchmalloc	跟踪内存分配

附 B.3　内存泄漏问题的定位

当应用执行的时间越来越长，或者操作系统越来越慢时，系统可能存在内存泄漏，极端情况下，会导致系统内存溢出，或者应用程序异常终止。下面针对内存泄漏提供一些建议和诊断方法。

附 B.3.1　OutOfMemoryError

内存泄漏最常见的提示是 java.lang.OutOfMemoryError。当堆中或者堆中一个特定区域没有足够的空间分配给一个对象的时候，将抛出这个错误。这个异常表明垃圾收集器不能回收更多的内存给该对象，同时堆空间也无法再扩展。当 java.lang.OutOfMemoryError 异常抛出时，伴随着一个线程堆栈被同步打印出来。

当本地分配无法完成时，本地库代码也可能抛出 java.lang.OutOfMemoryError 异常，如交换分区太低。早期 OutOfMemoryError 的诊断主要是通过确定内存溢出的类型来实现，是 Java 堆内存溢出，还是本地堆内存溢出，下面介绍诊断细节。

（1）Java heap space（Java 堆内存空间）。

该信息表示在 Java 堆中无法再分配新的对象。以这个错误不能断定系统一定存在内存泄漏，也许是堆内存的配置不当导致的（如 Xmx 设置太小）。但对于长期正常运行的系统来说，如果出现该错误则说明系统存在内存泄漏。另外，使用 finalizers 过度也可能导致该问题发生。如果一个类有一个 finalize 方法，就意味着垃圾回收时，该类型的对象不能像常规对象一样被回收，而是这些对象排队等待 finalization，真正的垃圾回收将发生在更晚的时候（finalize 执行完成之后）。在 SUN 的实现中，专门有一个 daemon 线程（finalizer 线程）负责执行这些排队对象的 finalize 方法，如果这个 finalizer 线程无法跟上 finalization 队列的增长速度，那么 Java 堆将被填满，导致出现 OutOfMemoryError。

还有一种场景可以导致该错误发生：当一个应用程序创建高优先级线程时，就会导致 finalizer 线程由于优先级太低而抢不到足够多的 CPU，造成 finalization 队列处理很慢，最终导致 OutOfMemoryError。

（2）PermGen space（永久区内存空间）。

PermGen 的 OutOfMemoryError 表示永久区内存满了。永久区内存是用来存放类的地方，如果一个程序加载了过多的类，永久区内存就需要通过 -XX：MaxPermSize 设置来增加空间。

内部 java.lang.String 类的对象也存放在永久区内。该类维护一个 string 池，当 intern 方法被调用时，可检查池中是否存在相同的字符串，如果存在，则内部方法直接使用永久区内的字符串，否则它将增加这个字符串到池中。准确地说，java.lang.String.intern 方法用来获取典型的字符串，如果一个字符串作为文字（literal）出现，那么同一个类实例将被返回。当应用中存在大量的字符串时，缺省大小的永久区也许会不够用，这时可通过 -XX：MaxPermSize 设置来增加。

当这种类型的错误出现时，文本 String.intern 或者 ClassLoader.defineClass 会出现在打印堆栈的顶部。其中 jmap -permgen 命令可以打印永久区内对象的统计信息，包括内部 String 实例。

（3）Requested array size exceeds VM limit（请求的数组尺寸超过了虚拟机限制）。

该信息表示应用程序（或者该应用使用的 API）企图去分配一块比堆尺寸还大的数组。如当一个应用程序企图在堆尺寸只有 256M 的空间上申请 512M 的数组，就会发生该类型的 OutOfMemoryError 异常。在大多数情况下是设置问题（堆尺寸设置太小），或者应用程序中存在申请大内存的 Bug，如数组元素的个数计算错误导致巨大的内存申请。

（4）request <size> bytes for <reason>. Out of swap space（交换内存溢出）。

该信息表面上看是一个 OutOfMemoryError 错误，表示 HotSpot VM 从本地堆中申请内存失败，或者本地堆接近耗尽。该错误信息指出请求多少个字节失败，并给出原因。大多数情况下 <reason> 可指出报告失败源模块的名称，有时也会说明原因。

当该错误发生时，VM 将调用错误处理机制产生一个致命错误日志文件，包括线程信息、进程信息、宕机时间。当本地堆耗尽时，获取堆内存和内存映射信息是非常有用的，同时需要借助操作系统的相关诊断工具进一步定位，判断是否与应用程序有关。可能的原因如下。

- 操作系统配置的交换空间很小。
- 其他进程消耗了过多的内存。

如果不是上面原因导致的，那就是本地内存泄漏的问题，如本地库或者应用持续从系统中申请内存，却从不释放。

（5）<reason> <stack trace> (Native method)。

如果类型是“<rea- son> <stack trace> (Native method)”，并且本地方法的顶层帧（frame）被打印出来，则表示本地方法调用时遇到了内存分配错误。表示该错误发生在 JNI 或者本地方法中，而不是发生在 Java 代码中。

发生该类型的错误时，还需要使用操作系统提供的诊断工具进一步定位。

（6）Crash Instead of OutOfMemoryError（系统崩溃而不是内存泄漏）。

当本地堆内存分配失败后不久，系统就会崩溃的情况。一般是由于本地代码没有检查内存分配函数返回错误而导致的。

如当 malloc 系统无可用内存调用时返回 NULL，如果该返回值没有被检查，应用程序就会由于尝试存取非法内存位置而导致系统崩溃。在不同的环境下现象是不一样的，这类问题一般比较难定位。

然而，在某些情况下，致命错误日志或者崩溃转储文件对定位这类问题的支持是足够的。如果确认了崩溃是由于未检查内存分配失败导致的，那么必须再进一步检查为什么内存分配会失败。正如其他本地堆问题一样，系统也许是由于没有设置充分的交换分区、其他进程消耗了过大的内存，由于应用程序内存泄漏等导致的内存耗尽。

附 B.3.2　Java 代码的内存泄漏诊断

诊断 Java 代码的内存泄漏是一项困难任务，需要掌握该应用程序的更多知识，另外，这个诊断过程也是十分漫长的，其诊断过程如下。

（1）使用 jhat 工具。

jhat 工具在定位内存泄漏时非常有用，它能够浏览对象堆，查看堆中所有可达的对象，判断哪个引用把持了激活对象。为了有效使用 jhat，就必须获得多个正在运行程序的堆转储，且使用二进制的方式。一旦堆转储文件被创建，它也可作为 jhat 的输入。

（2）创建堆转储（heap dump）。

堆转储提供了堆内存分配的相信信息，下面描述了 4 种堆转储的方法。

- HPROF 剖析器。
- jmap 工具。
- JConsole 工具。
- -XX：+HeapDumpOnOutOfMemoryError 命令行选项。

① HPROF 剖析器表示正在运行的程序可以通过 HPROF 剖析器代理创建堆转储，示例如下。

```
$ java -agentlib: hprof=file=snapshot.hprof,format=b application
```

如果虚拟机是被嵌入的，或者是没有采用附加命令行选项启动的虚拟机，可以设置环境变量 JAVA_TOOLS_OPTIONS，-agentlib 自动将这些环境变量加进去。

一旦应用程序启动时打开了 HPROF，在启动控制台上输入 kill -3 pid (Linux) 或者 <ctrl>+<break> (Windows)，堆转储文件就会被打印出来。在这个例子中，snapshot.hprof 文件是被创建的。该堆转储文件包括所有原始数据和调用堆栈，可以包括多次转储，每一次转储都被添加到该文件中。

② 通过 jmap 工具同样可以获得堆转储，示例如下。

```
$ jmap -dump:format=b,file=snapshot.jmap process-pid
```

不管虚拟机是怎样被启动的，jmap 工具都可以产生一个堆转储快照。在上面的例子中，产生了 snapshot.jmap 这个文件，jmap 输出文件包含所有的原始数据，但是不包含对象创建调用堆栈这个信息。

③ JConsole 工具是另一个获得堆转储的工具。在 MBean tab 页中，选择 HotSpotDiagnostic MBean 选项，点击 dumpHeap 按钮即可。

④ 如果在 JVM 启动命令行中指定 -XX：+HeapDumpOnOutOfMemoryError 选项，当 OutOfMemoryError 异常发生时，虚拟机将进行堆转储。

（3）在运行的程序上获取堆直方图（Heap Histogram）。

通过检查堆柱状图，快速缩小内存泄漏问题的范围，通过如下 3 个方式可获取该信息。

① 运行期运行 jmap -histo pid。该命令表示输出堆中每个类的对象实例数量和总大小。如果收集了一系列的柱状图（如每两分钟收集一次），就可以观察到泄漏的趋势，便于进一步深入分析。

② 在 Solaris 或者 Linux 下，jmap 可以从 core 文件中获得堆使用的柱状图。

③ 如果虚拟机启动时采用了命令行选项：-XX：+PrintClassHistogram command-line option，使用 <Ctrl> + <Break> 组合键也会产生一个堆的柱状图。

（4）在 OutOfMemoryError 上获取堆直方图。

如果在命令行中指定内存溢出堆转储选项：-XX：+HeapDumpOnOutOfMemoryError，当出现 OutOfmemoryError 时会产生 core 文件，通过在该 core 文件上执行 jmap 获取一个柱状图，示例如下。

```
$ jmap -histo \ /java/re/javase/6/latest/binaries/solaris-sparc/bin/
java core.27421
Attaching to core core.27421 from executable
/java/re/javase/6/latest/binaries/solaris-sparc/bin/java, please
wait... Debugger attached successfully.
Server  compiler detected.
JVM  version  is  1.6.0-beta-b63
Iterating over heap. This may take a while... Heap traversal took 8.902
seconds.
Object Histogram:
Size   Count  Class  description
-------------------------------------------------------
86683872   3611828 java.lang.String
20979136   204 java.lang.Object[]
403728  4225    * ConstMethodKlass
306608  4225    * MethodKlass
220032  6094    * SymbolKlass
152960  294 * ConstantPoolKlass
108512  277 * ConstantPoolCacheKlass
104928  294 * InstanceKlassKlass
68024   362 byte[]
65600   559 char[]
31592   359 java.lang.Class
27176   462 java.lang.Object[]
25384   423 short[]
17192   307 int[]
:
```

该例子显示 OutOfMemoryError 是由 java.lang.String（共 3 611 828）对象数量导致的，但是没有提供是哪里创建的。但这些信息仍然是非常有用的，借助 HPROF 或者 jhat 等工具可以做进一步分析，确定 strings 对象被分配的位置，以及导致引用了这些对象却没有被释放的原因。

（5）监控正在等待 finalization 的对象数量。

finalizers 的过度使用也会导致 OutOfMemoryError，可以通过如下方式监控这些等待 finalization 的对象数量。

① JConsole 工具在 Summary tab 页里报告了正等待 finalization 的对象数量，这个数量是大致准确的，它对于分析应用的特点和确定该应用是否依赖很多 finalization 非常有用。

② 在 Solaris 和 Linux 下，jmap –finalizerinfo 可以打印正在等待 finialization 的对象信息。

③ 可以通过 java.lang.management.MemoryMXBean 类上 get Object Pending Finalization Count 方法获取正在等待 finalization 的对象。

（6）第三方的内存 Debuggers。

除了前面提到的工具，市面上还有大量的第三方内存分析工具，如 JProbe、OptimizeIt 等。

① 本地代码中诊断泄漏：有几种技术可以定位本地内存泄漏，但没有针对所有平台的独立解决方案。

② 跟踪所有内存分配及函数调用树：一个可以跟踪所有本地内存分配和释放操作的常用方法。这种方法非常简单，但是很有效，目前有许多产品已经开发了本地堆内存分配和使用的跟踪工具，如 Purify、Sun 的 DBX 运行期检查工具。这些工具可以发现本地代码的内存泄漏，以及访问未经分配的本地内存。所有这些类型的工具同样可以用于使用了本地代码的 Java 应用，一般情况下，这些工具是与平台相关的，如由于虚拟机可以在运行期动态创建代码（如 JIT），因此这些工具也会造成错误解释，必须确保工具版本和使用的虚拟机版本是匹配的。

许多简单的本地内存检测实例在 http://sourceforge.net/ 中有介绍，这些工具的库会假设系统已经修改了源代码，并且在内存分配函数上放入了 wrapper 函数，并进行重新编译。强大的工具是不侵入这些动态内存分配函数的，如 Solaris 9、Update 3 引入的 libumem.so。

③ 跟踪 JNI 库中的内存分配：如果写一个 JNI 库，采用简单的 wrapper 方式预先创建一些本地化的方法确保无内存泄漏是非常明智的，下面是一个简单的内存跟踪方式的例子，在源代码中定义如下。

```
#include   <stdlib.h>
#define malloc(n) debug_malloc(n,    FILE   ,   LINE  )
#define free(p) debug_free(p,    FILE    ,   LINE   )

Then you can use the following functions to watch for leaks.
```

```

/* Total bytes allocated */
static int total_allocated;
/* Memory alignment is important */
typedef union { double d; struct {size_t n; char *file; int line;} s; } Site;
void *
debug_malloc(size_t n, char *file, int line)
{
    char *rp;
    rp = (char*)malloc(sizeof(Site)+n);
    total_allocated += n;
     ((Site*)rp)->s.n = n;
     ((Site*)rp)->s.file = file;
     ((Site*)rp)->s.line = line;
    return (void*)(rp + sizeof(Site));
}
void
debug_free(void *p, char *file, int line)
{
    char *rp;
    rp = ((char*)p) - sizeof(Site);
    total_allocated -= ((Site*)rp)->s.n;
    free(rp);
}
```

JNI 库需要周期性（或者在 shutdown 时）检查 total_allocated 变量的值，以确保问题能及时被发现。上面的代码也可以扩展一下，将导致内存分配的代码位置保存到分配链表中，用于报告泄漏的内存是哪里分配的。需要确保 debug_free () 和 debug_malloc 成对使用，同样，对 realloc (),calloc (),strdup () 也可以采取同样的处理方式。这种方式仅适用于局部的内存泄漏分析。

更加全局的方式是对整个进程的库进行调用干预。

- 跟踪操作系统支持的内存分配：大多数操作系统提供了全局内存分配跟踪支持。
- 在 Windows 下，站点 http://msdn.microsoft.com/library/default.asp 可以搜索到 debug 支持。Microsoft C++ 编译器提供了 /Md 和 /Mdd 编译选项，包含内存分配跟踪支持。
- Linux 下可以使用一些如 mtrace、libnjamd 等工具进行内存分配跟踪。

- Solaris 提供了 watchmalloc 工具，Solaris 9、update 3 提供了 libumem 工具。
- 用 dbx 发现内存泄漏：Sun 的 debugger dbx 包含了运行期检测能力，可以检测内存泄漏，同时 dbx 也提供了 Linux 版本。

```
$ dbx ${java_home}/bin/java
Reading java
Reading ld.so.1
Reading libthread.so.1
Reading libdl.so.1
Reading libc.so.1
(dbx) dbxenv rtc_inherit on
(dbx) check -leaks
leaks checking - ON
(dbx) run HelloWorld
Running: java HelloWorld
(process id 15426)
Reading rtcapihook.so
Reading rtcaudit.so
Reading libmapmalloc.so.1
Reading libgen.so.1
Reading libm.so.2
Reading rtcboot.so
Reading librtc.so
RTC: Enabling Error Checking...
RTC: Running program...
dbx: process 15426 about to exec("/net/bonsai.sfbay/j2se/build/
solaris-i586/bin/java")
dbx: program "/net/bonsai.sfbay/export/j2se/build/solaris-i586/bin/java"
just exec’ed
dbx: to go back to the original program use "debug $oprog" RTC:
Enabling Error Checking...
RTC: Running program...
t@1 (l@1) stopped in main at 0x0805136d
0x0805136d: main   :  pushl     %ebp
(dbx) when dlopen libjvm { suppress all in libjvm.so; }
(2)when dlopen libjvm { suppress all in libjvm.so; }
(dbx) when dlopen libjava { suppress all in libjava.so; }
(3)when dlopen libjava { suppress all in libjava.so; }
(dbx) cont
```

```
Reading libjvm.so
Reading libsocket.so.1
Reading libsched.so.1
Reading libCrun.so.1
Reading libm.so.1
Reading libnsl.so.1
Reading libmd5.so.1
Reading libmp.so.2
Reading libhpi.so
Reading libverify.so
Reading libjava.so
Reading libzip.so
Reading en_US.ISO8859-1.so.3 hello world
hello world
Checking for memory leaks...
Actual leaks report   (actual  leaks:  27   total size:    46851 bytes)
Total   Num of     Leaked               Allocation call stack
Size       Blocks     Block Address
========== ====== =========== ==========================================
44376  4   -   calloc  < zcalloc
1072   1   0x8151c70  _nss_XbyY_buf_alloc  <  get_pwbuf  <  _getpwuid  <
         GetJavaProperties   <   Java_java_lang_System_initProperties <
         0xa740a89a< 0xa7402a14< 0xa74001fc
814 1   0x8072518  MemAlloc  <  CreateExecutionEnvironment  <  main
280 10  -   operator  new   < Thread::Thread
102 1   0x8072498  _strdup  <  CreateExecutionEnvironment  <   main
56  1   0x81697f0  calloc  <  Java_java_util_zip_Inflater_init  <
0xa740a89a<
         0xa7402a6a<  0xa7402aeb<  0xa7402a14<  0xa7402a14< 0xa7402a14
41  1   0x8072bd8  main
30  1   0x8072c58  SetJavaCommandLineProp  < main
16  1   0x806f180  _setlocale  <  GetJavaProperties   <
         Java_java_lang_System_initProperties   <   0xa740a89a< 0xa7402a14<
         0xa74001fc<  JavaCalls::call_helper   <   os::os_exception_wrapper
12  1   0x806f2e8  operator   new   <   instanceKlass::add_dependent_
nmethod <
         nmethod::new_nmethod   <   ciEnv::register_method  <
         Compile::Compile   #Nvariant   1   <   C2Compiler::compile_
method <
```

```
          CompileBroker::invoke_compiler_on_method    <
          CompileBroker::compiler_thread_loop
12  1   0x806ee60  CheckJvmType  <  CreateExecutionEnvironment  < main
12  1   0x806ede8  MemAlloc  <  CreateExecutionEnvironment  <  main
12  1   0x806edc0  main
8   1   0x8071cb8  _strdup < ReadKnownVMs < CreateExecutionEnvironment
<    main
8   1   0x8071cf8  _strdup < ReadKnownVMs < CreateExecutionEnvironment
<    main
```

上面的输出显示，当进程将要退出时，有部分内存仍然没有被释放，dbx 报告了这个嫌疑内存泄漏（因为初始化期间分配的内存也许在整个应用程序生命期间是一直需要的，这种情况下，dbx 尽管报告了是内存泄漏，但真实情况下却不是内存泄漏）。注意，该例子使用了两个抑制命令，抑制了虚拟机 libjvm.so 和支持库 libjava.so 报告的泄漏。

● 用 libumem 发现内存泄漏：Solaris 9、update 3、ibumem.so 库和 modular debugger（mdb）都可以用来调试内存泄漏。但在使用 libumem 之前，必须预先加载 libumem 并按如下方式设置环境变量。

```
$ LD_PRELOAD=libumem.so
$ export LD_PRELOAD
$ UMEM_DEBUG=default
$ export UMEM_DEBUG
```

运行 Java 应用程序，并在退出之前先将虚拟机停下来。下面的例子采用 truss 命令使虚拟机在 _exit 系统调用时停止进程。

```
$  truss -f -T _exit java MainClass arguments
```

此时，可以将 mdb 挂载到虚拟机上。

```
$  mdb  -p pid
>: : findleaks
```

其中，: : findleaks 是 mdb 用来发现内存泄漏的命令。如果发现了泄漏，findleaks 命令会将打印内存分配调到的地址、缓冲区地址，以及最近的符号。

通过转储 bufctl 结构，还可以得到导致该内存泄漏的调用堆栈，该结构的地址可以通过 : :findleaks 命令的输出获得。

附 B.4　系统崩溃的定位方法

本节将描述系统崩溃时的定位方法。系统崩溃可能有多种原因，如虚拟机的 Bug、系统库的 Bug、Java SE 库或者 API 的 Bug、应用程序本地代码的 Bug，或者操作系统 Bug 等。外部因素也可以导致程序崩溃，如操作系统资源耗尽。

一般来说虚拟机或者 Java SE 库的 Bug 较为少见。下面提供了几种测试系统崩溃的建议，有些情况下，可通过某些手段绕过崩溃，直到 Bug 被排除为止。

首先查找 fatal error 日志，这个文件是虚拟机在崩溃时产生的，Fatal er- ror 的相关内容参考附录 B.5。

附 B.4.1　系统崩溃实例分析

通过采用了几个例子来讲述分析 error log 的方法，以及相关建议。

（1）确定崩溃发生的位置。

Error 日志的文件头指明了导致系统崩溃的问题帧，相关内容详见附 B.5.3。

如果最顶端的帧是本地帧，且不是操作系统的本地帧，则表明问题在本地库而不在虚拟机中。解决该问题先要调查发生崩溃处的本地库源代码。

① 如果应用程序提供的是本地库，则直接使用 -Xcheck: jni 选项，就可以发现许多本地 Bug。

② 如果本地库是由其他开发商提供的，则说明崩溃是第三方库导致的。

③ 通过观察 jre/lib 或者 jre/bin 目录，检查这个库是否为 JRE 提供的，如果是，则将相关错误报告发给相应的实现商。

（2）本地代码导致的崩溃。

如果致命错误 log 使该崩溃发生在本地库中，可能是本地代码或者 JNI 代码的 Bug，当然也可能是其他因素导致的。分析这个库、core 文件或崩溃转储文件就是一个好的开始，示例如下。

```
# An unexpected error has been detected by HotSpot Virtual   Machine:
#
#  SIGSEGV (0xb) at pc=0x417789d7, pid=21139,  tid=1024
#
# Java VM: Java HotSpot(TM) Server VM (6-beta2-b63 mixed mode)
# Problematic  frame:
# C    [libApplication.so+0x9d7]
```

```
In this case a SIGSEGV  occurred with a thread executing in the library
libApplication.so.
In some cases a bug in a native library manifests itself as a crash in
Java VM code.
Consider the following crash where a JavaThread fails while in the _
thread_in_vm state
(meaning that it is executing in Java VM  code)  :
# An unexpected error has been detected by HotSpot Virtual   Machine:
#
# EXCEPTION_ACCESS_VIOLATION (0xc0000005) at pc=0x08083d77, pid=3700,
tid=2896
#
# Java VM: Java HotSpot(TM) Client VM (1.5-internal mixed  mode)
# Problematic  frame:
# V     [jvm.dll+0x83d77]
---------------  T  H  R  E  A  D    ---------------
Current thread (0x00036960):  JavaThread "main" [_thread_in_vm,  id=2896]
:
Stack:  [0x00040000,0x00080000),   sp=0x0007f9f8,   free  space=254k
Native frames:  (J=compiled  Java  code,  j=interpreted,  Vv=VM  code,
C=native  code)
V     [jvm.dll+0x83d77]
C   [App.dll+0x1047]  <========= C/native frame
j  Test.foo()V+0
j Test.main([Ljava/lang/String;)
V+0 v  ~StubRoutines::call_stub
V [jvm.dll+0x80f13]
V [jvm.dll+0xd3842]
V [jvm.dll+0x80de4]
V [jvm.dll+0x87cd2]
C [java.exe+0x14c0]
C [java.exe+0x64cd]
C [kernel32.dll+0x214c7]
```

在这种情况下，调用堆栈表明 App.dll 的本地例程已经调到 VM 里了。如果崩溃发生在本地应用程序库中（如上面的例子），一个方式是可以挂载本地程序调试器到 core 文件或者崩溃转储文件上，如 dbx, gdb\windbg 等。另一个方式是在命令行中增加选项 -Xcheck：jni。这个选项虽然不能确保找到所有与 JNI 相关的问题，但它确实能够识别出非常多的问题。如果导致崩溃的本地库属于 Java runtime environment（如 awt.dll、net.dll 等），则表明遇到了一个库或者 API Bug。如果经过进一步分析得出这个库确实是一个 JVM 库 Bug，那么就可以提交一个错误单。

（3）调用栈溢出导致的崩溃。

Java 中的栈溢出正常情况下会导致 java. lang. StackOverflowError 异常。在 C/C++ 中则会触发一个栈溢出，这是一个致命错误，会导致进程终止。

在 HotSpot 实现中，Java 方法和 C/C++ 本地代码共享栈帧（stack frame），即用户本地代码和虚拟机本地代码。通过 Java 方法产生代码可检查栈的尾部固定长度的空间，确保栈空间是可用的，这样本地代码被调用时就不会超过栈空间。到栈的尾部的长度被称为影子页（shadow pages），影子页的大小大约在 3~20 页（取决于操作系统类型），这个长度是可调的。如果带有本地代码的应用程序需要更大的缺省长度，可以通过 -XX:StackShadowPages=n 来调整影子页的大小，n 要大于这个平台的缺省值。

如果一个应用程序发生 segmentation fault，但是没有同时产生 core 文件或者错误日志文件，或者 Windows 下没有产生 STACK_OVERFLOW_ERROR 或“An irrecoverable stack overflow has occurred,”错误消息，表明 StackShadowPages 被超过了，意味着需要更多的空间。但是增大 StackShadowPages 同时也需要通过 -Xss 增大缺省线程的栈大小（thread stack），这将会导致系统创建线程的数量下降，因此选择这个值一定要小心，不同的操作系统下，线程栈的大小从 256k 到 1024k 不等。

下面是 Windows 系统中一段异常的致命错误日志，一个线程造成了本地代码栈的溢出。

```
# An unexpected error has been detected by HotSpot Virtual  Machine:
#
# EXCEPTION_STACK_OVERFLOW (0xc00000fd) at pc=0x10001011, pid=296, tid=2940
#
# Java VM: Java HotSpot(TM) Client VM (1.6-internal mixed mode,  sharing)
#  Problematic  frame:
#   C    [App.dll+0x1011]
#
---------------  T H R E A D  ---------------
Current thread (0x000367c0): JavaThread "main" [_thread_in_native, id=2940]
:
Stack: [0x00040000,0x00080000), sp=0x00041000, free space=4k
Native frames: (J=compiled Java code, j=interpreted, Vv=VM code,
C=native code)
C [App.dll+0x1011]
C [App.dll+0x1020]
C [App.dll+0x1020]
```

```
:
C [App.dll+0x1020]
C [App.dll+0x1020]
...<more frames>...
Java  frames:  (J=compiled  Java  code,  j=interpreted,  Vv=VM code)
j Test.foo()V+0
j Test.main([Ljava/lang/String;)V+0
v ~StubRoutines::call_stub
```

其中输出的信息如下。

- EXCEPTION_STACK_OVERFLOW 表示异常。
- _thread_in_native 意味着线程状态为正在执行本地或者 JNI 代码。
- 在栈信息中，自由空间仅为 4K（Windows 上的一个页）。另外，stack pointer (sp) is at 0x00041000 非常接近于栈的尾部（0x00040000）。
- 打印的本地帧显示存在一个递归本地函数。
- ...<more frames>... 表示存在额外的帧没有被打印，输出仅限定为 100 帧。

（4）HotSpot 编译线程导致的崩溃。

如果致命错误输出显示当前线程是 CompilerThread0、CompilerThread1、adapterCompiler，则表明可能遇到编译 Bug，这时可以尝试临时切换编译器（如从 HotSpot Server 切换到 HotSpot Client，或者相反），或者对导致该崩溃的编译方法进行排除。

（5）编译代码导致的崩溃。

如果崩溃发生在被编译的代码中，说明这个错误代码可能是一个编译器 Bug 导致的。这种情况下，问题帧用 J 符号作为标识（Java 编译代码帧，这里指 JIT 技术），示例如下。

```
# An unexpected error has been detected by HotSpot Virtual   Machine:
#
#  SIGSEGV (0xb) at pc=0x0000002a99eb0c10, pid=6106, tid=278546
#
# Java VM: Java HotSpot(TM) 64-Bit Server VM (1.6.0-beta-b51 mixed mode)
#  Problematic  frame:
#  J     org.foobar.Scanner.body()V
#
:
Stack: [0x0000002aea560000,0x0000002aea660000), sp=0x0000002aea65ddf0,
free space=1015k
```

```
Native frames: (J=compiled Java code, j=interpreted, Vv=VM code, C=native
code)
J org.foobar.Scanner.body()V
[error occurred during error reporting, step 120, id 0xb]
```

其中输出行“error occurred during error reporting”意味着当获取堆栈时问题又上升了（又遇到了其他问题，在这个例子中，也许是栈已经被破坏了）。通过切换编译器（如从 HotSpot Client VM 切换到 HotSpot Server VM，或者反之），或者将引起崩溃的方法从编译中去掉可临时规避这个问题。

（6）虚拟机线程导致的崩溃。

如果致命错误日志输出显示当前线程是 VMThread，在 THREAD 段中查找包含 VM_Operation 的行。VMThread 是虚拟机中特殊的线程，它执行特别的任务，如垃圾回收。如果 VM_Operation 指示当前的操作是垃圾回收操作，则说明可能是堆内存破坏的问题。

崩溃也许是 GC 问题，但也可能是其他的问题，如编译器或者运行期 Bug、对象的引用状态不一致或不正确等。通过更改 GC 参数可临时规避此类错误。

附 B.4.2　寻找临时规避方法

如果一个关键应用发生了崩溃，而且这个崩溃是由于虚拟机中的 Bug 导致的，可用下面介绍的常见方法进行规避。

注意：虽然以下这些规避方法消除了系统崩溃，但只能作为临时之用，后续需要继续定位以找到问题的根因。

（1）HotSpot 编译线程或编译代码发生崩溃。

如果致命的错误日志显示崩溃发生在一个编译器线程中，那么有可能（但并非总是如此）是一个编译错误；同样，如果崩溃发生在编译代码中，则可能是编译器产生了不正确的代码。如果虚拟机是 HotSpot Client VM（-client option），在日志中的编译器线程显示为 CompilerThread0；如果虚拟机是 HotSpot Server VM，在日志中的编译器线程会有多个，显示为 CompilerThread0、CompilerThread1 and AdapterThread。

以下错误日志片段是一个编译错误（J2SE 5.0 已经修正）。该日志文件显示，使用的虚拟机是 HotSpot Server VM。其崩溃发生在线程 CompilerThread1 中。此外，日志文件表明，目前 CompileTask 是编译 java.lang.Thread.setPriority 方法。

```
# An unexpected error has been detected by HotSpot Virtual  Machine:
#
:
#  Java  VM:  Java  HotSpot(TM)  Server  VM  (1.5-internal-debug  mixed
mode)
:
---------------  T H R E A D   ---------------
Current thread (0x001e9350): JavaThread "CompilerThread1" daemon [_
thread_in_vm, id=20]
Stack: [0xb2500000,0xb2580000),   sp=0xb257e500,   free space=505k
Native frames:  (J=compiled  Java  code,  j=interpreted,  Vv=VM  code,
C=native  code)
V [libjvm.so+0xc3b13c]
:
Current CompileTask:
opto: 11   java.lang.Thread.setPriority(I)V   (53  bytes)
---------------  P R O C E S S   ---------------
Java Threads: ( => current thread    )
0x00229930 JavaThread "Low Memory Detector" daemon [_thread_blocked,  id=21]
=>0x001e9350  JavaThread  "CompilerThread1"  daemon  [_thread_in_vm,  id=20]
In this case there are two potential workarounds:
```

解决方法如下。

① 使用 -client 参数启动虚拟机，让虚拟机以 HotSpot Client VM 方式运行。此种方法的实施在某些环境下也许很容易，但在另外一些环境上，如果配置很复杂，或者本身命令行不允许修改配置，实施起来相对困难。一般情况下，从 HotSpot Server VM 切换到 HotSpot Client VM 会导致峰值处理能力下降。

② 如果该 Bug 只出现在 setPriority 编译中，则排除该方法编译，然后在工作目录下创建 .hotspot_compiler，示例如下。

```
exclude    java/lang/Thread    setPriority
```

这个文件的格式为 exclude CLASS METHOD，其中 CLASS 是全名的类名（包含包名），METHOD 是方法的名称，构造函数的名称为 <init>，静态初始化名称为 <clinit>。

注意：.hotspot_compiler 文件不是一个公开的接口，放在这里只是为了故障定位或用于寻找临时的规避方法。

一旦程序重启，编译器将不再编译 .hotspot_compiler 文件中指定的方法。为了验证这个文件是否生效，可以在运行期的日志文件中查找相关字样，示例如下。

```
### Excluding compile:    java.lang.Thread::setPriority
```

注意名称分隔符使用的是“.”而不是“/”。

（2）由垃圾回收导致的崩溃。

如果崩溃发生在垃圾回收期间，致命错误日志报告了 VM_Operation 正在进行，为了讨论方便，假设大多并发 GC (-XX：+UseConcMarkSweep) 没有启用。日志的 THREAD 段中显示了 VM_Operation，指出了下面 5 种情形之一。

① Generation collection for allocation（新生代垃圾回收）。

② Full generation collection（完全垃圾回收）。

③ Parallel gc failed allocation（并行 GC 分配失败）。

④ Parallel gc failed permanent allocation（并行 GC 永久区分配失败）。

⑤ Parallel gc system gc（并行系统垃圾回收）。

最可能的当前线程是 VMThread，这个线程专门用来执行虚拟机中的特别任务。下面的日志显示崩溃发生在串行垃圾回收中。

```
---------------    T  H  R  E  A  D     ---------------
Current  thread  (0x002cb720):    VMThread [id=3252]
siginfo: ExceptionCode=0xc0000005, reading address 0x00000000
Registers:
EAX=0x0000000a, EBX=0x00000001, ECX=0x00289530, EDX=0x00000000
ESP=0x02aefc2c, EBP=0x02aefc44, ESI=0x00289530, EDI=0x00289530
EIP=0x0806d17a,    EFLAGS=0x00010246
Top of Stack: (sp=0x02aefc2c)
0x02aefc2c:    00289530  081641e8  00000001 0806e4b8
0x02aefc3c:    00000001 00000000 02aefc9c 0806e4c5
0x02aefc4c:    081641e8 081641c8 00000001 00289530
0x02aefc5c:    00000000  00000000  00000001 00000001
0x02aefc6c:    00000000  00000000  00000000 08072a9e
0x02aefc7c:    00000000  00000000  00000000 00035378
0x02aefc8c:    00035378 00280d88 00280d88 147fee00
0x02aefc9c:    02aefce8 0806e0f5 00000001 00289530 Instructions:
(pc=0x0806d17a)
0x0806d16a:    15 08 83 3d c0 be 15 08 05 53 56 57 8b f1 75 0f
0x0806d17a:    0f be 05 00 00 00 00 83 c0 05 a3 c0 be 15 08 8b
```

```
Stack: [0x02ab0000,0x02af0000), sp=0x02aefc2c,  free space=255k
Native frames:  (J=compiled  Java code, j=interpreted,  Vv=VM code,
C=native  code)
V [jvm.dll+0x6d17a]
V [jvm.dll+0x6e4c5]
V [jvm.dll+0x6e0f5]
V [jvm.dll+0x71771]
V [jvm.dll+0xfd1d3]
V [jvm.dll+0x6cd99]
V [jvm.dll+0x504bf]
V [jvm.dll+0x6cf4b]
V [jvm.dll+0x1175d5]
V [jvm.dll+0x1170a0]
V [jvm.dll+0x11728f]
V [jvm.dll+0x116fd5]
C [MSVCRT.dll+0x27fb8]
C [kernel32.dll+0x1d33b]
VM_Operation (0x0373f71c): generation collection for allocation, mode:
safepoint, requested by thread 0x02db7108
```

注意： 垃圾回收过程中发生崩溃并不意味着垃圾回收的实现一定存在 Bug。也许它是一个编译器或者运行期 Bug，或者其他什么问题。

当重复遇到垃圾回收过程导致的系统崩溃时，可以尝试如下的规避方法。

① 修改 GC 参数。如果你正在使用串行垃圾回收，则可以修改成并行垃圾回收，或者反之。

② 如果正在使用 HotSpot Server VM，则可以修改成 HotSpot Client VM。

当不确定使用哪一种垃圾回收模式时，如果有 core 文件，则可以使用 jmap（在 Solaris 或者 Linux 下）工具从 core 文件中获取堆信息。一般情况下，如果不配置 GC 参数的话，Windows 上缺省使用的是串行垃圾回收。Solaris 和 Linux 下依赖于机器的配置，如果机器的内存为 2G 以上，并超过两个处理器，那么将使用并行 GC, 否则使用串行 GC。命令行选项为 -XX：+UseSerialGC 表示采用串行 GC；命令行选项为 -XX：+UseParallelGC 则表示采用并行 GC。如果将并行 GC 修改成串行 GC，那么在多处理器上就会导致性能下降。

③ 类数据共享。类数据共享是 J2SE 5.0 引入的一个新特性，当使用 Sun 提供的 installer 在 32 位系统下安装 JRE 时，installer 可从 JAR 中以私有的内部格式装载一系

列的类，并将它们存储到一个共享档案的文件中。当虚拟机启动时，共享档案被内存映射，这样可以有多台虚拟机共享这些类，从而节省类的加载，并且共享加载类的元数据。在 J2SE 5.0 版上，只有 HotSpot client VM 才能使用该特性。另外，共享只有在串行垃圾回收后才支持。

致命错误日志在日志的头部打印了版本号，如果类共享被打开，则有专门的字符串进行标注，示例如下。

```
# An unexpected error has been detected by HotSpot Virtual Machine:
#
# EXCEPTION_ACCESS_VIOLATION (0xc0000005) at pc=0x08083d77, pid=3572,
tid=784
#
# Java VM: Java HotSpot(TM) Client VM (1.5-internal mixed mode,
sharing)
 CompilerThread0#  Problematic frame:
# V [jvm.dll+0x83d77]
```

在命令行中通过选项 -Xshare:off 可以关闭共享。如果共享类特性被禁止，问题就不复存在了，那么说明这个 Bug 可能是类共享特性的 Bug，此时需要提交 Bug 报告单给 JVM 的实现者。

Microsoft Visual C++ Version Considerations 32 位　的 JDK 6 在 Windows Server 2003 SP1 上采用的是 Microsoft Studio .NET2003（专业版）编译的，随后又在 Windows Server 2005 上编译了 64 位的 JDK。如果采用了不同的编译器版本编译了自己的本地库（如有些代码是在一个运行期环境上编译的，而另一些代码则是在另一类型的运行期环境上编译的），出现了 Java SE 版本崩溃的情况，就要怀疑是兼容性导致的崩溃。因此如果使用一个运行期库分配内存，就必须使用同一类型运行期库对其进行释放。如果分配和释放采用了不同的运行期库，则故障行为是不确定的。

附 B.5　致命错误日志

当致命错误发生时，虚拟机会创建相应的错误日志，该文件格式在不同的发布中会稍有不同。该日志包含如下内容。

- 发生致命错误的位置。
- 致命错误的描述。

- 文件头。
- 线程信息。
- 进程信息。
- 系统信息。

附 B.5.1　致命错误日志发生的位置

-XX:ErrorFile=file 用来指定错误日志文件创建的目录，其中 file 采用全路径名，其中子串 %% 表示为 %, %p 表示进程 ID。

在下面的例子中，错误日志将被写到 /var/log/java and will be named java_errorpid.log 中。

```
java  -XX:ErrorFile=/var/log/java/java_error%p.log
```

如果 -XX：ErrorFile=file 没有被指定，则缺省文件名为 hs_err_pidpid.log，日志文件将被创建在工作目录下。

附 B.5.2　致命错误日志的描述信息

当致命错误发生时，错误日志可能包含如下信息。

- 操作异常或信号引起了致命错误。
- 版本和配置信息。
- 引起该致命错误的线程细节，以及线程调用栈。
- 正在运行的线程列表及其状态。
- 堆使用的总结信息。
- 加载的本地库列表。
- 命令行参数。
- 环境变量。
- 操作系统或者 CPU 细节。

注意： 在某些情况下，仅有一部分信息被打印出来了，这是由于致命错误非常严重，以至错误处理句柄不能够报告或者恢复所有的细节。

错误日志是文本文件格式，包括内容如下。

- 引起系统崩溃的简要描述（见附 B.5.3）。
- 线程信息（见附 B.5.4）。

- 进程信息（见附 B.5.5）。
- 系统信息（见附 B.5.5）。

注意：这里描述的致命错误日志格式是Java SE 6的，不同的Java版本会稍有不同。

附 B.5.3　文件头

致命日志的文件头包含了问题的一个简要描述，该文件头同时被输出到标准输出和日志文件中。示例如下。

```
#
# An unexpected error has been detected by Java Runtime
Environment:
#
#  SIGSEGV (0xb) at pc=0x417789d7, pid=21139,  tid=1024
#
# Java VM: Java HotSpot(TM) Client VM (1.6.0-rc-b63 mixed mode,
sharing)
# Problematic  frame:
# C [libNativeSEGV.so+0x9d7]
```

下面的例子显示虚拟机崩溃在一个信号量上，并描述了信号量类型、程序计数器（PC）、进行 ID 和线程 ID。

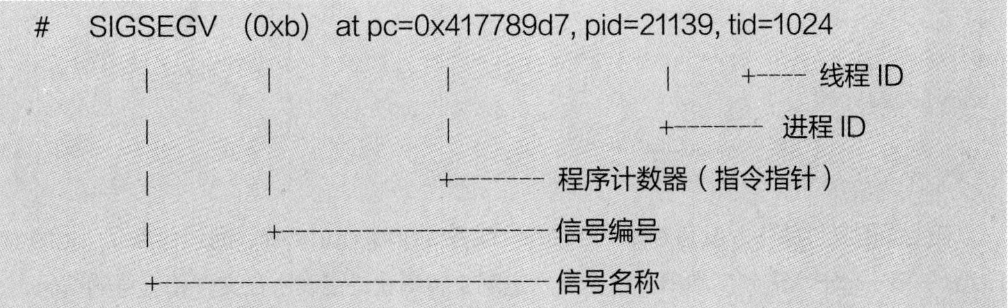

下面的代码包含了虚拟机的版本及运行模式，如是混合模式还是解释模式，类共享是否打开了等。

```
# Java VM:Java HotSpot (TM) Client VM (1.6.0-rc-b63 mixed mode, sharing)
```

接着显示导致崩溃的函数帧，示例如下。

```
#  Problematic  frame:
#  C [libNativeSEGV.so+0x9d7]
   |        +-- 程序计数器，这里用库的名字与偏移量表示。对于位置相关的库（JVM 以
   |            及大多数共享库），在没有调试器或者 core 文件的情况下，通过反汇编
   |            器将偏移量附近的指令进行反编译，有可能侦测出导致崩溃的相关指令。
   +-------------------------  Frame  type
```

在这个例子中，“C”帧表示是一个本地帧，如表 B5-1 所示，帧类型如下。

表 B5-1　帧类型

帧类型	描　述
C	本地 C 桢
j	解释型的 Java 帧
V	虚拟机桢
v	虚拟机产生的桩代码桢
J	其他桢类型，包括编译型的 Java 桢

内部错误将导致虚拟机处理句柄产生类似的错误转储，只是文件头格式不同，内部错误的例子一般包含了 guarantee () 失败、assertion failure、ShouldNotReachHere () 等，示例如下。

```
#
# An unexpected error has been detected by HotSpot Virtual  Machine:
#
# Internal Error (4F533F4C494E55583F491418160E43505000F5), pid=10226,
tid=16384
#
# Java VM: Java HotSpot(TM) Client VM  (1.6.0-rc-b63 mixed mode)
```

在上面的文件头中，没有 signal name 或者 signal number，而是包含了“Internal Error”和一个十六进制文本串。这个十六进制文本串就是错误所在文件和行号的编码，一般情况下，这个串信息只对虚拟机的开发者有用。

注意： 有同样根因的错误也许会产生不同的错误串，有同样错误串的两个错误也许根因完全不同。因此，在定位问题时，错误串并不能当作唯一的判断依据。

附 B.5.4　线程段格式

这个线程段包含导致崩溃线程的信息，如果多个线程同时崩溃，则仅有一个线程被打印。

1. 线程信息

线程段的第一部分线程包含导致崩溃的线程信息，示例如下。

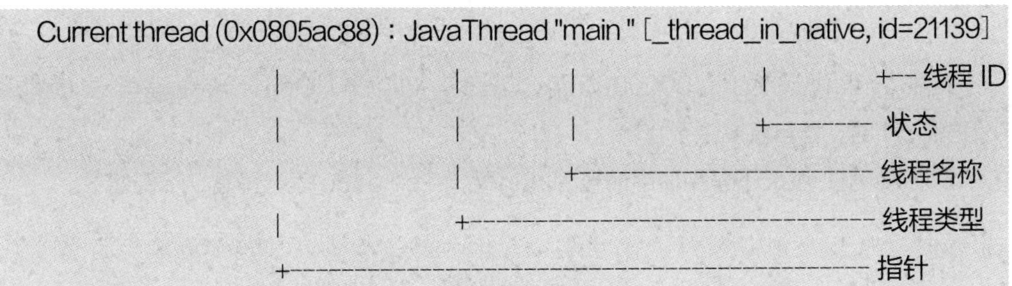

线程指针是一个指向虚拟机内部线程结构体的指针，如果不是调试一个活动的虚拟机或者 core 文件，一般情况是没用的，其线程类型如下。

- Java 用户线程。
- 虚拟机线程。
- 即时编译（JIT）线程。
- 垃圾回收线程。
- 虚拟机观察者线程。
- 并发垃圾标注线程。

下面是线程的状态，如表 B5-2 所示。

表 B5-2　线程状态

线　程	状 态 描 述
_thread_uninitialized	线程未创建，只有当内存被破坏时，才会出现这种情况
_thread_new	线程已创建，但是尚未启动
_thread_in_native	线程正在执行本地代码，意味着本地代码有 Bug
_thread_in_vm	线程正在执行虚拟机代码
_thread_in_Java	线程正在执行 Java 解释代码，或者被编译的 Java 代码
_thread_blocked	线程被阻塞
..._trans	如果上面任一个状态包含 _trans，则线程正在进行状态切换

线程 ID 是本地线程标识符。如果线程是一个 daemon 线程，则“daemon”字样就会被打印出来。

2. 信号量信号

错误日志中的这段信息是导致虚拟机异常终止的信号。

```
siginfo: ExceptionCode=0xc0000005, reading address 0xd8ffecf1
```

其中异常代码为 0xc0000005 (ACCESS_VIOLATION)，当线程尝试读地址 0xd8ffecf1 时，异常就发生了。

Solaris 和 Linux 下分别使用信号 si_signo 和 si_code 表示异常，示例如下。

```
siginfo:si_signo=11, si_errno=0, si_code=1, si_addr=0x00004321
```

3. 寄存器上下文

错误日志的这一段信息是寄存器上下文。它的格式是与处理器相关的，下面是一个 Intel（IA32）的输出。

```
Registers:
EAX=0x00004321, EBX=0x41779dc0, ECX=0x080b8d28, EDX=0x00000000
ESP=0xbfffc1e0, EBP=0xbfffc1f8, ESI=0x4a6b9278, EDI=0x0805ac88
EIP=0x417789d7, CR2=0x00004321,EFLAGS=0x00010216
```

当结合指令时寄存器的值是非常有用的，具体描述如下。

（1）机器指令。

在寄存器值的后面，错误日志包含了栈的顶部，以及崩溃时程序计数器 (PC) 附近的 32 个字节的指令。这些程序指令可以被反编译器进行反编译，获得 crash 附近位置的指令。注意 IA32 和 AMD64 在指令的长度上是不同的，它并不是总能可靠解码的。

```
Top  of  Stack: (sp=0xbfffc1e0)
0xbfffc1e0:      00000000  00000000  0818d068 00000000
0xbfffc1f0:      00000044  4a6b9278  bfffd208 41778a10
0xbfffc200:      00004321  00000000  00000cd8 0818d328
0xbfffc210:      00000000  00000000  00000004 00000003
0xbfffc220:      00000000  4000c78c  00000004 00000000
0xbfffc230:      00000000  00000000  00180003 00000000
0xbfffc240:      42010322  417786ec  00000000 00000000
0xbfffc250:      4177864c  40045250  400131e8 00000000
Instructions:  (pc=0x417789d7)
0x417789c7:        ec 14 e8 72 ff ff ff 81 c3 f2 13 00 00 8b 45 08
0x417789d7:         0f b6 00 88 45 fb 8d 83 6f ee ff ff 89 04 24 e8
```

（2）线程调用栈。

有时错误日志会输出线程调用栈，包括栈的基地址和顶部地址、当前栈的指针，以及该线程未用的栈变量的大小，甚至还能导致线程调用栈、最大 100 个帧被打印。对于 C/C++ 的帧而言，库的名称也可能被打印。特别需要注意的是，在有致命错误的情况下，栈也许被破坏，其详细信息也就不可用了。

```
Stack:  [0x00040000,0x00080000),  sp=0x0007f9f8,   free  space=254k
Native frames: (J=compiled Java code,  j=interpreted, Vv=VM code,
C=native code)
V [jvm.dll+0x83d77]
C [App.dll+0x1047] j Test.foo()V+0
j Test.main([Ljava/lang/String;)V+0
v ~StubRoutines::call_stub
V [jvm.dll+0x80f13]
V [jvm.dll+0xd3842]
V [jvm.dll+0x80de4]
C [java.exe+0x14c0]
C [java.exe+0x64cd]
C [kernel32.dll+0x214c7]
Java frames: (J=compiled Java code, j=interpreted, Vv=VM code)
j Test.foo()V+0
j Test.main([Ljava/lang/String;)V+0
v ~StubRoutines::call_stub
```

这个线程包含两个线程调用栈。

① 本地调用栈及本地线程的所有函数调用，但是不包括 Java 函数。本地调用栈提供了重要线索，通过自上而下分析库，可以初步判断是哪个库导致了这个问题。

② 第二个线程栈是 Java 线程调用栈，跳过了本地栈。依赖于崩溃的类型，Java 栈可能打印，也可能不打印。

（3）更多细节。

如果错误发生在虚拟机线程，或者编译器线程上，会有更详细的信息被打印出来。如果是虚拟机线程，同时还会打印在致命错误发生时虚拟机线程正在执行的操作。下面是编译线程导致的致命错误。

```
Current CompileTask:
HotSpot Client Compiler:754      b nsk.jvmti.scenarios.hotswap.HS101.
hs101t004Thread.ackermann(IJ)J (42 bytes)
```

对于 HotSpot Server VM，虽然输出也许会稍微不同（因为其方法可能被编译成了本地代码），但仍然包含了全路径类名和方法。

附 B.5.5 进程段格式

线程部分之后是进程段，它包括整个进程的信息、线程列表及进程的内存使用情况。

（1）线程列表。

线程列表包括虚拟机能感知到的线程、所有的虚拟机线程、已知内部线程，但不包括还没有挂载到进程的用户创建的本地线程，输出格式如下。

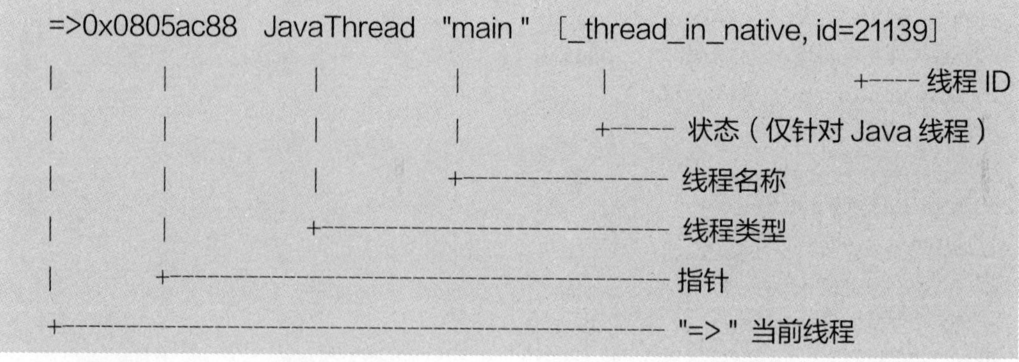

示例如下。

```
Java Threads: ( => current thread    )
0x080c8da0 JavaThread "Low Memory Detector" daemon [_thread_blocked,
id=21147]
0x080c7988 JavaThread "CompilerThread0" daemon [_thread_blocked,
id=21146]
0x080c6a48 JavaThread "Signal Dispatcher" daemon [_thread_blocked,
id=21145]
0x080bb5f8  JavaThread  "Finalizer"  daemon  [_thread_blocked,
id=21144]
0x080ba940 JavaThread "Reference Handler" daemon [_thread_blocked,
id=21143]
=>0x0805ac88 JavaThread "main" [_thread_in_native, id=21139]
```

其他线程示例如下。

```
0x080b6070 VMThread [id=21142]
0x080ca088  WatcherThread  [id=21148]
```

（2）VM State。

VM State 指明整个虚拟机的状态，状态分为如下 3 种类型，如表 B5-3 所示。

表 B5-3　VM 状态

一般的 VM 状态	描　述
not at a safepoint	正常执行
at safepoint	所有线程都被阻塞在 VM 中，等待一个特定的 VM 操作完成
synchronizing	需要一个特定的 VM 操作，该 VM 正在等待所有阻塞的线程

（3）互斥量与监视器。

错误日志中这段信息是指线程当前拥有的互斥量和监视器，互斥量是虚拟机内部的锁，而不是和 Java 对象相关的监视器。下面的例子显示了当崩溃发生时与锁相关的信息。每一个锁的信息都包含锁名称、拥有者、内部互斥量的地址，以及操作系统的锁。一般情况下，这些信息只对特别熟悉虚拟机的人才有用。

```
VM Mutex/Monitor currently owned by a thread:
([mutex/lock_event])[0x007357b0/0x0000031c] Threads_lock - owner
thread: 0x00996318
[0x00735978/0x000002e0] Heap_lock - owner thread: 0x00736218
```

（4）堆内存总结。

错误日志中的这段信息是堆内存的总结，其输出依赖于 GC 的配置参数，在下面例子中，使用了串行垃圾回收器，类共享被禁止。

```
Heap
def new generation total 576K, used 161K [0x46570000,
0x46610000, 0x46a50000)
eden space 512K,  31% used [0x46570000, 0x46598768, 0x465f0000)
from space 64K,  0% used [0x465f0000, 0x465f0000, 0x46600000)
to space 64K,0% used [0x46600000, 0x46600000,  0x46610000)
tenured generationtotal  1408K, used 0K [0x46a50000, 0x46bb0000,
0x4a570000)
the space 1408K,  0% used [0x46a50000, 0x46a50000, 0x46a50200,
0x46bb0000)
compacting perm gen total 8192K, used 1319K [0x4a570000,
0x4ad70000,  0x4e570000)
```

```
the spac 8192K, 16%  used  [0x4a570000,  0x4a6b9d48,  0x4a6b9e00,
0x4ad70000)
No shared spaces configured.
```

（5）内存映射。

这段信息是崩溃时的虚拟内存区域列表。当应用程序较大时，这段列表会非常长，内存映射在定位某些类型的崩溃是非常有用的。因为它可以判断出使用了哪些库，它们在内存的位置，还包括堆、栈和保护页的位置。

内存映射的格式与操作系统相关，在 Solaris 下，每个库的基地址和结束地址都会被打印。在 Linux 下进程内存映射会被打印（/proc/pid/maps）。在 Windows 下，每个库的基地址和结束地址都会被打印，下面的例子是 Linux/X86 下的输出，为了简洁起见，大多数的行被截取了。

```
Dynamic libraries:
08048000-08056000 r-xp   00000000      03:05  259171 /h/jdk6/bin/java
08056000-08058000 rw-p   0000d000      03:05  259171 /h/jdk6/bin/java
08058000-0818e000 rwxp   00000000      00:00  0
40000000-40013000 r-xp   00000000      03:0a  400046 /lib/ld-2.2.5.so
40013000-40014000 rw-p   00013000      03:0a  400046 /lib/ld-2.2.5.so
40014000-40015000 r--p   00000000      00:00  0
Lines omitted.
4123d000-4125a000 rwxp   00001000      00:00  0
4125a000-4125f000 rwxp   00000000      00:00  0
4125f000-4127b000 rwxp   00023000      00:00  0
4127b000-4127e000 ---p   00003000      00:00  0
4127e000-412fb000 rwxp   00006000      00:00  0
412fb000-412fe000 ---p   00083000      00:00  0
412fe000-4137b000 rwxp   00086000      00:00  0
Lines omitted.
44600000-46570000 rwxp   00090000      00:00  0
46570000-46610000 rwxp   00000000      00:00  0
46610000-46a50000 rwxp   020a0000      00:00  0
46a50000-46bb0000 rwxp   00000000      00:00  0
46bb0000-4a570000 rwxp   02640000      00:00  0
Lines omitted.
```

格式说明如下。

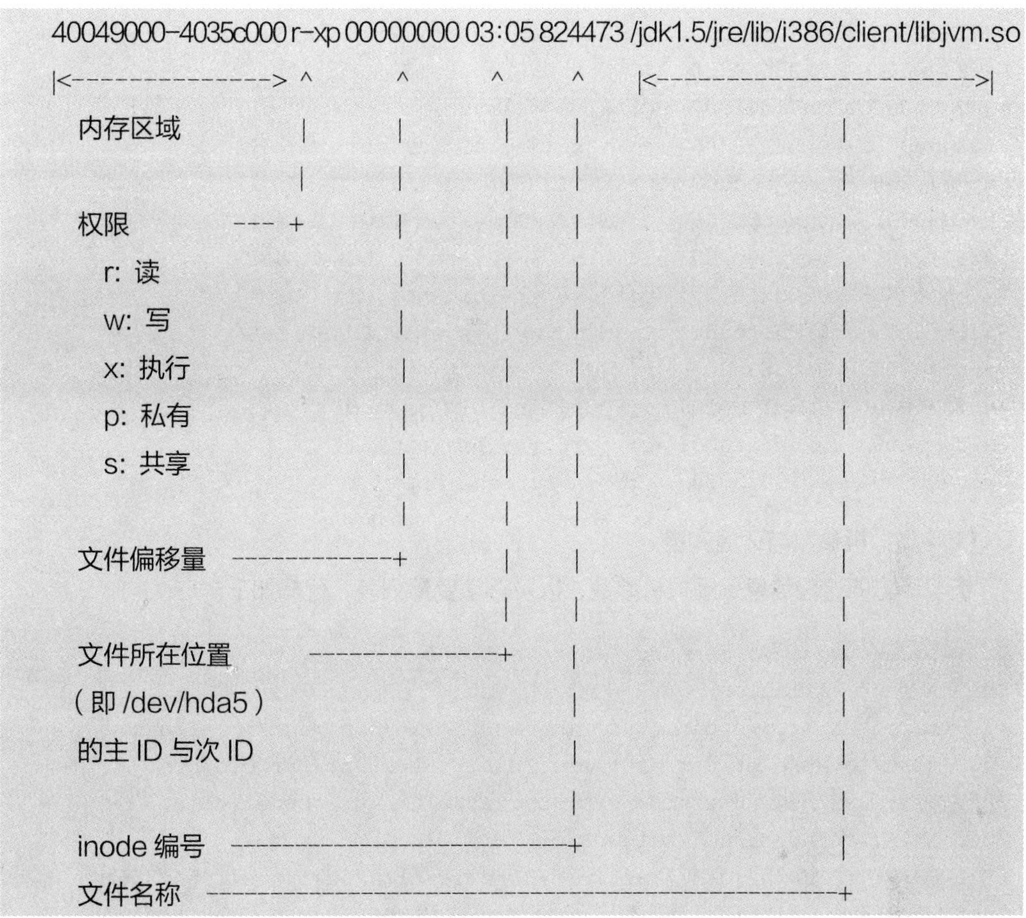

在内存映射输出上，每个库都有两个内存区间，一个是数据段区间，另一个是代码段区间。代码段的权限使用 r-xp (readable,executable,private) 进行标识，数据段的权限由 rw-p (readable,writable,private) 段进行标识。Java 堆已经被包含在输出的总结部分，验证被保留的实际内存区域是否与堆总结部分的值匹配，这部分信息非常有用，其属性被设置为 rwxp（实际栈空间）。

线程栈常常作为两块 back-to-back 区域在内存映射中进行显示，其中一块权限为—p（guard page, 保护页），另一块权限为 rwxp。通过这块信息可以知道保护页的尺寸或者栈的尺寸，在上面的例子中，栈位于 4127b000 ~ 412fb000 区间。

在 Windows 下，内存映射输出是每一个模块被加载的地址和结束地址，示例如下。

```
Dynamic libraries:
0x00400000 - 0x0040c000   c:\jdk6\bin\java.exe
0x77f50000 - 0x77ff7000   C:\WINDOWS\System32\ntdll.dll
0x77e60000 - 0x77f46000   C:\WINDOWS\system32\kernel32.dll
```

```
0x77dd0000 - 0x77e5d000   C:\WINDOWS\system32\ADVAPI32.dll
0x78000000 - 0x78087000   C:\WINDOWS\system32\RPCRT4.dll
0x77c10000 - 0x77c63000   C:\WINDOWS\system32\MSVCRT.dll
0x08000000 - 0x08183000   c:\jdk6\jre\bin\client\jvm.dll
0x77d40000 - 0x77dcc000   C:\WINDOWS\system32\USER32.dll
0x7e090000 - 0x7e0d1000   C:\WINDOWS\system32\GDI32.dll
0x76b40000 - 0x76b6c000   C:\WINDOWS\System32\WINMM.dll
0x6d2f0000 - 0x6d2f8000   c:\jdk6\jre\bin\hpi.dll
0x76bf0000 - 0x76bfb000   C:\WINDOWS\System32\PSAPI.DLL
0x6d680000 - 0x6d68c000   c:\jdk6\jre\bin\verify.dll
0x6d370000 - 0x6d38d000   c:\jdk6\jre\bin\java.dll
0x6d6a0000 - 0x6d6af000   c:\jdk6\jre\bin\zip.dll
0x10000000 - 0x10032000   C:\bugs\crash2\App.dll
```

（6）虚拟机参数与环境变量。

错误日志的这段信息是虚拟机参数，以及环境变量列表，代码如下。

```
VM  Arguments: java_command:  NativeSEGV 2
Environment Variables: JAVA_HOME=/h/jdk
PATH=/h/jdk/bin:.:/h/bin:/usr/bin:/usr/X11R6/bin:/usr/local/bin:
/usr/dist/local/exe:/usr/dist/exe:/bin:/usr/sbin:/usr/ccs/bin:
/usr/ucb:/usr/bsd:/usr/etc:/etc:/usr/dt/bin:/usr/openwin/bin:
/usr/sbin:/sbin:/h:/net/prt-web/prt/bin USERNAME=user
LD_LIBRARY_PATH=/h/jdk6/jre/lib/i386/client:/h/jdk6/jre/lib/i386:
/h/jdk6/jre/../lib/i386:/h/bugs/NativeSEGV SHELL=/bin/tcsh
DISPLAY=:0.0
HOSTTYPE=i386-linux
OSTYPE=linux
ARCH=Linux
MACHTYPE=i386
```

注意：环境变量列表并不是全集，仅是应用到该虚拟机的环境变量子集。

（7）信号句柄。

在 Solaris 和 Linux 下，错误日志中的这段信息是信号处理句柄（signal handler）的列表。

```
Signal Handlers:
SIGSEGV: [libjvm.so+0x3aea90], sa_mask[0]=0xfffbfeff, sa_flags=0x10000004
SIGBUS: [libjvm.so+0x3aea90], sa_mask[0]=0xfffbfeff, sa_flags=0x10000004
SIGFPE: [libjvm.so+0x304e70], sa_mask[0]=0xfffbfeff, sa_flags=0x10000004
```

```
SIGPIPE: [libjvm.so+0x304e70], sa_mask[0]=0xfffbfeff, sa_flags=0x10000004
SIGILL: [libjvm.so+0x304e70], sa_mask[0]=0xfffbfeff, sa_flags=0x10000004
SIGUSR1: SIG_DFL, sa_mask[0]=0x00000000, sa_flags=0x00000000
SIGUSR2: [libjvm.so+0x306e80], sa_mask[0]=0x80000000, sa_flags=0x10000004
SIGHUP: [libjvm.so+0x3068a0], sa_mask[0]=0xfffbfeff, sa_flags=0x10000004
SIGINT: [libjvm.so+0x3068a0], sa_mask[0]=0xfffbfeff, sa_flags=0x10000004
SIGQUIT: [libjvm.so+0x3068a0], sa_mask[0]=0xfffbfeff, sa_flags=0x10000004
SIGTERM: [libjvm.so+0x3068a0], sa_mask[0]=0xfffbfeff, sa_flags=0x10000004
SIGUSR2: [libjvm.so+0x306e80], sa_mask[0]=0x80000000, sa_flags=0x10000004
```

（8）系统段。

错误日志中的这段信息是系统信息，包括操作系统版本、CPU 信息、内存配置总结信息，这些数据都与操作系统相关。下面是 Solaris 9 中的一段输出。

```
---------------   S   Y   S   T   E   M   ---------------
OS:    Solaris 9 12/05 s9s_u5wos_08b SPARC
Copyright  2005  Sun  Microsystems,  Inc.   All  Rights Reserved.
Use  is  subject  to  license terms.
Assembled 21 November 2005
uname:SunOS  5.9  Generic_112233-10  sun4u  (T2  libthread)
rlimit: STACK 8192k, CORE infinity, NOFILE 65536, AS infinity
load average:0.41   0.14  0.09
CPU:total 2 has_v8, has_v9, has_vis1, has_vis2, is_ultra3
Memory: 8k page, physical 2097152k(1394472k   free)
vm_info: Java HotSpot(TM) Client VM (1.5-internal) for  solaris-sparc,
built on Aug 12 2005 10:22:32 by unknown with unknown Workshop:0x550
```

在 Solaris 或 Linux 下，操作系统信息包含在 /etc/*release 文件中，这个文件描述了系统的类型、已知补丁号等。但在 Linux 下，这个文件并反映不了任何操作系统升级，因为它允许用户可任意编译某一部分。

在 Solaris 下，uname 可以打印内核的名字。已知线程库（T1 或者 T2）在 Linux 下，uname 也可以打印内核的名字。已知 libc 版本的线程库类型如下。

```
uname:Linux 2.4.18-3smp #1 SMP Thu Apr 18 07:27:31 EDT 2002 i686
libc:glibc 2.2.5 stable linuxthreads (floating stack)
|<- glibc version ->|<--    pthread type      -->|
```

在 Linux 下有 3 种线程类型，即 linuxthreads（fixed stack）、linuxthreads（floating stack）和 NPTL。一般被安装在 /lib, /lib/i686, and /lib/tls 目录下。

掌握线程的类型非常重要，例如，如果崩溃发生在 pthread 中，就可以选择不同的 pthread 库来规避这个问题，可通过 LD_LIBRARY_PATH 或者 LD_ASSUME_KERNEL 来选择不同的库。

在 Solaris 和 Linux 下，该信息是 rlimit 信息。注意，虚拟机缺省栈的大小要小于系统的 limit 参数设置，示例如下。

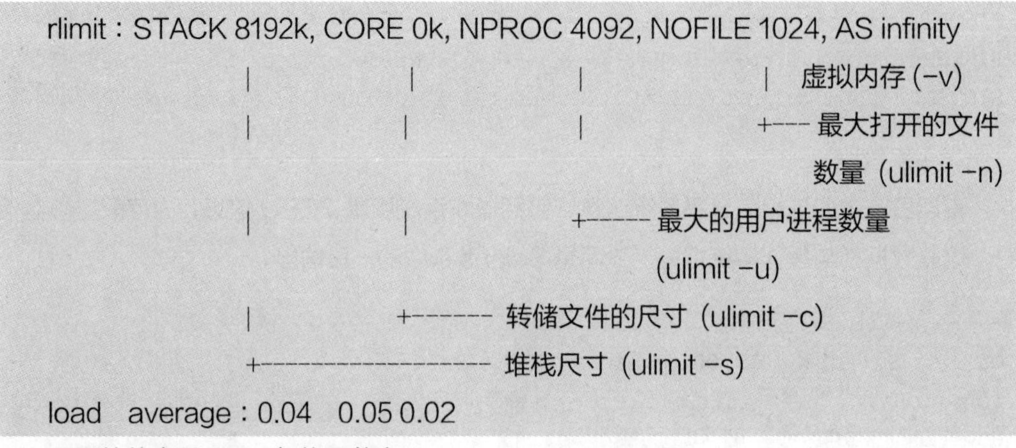

```
rlimit：STACK 8192k, CORE 0k, NPROC 4092, NOFILE 1024, AS infinity
                |          |          |          | 虚拟内存 (-v)
                |          |          |          +--- 最大打开的文件
                                                      数量（ulimit -n)
                |          |          +----- 最大的用户进程数量
                                             (ulimit -u)
                |          +------ 转储文件的尺寸（ulimit -c)
                +------------------ 堆栈尺寸（ulimit -s)
load  average：0.04  0.05 0.02
```

下面的信息是 CPU 架构及能力。

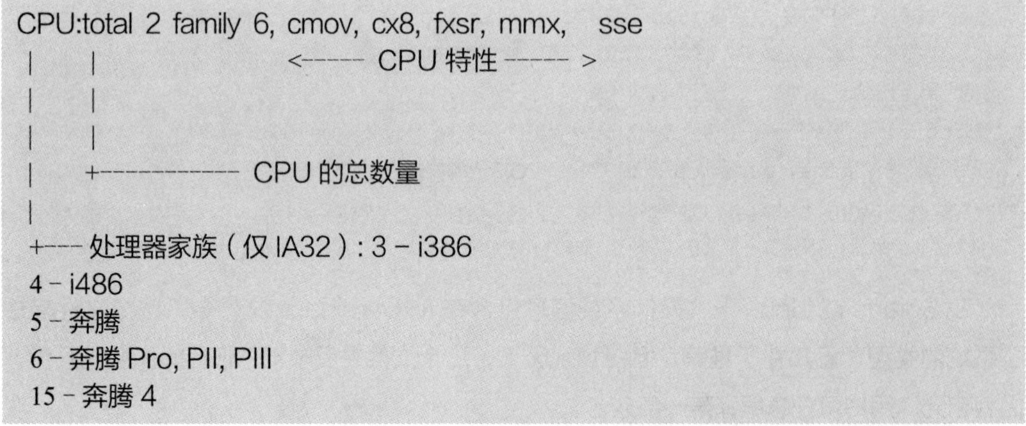

```
CPU:total 2 family 6, cmov, cx8, fxsr, mmx,  sse
 |    |              <----- CPU 特性 ----- >
 |    |
 |    |
 |    +----------- CPU 的总数量
 |
 +--- 处理器家族（仅 IA32）: 3 - i386
 4 - i486
 5 - 奔腾
 6 - 奔腾 Pro, PII, PIII
 15 - 奔腾 4
```

表 B5-4 列出了 SPARC 系统下可能的特性。

表 B5-4　SPARC 下的 CPU 特性

特　性	描　述
has_v8	支持 v8 指令
has_v9	支持 v9 指令

续表

特　性	描　述
has_vis1	支持 visualization 指令
has_vis2	支持 visualization 指令
is_ultra3	UltraSparc III
no-muldiv	硬件不含整数乘除指令
no-fsmuld	硬件不含整数乘加与乘减指令

表 B5-5 列出了 Intel/IA32 系统下可能的 CPU 特性。

表 B5-5　Intel/IA32 下的 CPU 特性

特　性	描　述
cmov	支持 cmov 指令
cx8	支持 cmpxchg8b 指令
fxsr	支持 fxsave 与 fxrstor
mmx	支持 MMX
sse	支持 SSE 扩展
sse2	支持 SSE2 扩展
ht	支持 Hyper-Threading 技术

表 B5-6 列出了 AMD64/EM64T 系统下可能的 CPU 特性。

表 B5-6　AMD64/EM64T 下的 CPU 特性

特　性	描　述
amd64	AMD Opteron, Athlon64 等
em64t	Intel EM64T 处理器
3dnow	支持 3DNow 扩展
ht	支持 Hyper-Threading 技术

下面这段信息是内存信息。

```
                                                                未使用的交换空间
                                                    交换空间的总数量          |
                                         未使用的物理内存            |          |
                              物理内存的总数量      |                |          |
                  页尺寸               |           |                |          |
                    v                  v           v                v          v
Memory: 4k page, physical 513604k (11228k free), swap 530104k (497504k free)
```

有些系统需要交换空间至少是物理内存的两倍，而另一些系统则没有这方面的要求。一般来讲，如果物理内存和交换空间几乎是满的，就有可能是内存问题导致的崩溃。

在 Linux 下，内核会将未用的物理内存转变成文件缓冲区，当系统需要更多的内存时，内核会将这些缓冲区内存归还给应用程序，这些处理是透明的，但并不意味着致命错误报告中未用物理内存一定是接近 0 的。

错误日志的 SYSTEM 部分最后的信息是 vm_info，即内嵌于 libjvm.so/jvm.dll 的版本字符串，每一个虚拟机都有其唯一的 vm_info 字符串。

附录 C　Solaris 下查找占用指定的端口的进程

Solaris 下，结合 pfiles 可以查出指定的端口被哪个进程占用，其脚本如下。

```
\#!/bin/sh
if[ \$\#  -gt  1]; then
    echo "Usage:port number"
exit  1
fi \\
if[ \$\#  -gt  0]; then
    port  =  0
else \\
    port  = \$1
fi
ps  -e >./.process
procss= 'awk '{print \$1}' ' ./.process
for  p  in  \$process; do
if[\$p  !=  "PID"]; then
    res= 'pfiles \$p 2>\&1 | grep "port:\$port"   '
if["\$res"]  \&\&  [-n  "\$res"];  then
    echo  "\$p:\$res"
fi
fi
done
```

同样，Linux 下可以使用 lsof -i:port 查出使用该端口的进程，如 lsof -i:8080。

附录 D　如何在 solaris 下分析 I/O 瓶颈

Solaris 10 提供了 dtrace 的分析工具，可以通过如下的 dtrace 脚本来分析（将下面的内容放在一个脚本中，如 io.d）。

```
#!/usr/sbin/dtrace -s dtrace:::BEGIN
{
printf("Tracing... Hit Ctrl-C to end.\n");
}
io:::start
{
@files[pid,   execname,   args[2]->fi_pathname]   =   sum(args[0]->b_
bcount);
}
dtrace:::END
{
normalize(@files, 1024); printf("\n");
printf("%6s %-12s %6s %s\n", "PID", "CMD", "KB",   "FILE");
printa("%6d  %-12.12s  %@6d  %s\n", @files);
}
```

运行 io.d（先要使用 chmod +x io.d 增加可执行权限记录），输出结果如下。

```
PID CMD         KB     FILE
3   fsflush     0      <none>
493 db2fmcd     0      <none>
493 db2fmcd     1      /var/db2/.fmcd.lock
```

根据这个输出结果可以知道哪个进程消耗了太多的 I/O。

再通过 truss -p < 消耗 I/O 较多的进程号 > 这个命令就可以打印出所有的 I/O 细节（调用了哪个 I/O 函数、正在处理哪个文件等），可以查出到底是哪些 I/O 操作很频繁。

这个 dtrace 命令在 solaris 10 下可用。

附录 E　AIX 下 32 位进程的最大内存占有情况

32 位应用程序最大的寻址空间为 4G, 但 AIX 虚拟内存模型的应用程序并不能真正地存取整个 4G 地址空间。AIX 将地址空间分为 16 段，每段为 256M，进程的寻址空间是以段为单位进行管理的，这样每一个段都可以为进程私有，或者进行进程间共享。segment map 的具体信息如下。

segment 0：内核级

segment 1：应用程序数据

segment 2：线程堆栈和私有数据

segment 3-：C 共享内存（对所有进程）

segment D,F：共享库 text 区及相应的 data 区

segment E：共享内存及其他内核使用

对于 JVM 而言，基本上只有从段 3 到段 C 是可用的（大约为 2.5G）。这块内存用来分配给本地内存和 Java 堆内存。Java 堆内存可以通过 -Xmx 进行设置，如果分配 2.25G 作为 Java 堆内存，只留 0.25G 作为本地内存，则会导致本地内存不足，因此，如何设置堆内存的大小是需要进行权衡和评估的。svmon 工具可以做这个评估。

附录 F　关于 TCP/IP

每个做应用层网络程序开发的程序员手头都有一把利器：抓包工具，即协议分析工具。常用且功能强大的抓包工具有 tcpdump (Windows 下叫 Windump)、ethereal、wireshark 等。工作中常常会遇到因应用层程序在协议字段发送和接收解析不一致而出现“纠纷”的情况，这时一般采用 TCP 协议层用协议分析工具抓取该层原始数据包作为证据。另外，在客户端或者服务器端连接问题上的一些现象，也需要从 TCP 协议层出发，然后逐步溯源到真正的问题根因。在抓包文件中有 6 个最重要的标记。

（1）SYN（Synchronize sequence numbers）：用来建立连接。在连接请求中，SYN=1，ACK=0；连接响应时，SYN=1，ACK=1。使用 SYN 和 ACK 可区分 Connection Request 和 Connection Accepted。

（2）ACK（Acknowlegement field significant）：ACK 值为 1 时，表示确认号（Acknowledgment number）为合法；ACK 值为 0 时，表示数据段不包含确认信息，即确认号被忽略。

（3）PSH（PUSH function）：当 push 标记的数据被设置为 1 时，表示接收端应尽快将数据提交给应用层，而不必等到缓冲区满时才传送。

（4）RST（Reset the connection）：用来复位因某种原因引起的错误连接，也用来拒绝非常数据和请求。如果连接收到 RST 位时，则表示发生了某种错误。

（5）FIN（No more data from sender）：用来释放连接，表示发送方已经没有数据发送了。

（6）FIN, ACK：表示释放连接已确认。

附录 G　Windows 2003/Windows XP 下一个端口多个监听

在介绍之前，先运行一个例子。

```
import   java.net.InetSocketAddress;  import
java.nio.channels.ServerSocketChannel;

public class Main  {
    public static void main(String[] args)    {
        ServerSocketChannel serverChannel = null;
        try{
            serverChannel  =  ServerSocketChannel.open();
            serverChannel.socket().setReuseAddress(true);
        }catch(Exception e){
            e.printStackTrace();
        }
        try{
            serverChannel.socket().bind(new InetSocketAddress(8080));
        }catch(Exception e){
            e.printStackTrace();
        }

        System.out.println("bin success");
        try{
            Thread.currentThread().join();
         }catch(Exception e){
            e.printStackTrace();
         }
    }
}
```

以上代码分别在两个控制台下执行了两次该程序，从中发现在 Windows 2003/Windows XP 下没有任何异常产生，两次都可以执行成功，也就是说可以在同一个端口建立两个监听。Windows XP 下产生的结果如下。

```
C:\Documents and Settings\Admin>netstat -a Active Connections
Proto   Local Address  Foreign Address  State
TCP 0.0.0.0:135     0.0.0.0:0      LISTENING
TCP 0.0.0.0:445     0.0.0.0:0      LISTENING
TCP 0.0.0.0:990     0.0.0.0:0      LISTENING
TCP 0.0.0.0:2869    0.0.0.0:0      LISTENING
TCP 0.0.0.0:8080    0.0.0.0:0      LISTENING
TCP 0.0.0.0:8080    0.0.0.0:0      LISTENING
TCP 127.0.0.1:1044 127.0.0.1:9100       ESTABLISHED
TCP 127.0.0.1:1121 127.0.0.1:1122       ESTABLISHED
TCP 127.0.0.1:1122 127.0.0.1:1121       ESTABLISHED
```

从 netstat 的输出中可以看出，在 8080 上建立了两个监听会话。但同样的代码在 Linux 下运行，第二次执行时抛出如下异常。

```
java.net.BindException: Address already in use
at gnu.java.net.PlainSocketImpl.bind(libgcj.so.7rh)
at java.net.ServerSocket.bind(libgcj.so.7rh)
at java.net.ServerSocket.bind(libgcj.so.7rh)
at Main.main(Main.java:17)
```

在 Windows NT 4.0 下，如果使用 bind () 函数，对同一个侦听端口（listening port）做多次 bind () 调用，后面的 bind () 调用就会失败，而且会出现“error 10048”的错误信息。为了避免这类错误，新版的 Windows 会在关闭前面的会话后在侦听端口将 setsockopt () 和 SO_REUSADDR 一起使用。这不是系统的 Bug，而是设计的原因。

在 Windows 下，如果有一个侦听套接字没有关闭，那么在同一个侦听端口上调用 bind () 函数时，除非使用 SO_REUSADDR，否则会收到“error 10048”消息。如果使用 SO_REUSADDR 将多个服务器绑定到同一个侦听端口，则只会有一个随机侦听套接字接受连接请求。

附录 H　Suse 9.0 下线程创建的数量和堆内存 / 永久内存的关系

在不同的操作系统下，JVM 的运行参数之间是互相影响的，如 Xmx 设置过大，就会导致系统创建的线程数量下降。在 Suse 9.0 下测试的数据如表 H-1 所示。

表 H-1　Linux 下线程创建的数量和堆内存 / 永久内存的关系

-XX:Permsize	-XX:MaxPermsize	-Xms	-Xmx	-Xss	可创建的最大线程数
64M	512M	1024M	1024M	-	760
256M	512M	1024M	1024M	-	759
512M	512M	1024M	1024M	-	759
64M	64M	1024M	1024M	-	1650
-	-	-	-	-	1611
-	-	-	-	256K	3299
-	-	-	-	512K	1661
-	-	-	-	1024K	837
256M	256M	1024M	1024M	-	1264
512M	512M	1024M	1024M	1024K	632
512M	512M	1024M	1024M	-	755
-	-	256M	1024M	-	1647
-	-	1024M	1024M	-	1644

从测试中可以得出如下结论。

- Linux 下，Xss 的默认值为 512K。
- 虚拟机创建的线程数量只与最大设置选项有关，如只与 -Xmx 有关，而与 -Xms 无关；只与 -XX:MaxPermsize 有关，而与 -XX:ermsize 无关。

附录I JConsole

J2SE 5.0 或以上版本提供了一个综合的监控和管理工具 JConsole, 通过它可以获取应用运行的性能和资源消耗等信息。JConsole 提供了可视化的界面，可以分析 Java 线程状态或者 GC 日志。JConsole 能提供如下功能。

- Java 内存使用情况监测。
- 动态打开或关闭 GC 选项以及类加载的详细跟踪选项。
- 监测线程等（如用来发现死锁等）。
- 存取 SUN 平台下的 OS 资源。

JConsole 本质上是 JMX 兼容的 GUI 工具，它可以连接启动了管理代理（management agen-t）的 Java 虚拟机。启动带有管理代理的虚拟机，请参考 com.sun.management.jmxremote 中描述的系统属性。如启动 J2SE Java2Demo 的代码，其命令行如下。

```
JDK_HOME/bin/java -Dcom.sun.management.jmxremote -jar Java2Demo.jar
```

启动 JConsole，其命令行如下。

```
JDK_HOME/bin/jconsole
```

JDK 1.4 或以下版本不支持该工具，要分析相关问题，只能通过本书前面介绍的手工打印线程堆栈、手工分析 GC 输出等方法进行分析。

附录 J　Gcviewer

Gcviewer 是一个用来观察垃圾回收信息的可视化工具，支持 IBM 或 SUN JDK 的日志信息输出格式。前面已经介绍过，有些性能问题能够从 GC 信息中观察出来，如系统是否存在内存泄漏、系统的内存参数（Xmx）是否设置合理，垃圾回收参数是否设置恰当等。由于这个工具提供可视化的显示，因此分析这类问题比较直观。实际上，这个工具只能将 GC 数据进行可视化，本质上并没有带来额外的分析能力。但由于它的直观性，不失为一个好助手。

可以从 http://www.tagtraum.com/ 下载 Gcviewer 工具，它就是一个 jar 文件，下载后可以直接通过如下命令启动。

```
java -jar gcviewer.jar
```

运行该命令后，就可以在窗口中打开要分析的 GC 文件[①]。

① 通过在 Java 命令行中增加 -Xloggc：mygc.txt，使虚拟机在运行期间可自动将 GC 信息收集到 mygc.txt 中。

附录 K　IBM JDK 下定位引起 core dump 的 JIT 方法

如果遇到 JIT 代码导致的 core dump，会出现下面的错误输出。

```
Unhandled exception
Type=Segmentation  error vmState=0x00000000
J9Generic_Signal_Number=00000004 Signal_Number=0000000b Error_
Value=4148bf20
Signal_Code=00000001 Handler1=00000100002ADB14
Handler2=00000100002F480C
R0=0000000000000006 R1=0000000000000006 R2=0000000000000000
R3=0000000000000006
R4=0000000000000001 R5=0000000080056808 R6=0000010002BCCA20
R7=0000000000000000
......
Compiled_method=java/lang/String.trim()Ljava/lang/String;
Target=2_30_20071004_14218_bHdSMR  (AIX  5.3)
CPU=ppc  (4 logical CPUs)(0xf5000000 RAM)
... ...
```

在这段输出中，最重要的两个信息是如下。

（1）vmState=0x00000000 指出引起错误的代码不是 JVM 运行期代码（JVM runtime code)。

（2）Compiled_method= 指出产生 JIT 代码的 Java 方法，这个方法导致了 JVM core dump。

有了这两个信息，下一步的方向就很清楚了。首先禁止 JIT 运行，检查系统是否仍然存在问题，如果问题消失，则是这段代码引起的问题。如果问题仍然存在，则是 JDK 存在 Bug。通过升级小版本号进行继续观察，如果仍然存在问题，那么就可给 JDK 开发商提供 Bug 单。

附录 L　一份简短的 Java 编程规范

1. 日志

① 发生异常时，务必写日志，不能隐瞒异常。

② 在日志中记录原始异常，不要对原始异常进行二次定义。

③ 对发生异常的上下文写日志，不能仅记录错误。

④ 避免无用的垃圾日志。

⑤ 恰当地进行日志分级，可分为四级：FATAL、ERROR、WARN、DEBUG，使每个异常都对应一个恰当的分级。

⑥ 在运行期间，日志运行级别应设为 WARN（只有 WARN 级别以上的日志才记录）。

2. 异常处理

① 资源清理代码要放在 finally 块中，以避免由异常出发的函数终止导致的资源泄漏，其资源包括但不限于。

- 一个被全局 / 静态变量（如 HashMap 等容器器类全局对象）引用的对象。
- 数据库连接。
- 文件句柄（socket 或者文件）。
- 其他自定义的资源。

② 异常是 Java 处理错误的标准形式，因此进程内不要再引入错误码等机制。

③ 上层不但要知道发生了异常，还要知道发生了什么异常；当发生异常时，将异常向上抛。

3. 架构

架构要能保证系统的自动测试。对于有界面的程序，UI 对象（逻辑分层）可获得如下好处。

① 系统大部分代码可以实现自动测试。

② 界面是易变部分，对于后期的界面变化，可以最小量修改代码，避免不必要的重构。

③ 对于生命周期很长的项目，不要让自己的系统依赖于外部的架构（如 Ejb）或者开源框架（如 Spring 或者 Hibernate 等）。

④ 接口[①]与实现分包存放。这样在项目后期可以对接口的修改进行有效控制。

⑤ 通过重构，而不是通过拷贝代码完成类似功能的开发，避免重复代码。

⑥ 代码是给人阅读的，要将函数的规模与文件控制在人可读的视线范围内，建议值如下。

- 一个函数的长度控制在 100 行以内。
- 一个文件的长度控制在 1000 行以内。

4. 内存

确保无用的对象第一时间从容器对象中被显式移除（借助 remove/clear 等方法），对于长生命周期的容器对象要特别加以注意，以避免发生内存泄漏。

5. 陷阱

① 在多线程场合下，如果要使用HashMap，则必须手工加锁保护，防止出现无限循环。

② JDK 提供的 Runtime.getRuntime ().exec () 这个 API 在实际运行中有很多不稳定性，应尽量避免使用。在无法避免的情况下，建议用 JNI 封装 C 函数库中的 system () 函数来实现对外部程序或者脚本的调用。

6. 性能

① 避免不相干的代码逻辑共用同一把锁。

② 尽量减少锁的作用域。

③ 通过 wait ()/notifyAll () 实现线程之间的调度，杜绝通过 sleep () 的方式实现此项。

④ 长字符串连接采用 StringBuffer.append () 的方法，而不是采用 String+String () 的方式。

---

① 这里主要是指外部接口（模块间接口）。

参考文献

[1] IBM Developer. JVM 1.4.1 中的垃圾收集 [EB/OL].[2003-12-01]. https://vcbeat.net/Report/getReportFile/key/NTQx

[2] IBM Developer. 如何避免服务器应用程序中的线程泄漏 [EB/OL].[2002-12-09]. http://www.ibm.com/developerworks/cn/java/j-jtp0924/index.html

[3] Code project. Javascript leadk patters [EB/OL]. [2006-01-01]. http://www.codeproject.com/jscript/leakpatterns.asp

[4] MSDN. understanding-leaks [EB/OL]. [2005-06-01]. http://msdn2.microsoft.com/en-us/library/bb250448.aspx

[5] IBM Developer.java script memory leak [EB/OL]. [2002-08-01]. http://www-128.ibm.com/developerworks/web/library/wa-memleak/?ca=dgr-btw01Javascriptleaks

[6] [6] IBM Developer. 关于异常的争论 [EB/OL]. [2004-05-01]. https://www.ibm.com/developerworks/cn/java/j-jtp05254/index.html?ca=drs-

[7] laurens. Java script closure [EB/OL]. [2005-01-01]. http://laurens.vd.oever.nl/weblog/items2005/closures

[8] jabbering. Java script cloures [EB/OL]. [2004-02-05]. http://www.jibbering.com/faq/faq_notes/closures.html

[9] IBM. Diagnosis [EB/OL]. [2005-03-05]. http://download.boulder.ibm.com/ibmdl/pub/software/dw/jdk/diagnosis/ diag50.pdf

[10] Java world. Java traps [EB/OL]. [2000-03-21]. http://www.javaworld.com/javaworld/jw-12-2000/jw-1229-traps.html

[11] Oracle JDK. Process [EB/OL]. [2004-01-01]. http://java.sun.com/j2se/1.5.0/docs/api/java/lang/Process.html

[12] Oracle JDK. Server runtime [EB/OL]. [2002-03-01]. http://download-uk.oracle.com/docs/cd/B19306_01/server.102/b14220/consist.htm#i5337

[13] IBM Developer. 动态转换类 [EB/OL]. [2004-03-13]. http://www.ibm.com/developerworks/cn/java/j-dyn0203/

[14] Oracle. BEA [EB/OL]. [2004-04-01]. http://dev2dev.bea.com/pub/a/2004/04/jrockit142_hirt.html

[15] Oracle JDK. Solaris [EB/OL]. [2002-03-01]. http://java.sun.com/j2se/1.5.0/docs/tooldocs/solaris/java.html

[16] Oracle JDK. Java VM options [EB/OL]. [2002-03-01]. http://java.sun.com/javase/technologies/hotspot/vmoptions.jsp

[17] Oracle JDK. Java class loader [EB/OL]. [2002-03-01]. http://java.sun.com/j2se/1.5.0/docs/api/java/lang/ClassLoader.html

[18] Oracle JDK. Bug history [EB/OL]. [2002-03-01]. http://java.sun.com/j2se/1.5.0/fixedbugs/fixedbugs.html

[19] Oracle JDK. JConsole [EB/OL]. [2002-03-01]. http://java.sun.com/developer/technicalArticles/J2SE/jconsole.html

[20] martin. Java sizeof [EB/OL]. [2001-01-20]. http://martin.nobilitas.com/java/sizeof.html

[21] Oracle JDK. HProf guide [EB/OL]. [2002-03-01]. http://java.sun.com/developer/technicalArticles/programming/hprof.html

[22] Oracle. BEA out of memory [EB/OL]. [2004-10-01]. http://www.bea.com.cn/support_pattern/Investigating_Out_of_Memory_ Memory_Leak_Pattern.html

[23] IBM. Memory leak [EB/OL]. [2003-07-12]. http://www-128.ibm.com/developerworks/cn/java/l-JavaMemoryLeak/

[24] UNIVERSITY OF MARYLAND [EB/OL]. Java meory model. [2004-04-06]. http://www.cs.umd.edu/pugh/java/memoryModel/DoubleCheckedLocking.html

[25] CCID. 在C/C++中调用Java的方法 [EB/OL]. [2005-04-13]. http://tech.ccidnet.com/art/1077/20050413/237901_2.html

[26] China IT power. Techinical Ref [EB/OL]. [2005-05-08]. http://www.chinaitpower.com/A200508/2005-08-10/189843.html

[27] IBM Developer. JIT [EB/OL]. [2004-04-30]. http://www.ibm.com/developerworks/cn/linux/es-JITDiag.html

[28] IBM. Java diagnose [EB/OL]. [2004-02-01]. http://publib.boulder.ibm.com/infocenter/javasdk/v5r0/index.jsp ?topic=/com.ibm.java.doc.diagnostics.50/html/jitpd_failing_method.html

[29] IBM Developer. Java SDK [EB/OL]. [2003-02-01]. https://developer.ibm.com/javasdk/documentation/

[30] Oracle JDK. Trouble shoot [EB/OL]. [2003-03-01]. http://java.sun.com/javase/6/webnotes/trouble/TSG-VM/html/docinfo.html

[31] IBM. Diagnosis [EB/OL]. [2004-03-05]. http://download.boulder.ibm.com/ibmdl/pub/software/dw/jdk/diagnosis/ diag142.pdf

[32] IBM. Diagnosis [EB/OL]. [2005-03-05]. http://download.boulder.ibm.com/ibmdl/pub/software/dw/jdk/diagnosis/ diag50.pdf

[33] IBM. Diagnosis [EB/OL]. [2006-03-05]. http://download.boulder.ibm.com/ibmdl/pub/software/dw/jdk/diagnosis/ diag60.pdf

[34] innovatedigital. Official site [EB/OL]. [2006-01-01]. http:/www.innovatedigital.com

[35] Oracle JDK. Java runtime parameter tuning [EB/OL].[2003-03-01]. http://docs.sun.com/source/819-0084/pt_tuningjava.html

[36] IBM. Java memory on AIX [EB/OL]. [2004-04-08]. http://www.ibm.com/developerworks/aix/library/au-javaonaix_memory.html